国家出版基金项目
NATIONAL PUBLICATION FOUNDATION

国家出版基金项目
"十四五"时期国家重点出版物出版专项规划项目

川藏铁路拉林段 · 勘察设计关键技术

拉林铁路
房屋建筑与环境工程关键技术

金旭炜 等 著

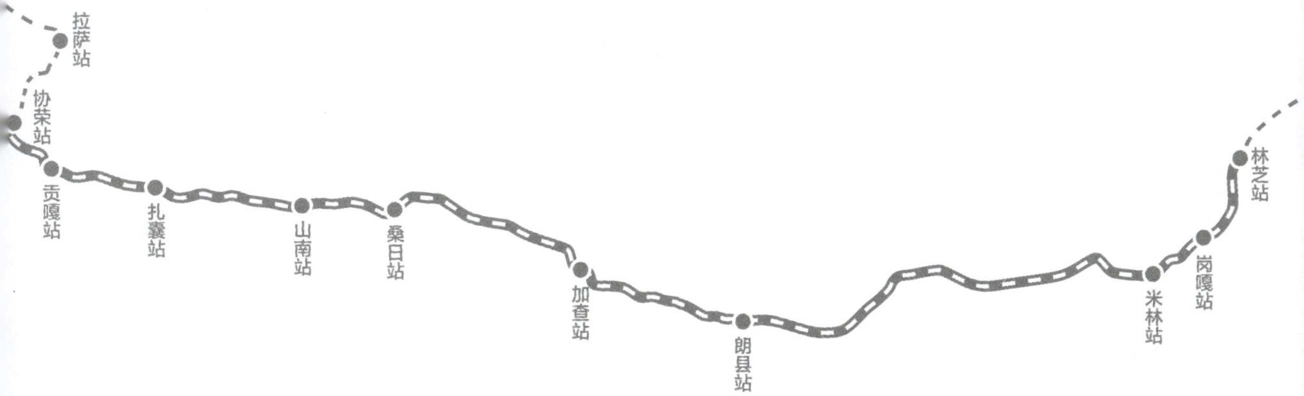

中国铁道出版社有限公司
CHINA RAILWAY PUBLISHING HOUSE CO., LTD.
北 京

内 容 简 介

拉林铁路经过地区具有高寒、高海拔、强紫外线、生态脆弱、高地震烈度等严酷高原气候、自然地理环境特征，同时也具有丰富的民族地域文化。复杂气候、地理条件和文化环境对拉林铁路房屋建筑与环境工程的设计提出了挑战，本书从铁路房屋建筑的文化表现、总平面设计、建筑及结构设计、建筑绿色节能、建筑室内环境、建筑电气与智能化等建筑技术措施及铁路环保选线、动植物保护、生态恢复、水环境处理等工程环境保护措施方面开展归纳总结，内容丰富，理论分析和设计实例相结合。

本书可供铁路房屋建筑及环境工程设计、施工和研究人员借鉴和参考，也适合高等院校相关专业学生学习。

图书在版编目(CIP)数据

拉林铁路房屋建筑与环境工程关键技术 / 金旭炜等著. -- 北京 ：中国铁道出版社有限公司，2025. 6.
(川藏铁路拉林段・勘察设计关键技术). -- ISBN 978-7-113-32039-3

Ⅰ. TU248.1

中国国家版本馆 CIP 数据核字第 2025G41G65 号

书　　名：拉林铁路房屋建筑与环境工程关键技术
作　　者：金旭炜　等

策　　划：张卫晓
责任编辑：张卫晓　　**编辑部电话：**(010)51873193
封面设计：崔丽芳
责任校对：安海燕
责任印制：赵星辰

出版发行：中国铁道出版社有限公司（100054，北京市西城区右安门西街 8 号）
网　　址：https://www.tdpress.com
印　　刷：北京联兴盛业印刷股份有限公司
版　　次：2025 年 6 月第 1 版　2025 年 6 月第 1 次印刷
开　　本：787 mm×1 092 mm 1/16　**印张：**14.5　**插页：**1　**字数：**293 千
书　　号：ISBN 978-7-113-32039-3
定　　价：156.00 元

编 委 会

前　言

拉林铁路位于我国西藏自治区东南部，线路跨越冈底斯山与念青唐古拉山、喜马拉雅山之间的藏南谷地，最高海拔 3 700 m，线路从拉日铁路的协荣站引出，向南穿过冈底斯山脉进入雅鲁藏布江河谷，向东经过山南市的贡嘎、扎囊、乃东、桑日、加查和林芝市的朗县、米林之后沿尼洋河直抵林芝市市区，线路全长 435.48 km，于 2014 年 12 月 19 日开工建设，2021 年 6 月 25 日开通运营。拉林铁路是我国青藏高原首条电气化铁路，也是世界上海拔最高的电气化铁路，是西藏自治区对外运输通道的重要组成部分，对于促进西藏经济社会发展、增进民族团结具有重要意义。

拉林铁路全线共设 38 个站，房屋建筑工程总计 23.76 万 m^2，途经多个自然保护区。铁路经过地区面临典型的高寒、高海拔、强紫外线等恶劣高原气候环境，高烈度地震和复杂地质条件，重要、多样且敏感、脆弱的生态环境，给铁路房屋建筑设计及工程环境保护带来巨大挑战。高原气候环境下，强紫外线、大温差是对房屋建筑耐久性的考验，高寒缺氧对房屋建筑保暖节能及卫生保障提出了挑战，高烈度地震对房屋建筑的安全性提出了更高要求。同时，铁路工程建设在保护沿线敏感、脆弱的生态环境方面也面临新难题。

针对房屋建筑和环境保护领域的诸多不利建设条件，工程建设者围绕节能环保、安全适用、经济卫生及与地域文化协调等目标要求，从生态保护、节能环保、建筑抗震等多方面开展探索，系统协调各专业针对性采用多种成熟可靠的技术、工艺、材料和设备，以实现良好的建设运营体验及健康可持续的环保成果。主要技术成果如下：

(1)站区规划设计。以适应高寒、高海拔、高原气候特征，遵循藏式特色统一风貌的设计原则，结合“站区一体化”理念，提炼“人文山南”和“生态林芝”的地域特征，致力于打造“一站一景”，突出站区规划功能性的同时彰显地域文化特色的艺术性，体现生态站区、绿色车站理念，形成车站与市政配套统一规划、无缝衔接、畅通融合、便捷换乘的一体化体系。

(2)建筑绿色节能设计。通过优化建筑布局和房屋设计、合理控制采光、通风等建筑策略及技术措施，采用低温地板辐射+集中送风供暖、夏季自然通风+机械通风、太阳能供暖、基于AI控制的全年能量监控系统等暖通技术措施，以及供配电系统、照明系统、用电设备和计量智能化系统等方面节能优化技术，实现舒适体验与能耗管控的绿色节能目标。

(3)建筑结构设计。开展建筑地震易损性分析，应用消能减震、隔震技术提升建筑抗震性能；应用缓黏结预应力技术控制结构构件尺寸，实现大跨度建筑空间需求；结合场地地质条件，应用桩端后注浆技术提高桩基承载力，缩短桩长控制投资。

(4)工程环境保护。贯彻“预防为主、保护优先、开发与保护并重”的基本原则开展环保选线，通过施工作业管控、动植物保护、生态恢复治理、施工及站区废水处理、应用环保泡沫微生物厕所等多种措施，达到“沿线珍稀濒危野生动植物不受影响，景观资源不受破坏，江河水源不受污染，生态环境得以恢复”的环境保护总体目标，建成“生态型”环保铁路。

当前我国高原山区铁路建设正处于提速发展期，相关工程技术和经验尚有待补充完善。作为高原山区铁路典型代表的拉林铁路，建成投入运营后，整体反馈运转使用良好，实现了预期设计目标；建设中在铁路房屋建筑及环境工程领域应用的关键技术成果和实践经验具有重要参考价值。本书系统总结了这些成果与经验，全书共分为9章，主要内容涵盖站区规划与建筑设计、绿色建筑节能设计、结构设计关键技术、室内建筑环境与设备、建筑电气与智能化、环保选线及动植物保护措施与技术、生态恢复技术、水环境处理技术等。以上成果和经验可为发展高原铁路房屋建设和环境保护技术提供有益的补充、完善，具有较高的学术意义和工程应用价值。

由于时间仓促及水平所限，书中难免存在疏漏和不足之处，敬请各位专家、读者批评指正！

著　者

2025年3月

目　录

第1章　概　述

拉林铁路起自西藏自治区拉萨市，经山南市的贡嘎、扎囊、乃东、桑日、加查和林芝市的朗县、米林，到达林芝市市区，全长 435.48 km，设计时速 160 km，为国家Ⅰ级单线电气化铁路，初期共设 9 座办理客货运输业务的车站。

拉林铁路全线共设有 38 个站，其中新建车站 34 个，这 34 个新建车站从拉萨协荣站到林芝站，初期开站有 17 个，包括贡嘎、扎囊、山南、桑日、加查、朗县、米林、岗嘎、林芝 9 座客货运输车站和 8 座会让车站（根据“青藏铁科信函〔2020〕518 号”文“泽当站”更名为“山南站”）。

山南站和林芝站是两个大站，站房面积均为 1.5 万 m^2，最高峰均可容纳 2 000 人同时候车。山南站设有 2 座站台、5 条到发线，其设计理念源于西藏第一座宫殿——雍布拉康，充分彰显“人文山南”的理念；车站外挑檐廊立柱，内嵌藏红色线条柱脚，增加石刻吉祥结图案，候车大厅吊顶采用藻井与吉祥结相融合的设计，完美诠释“藏之源、山之南、河之畔、湖之蓝”的山南印象。林芝站设有 3 座站台、6 条到发线；站房设计运用雪白、藏红等独具民族特色的色彩，体现雅鲁藏布江大峡谷巨大的山水落差、丰富的生态气候和壮丽的自然景色，彰显“生态林芝”的理念。

每一座车站都是西藏铁路交通的新地标，也是文化旅游风景线，多个站房的设计融入了民族传统文化和自然生态之美。贡嘎站的站房提取了国家级非物质文化遗产杰德秀邦典的图案。扎囊站融入当地手工“氆氇”元素。加查站造型取自加查碉楼遗址，玻璃幕墙犹如倒映着蓝天的湖面。

1.1　房屋建筑工程

1.1.1　房屋建筑概况

拉萨至林芝铁路先后经过拉萨、山南和林芝三个地级市，贯穿西藏重要经济据点。全线新建贡嘎、扎囊、山南、桑日、加查、朗县、米林、岗嘎、林芝 9 座车站，主要吸引所在区域相关运量，区域内工农业生产和人员生活所需的各类物资。各车站的建设可以改善当地交通运输条件和投资环境，促进资源开发和旅游业及其他产业的发展，有力推动地区经济社会的全面发展和进步。

1. 设计范围

(1)拉萨地区相关工程

拉日线电气化改造工程范围:拉萨至协荣(含)DK0＋000～DK33＋500,线路长度33.525 km;柳吾线路所至拉萨南联络线 LD1K0＋000～LD1K2＋228.96,线路长度2.241 km;

青藏线拉萨西至拉萨电气化改造(含拉萨站和拉萨西站内机务维修段、货场等电气化改造)K1943＋850～K1956＋814 段正线线路长度 12.964 km。

(2)协荣(不含)至林芝新建段

协荣(不含)至林芝新建段设计范围为 DK33＋500～DK437＋100。全线新建正线长度 403.14 km,运营长度 435.48 km。

拉林铁路线路平纵断面如图 1.1 所示。

2. 建筑规模

拉林铁路房屋建筑工程总计 237 562 m^2。

(1)拉萨地区工程

拉林铁路拉萨地区范围房屋总建筑面积为 60 163 m^2,共 53 栋。其中通信房屋1 栋(共 380 m^2),牵引变电房屋 9 栋(共 3 707 m^2),给水房屋 5 栋(共 603 m^2)、机务房屋23 栋(共 26 526 m^2)、车辆用房 7 栋(共 19 979 m^2)、其他生产办公房屋 8 栋(共 8 968 m^2)。

(2)正线工程

拉林铁路(不含站房及配套工程)总建筑面积 133 399 m^2(其中,四电房屋面积29 661 m^2),共 423 栋。其中客货运房屋 71 栋(共 17 258 m^2),通信房屋 86 栋(共 3 596 m^2),信号房屋 17 栋(共 11 628 m^2),电力房屋 8 栋(共 4 811 m^2),牵引变电及接触网房屋35 栋(共 14 944 m^2),给水房屋 53 栋(共 6 383 m^2)、机务房屋 9 栋(共 7 165 m^2)、车辆房屋 26 栋(共 1 062 m^2)、工务用房 33 栋(共 9 785 m^2)、公安房屋 7 栋(共 5 158 m^2),其他生产办公房屋 78 栋(共 51 609 m^2)。

(3)站房工程

全线新建车站 34 个,初期开站 17 个,其中贡嘎、扎囊、山南、桑日、加查、朗县、米林、岗嘎、林芝 9 个车站为中间站,见表 1.1,其余均为会让站。其中,山南站、林芝站站房面积 15 000 m^2,其余 7 站均为 2 000 m^2。

表 1.1　沿线旅客车站一览

序　号	站　名	站　型	站场规模	跨线设施
1	贡嘎站	线侧下	2 台 4 线	8 m 旅客兼行包×1
2	扎囊站	线侧下	2 台 4 线	6 m 旅客地道×1
3	山南站	线侧下	3 台 5 线	8 m 地道兼行包×1

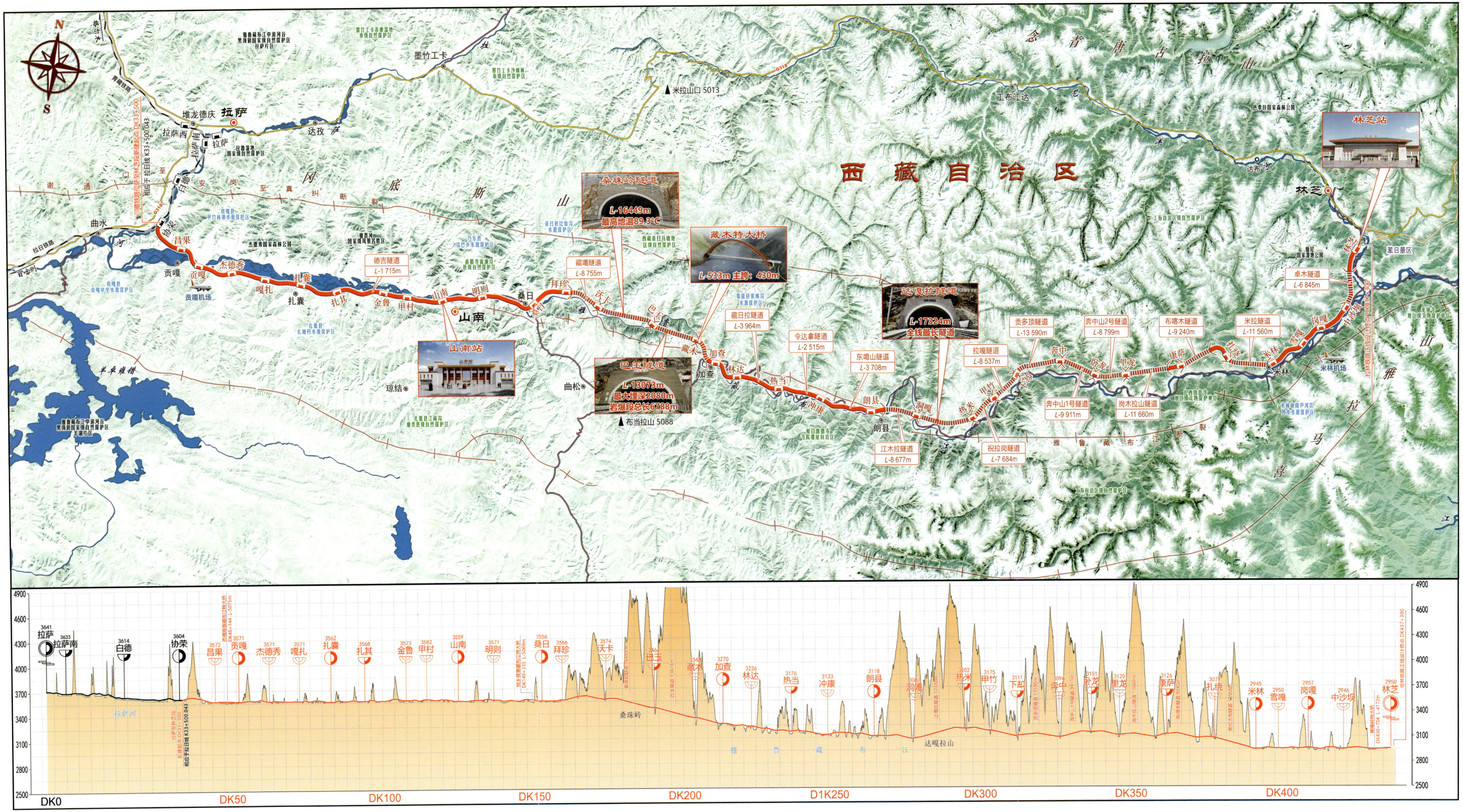

图 1.1　线路平纵断面示意图

续上表

序　　号	站　　名	站　　型	站场规模	跨线设施
4	桑日站	线侧平	2台4线	6 m旅客地道×1
5	加查站	线侧平	2台4线	6 m旅客地道×1
6	朗县站	线侧上	2台4线	6 m旅客天桥×1
7	米林站	线侧下	2台4线	6 m旅客地道×1
8	岗嘎站	线侧平	1台3线	无
9	林芝站	线侧平	3台7线	12 m旅客天桥×1
				8 m旅客地道×1
				6 m行包地道×1

3. 站房工程概况与特点

(1)站房建筑造型和室内空间突出地域文化特色和艺术性

拉林线站房在藏式建筑特色的统一设计原则下，充分考虑山南雅砻文化和林芝工布文化各自独特的建筑风格，并结合山南突出的人文特色和林芝自然风光，提炼出“人文山南”和“生态林芝”，打造一市一貌，一站一景。

(2)适应高寒、高海拔、高原气候特征的站房设计

林芝和山南站房外立面实体部分材料采用预制彩色混凝土挂板，能长时间保持建筑肌理和材质，适应高原强紫外线和温差的特点，亦能完美反映雪山白、藏红与金色的色彩组合。

(3)生态站区、绿色车站

结合中国国家铁路集团有限公司(简称国铁集团)打造一体化综合院落的理念，拉林线站区生产生活院落具备整合条件的，进行并栋组合。对所有院落道路、停车位、运动场地及绿化草坪进行统一规划，并对院落围墙加入地方文化特色。站房以林芝站为例，按绿色建筑二星标准设计。山南站、林芝站站房屋面均预留有太阳能光伏发电荷载，可适时加装太阳能光伏发电板。

(4)车站与市政配套统一设计、无缝衔接、畅通融合、便捷换乘

站房与市政配套从站区规划开始，均统一设计，从功能布局、竖向衔接、绿化与景观小品等多方面综合考虑，努力营造出乘客换乘距离短、周边配套设施完善、景观优美的站区环境。针对高原旅客行走困难，林芝站和山南站进站一层至二层候车室两侧各4部扶梯，2部无障碍电梯，减少旅客走行楼梯。

4. 房屋总平面布置

(1)站区总图规划

新建房屋的选址考虑避开地质不良地段，结合地形、地貌合理确定。新建房屋总平面布置本着控制建设用地，合理功能分区，考虑预留发展条件。站区生产房屋、生产附属房屋的布置，充分考虑集中、综合布置，做好场地排水、绿化和管线综合规划。

(2)生产房屋、生产附属房屋合并集中修建情况

新建车站的通信工区、信号工区、维修值守点、单身宿舍等房屋尽量集中修建,并预留发展条件。

(3)段、所总平面布置

铁路的段、所(车场)、工区与车站建筑保持一定距离,适当预留发展用地分期建设的条件。

段、所、工区规划在充分满足铁路生产、生活需要的基础上,同类型房屋尽可能集中布置或合并修建综合楼。建筑内部各种用房分区分层布置,实行综合管理,充分体现其综合利用的原则。

规划设计中注重功能分区,将生产用房、生产附属用房、办公用房分别按组团布置。各功能区域既相对分隔、无交叉干扰,又联系方便、易于管理。建筑物布置在满足铁路生产、生活功能的基础上,尽可能争取适宜的朝向,充分利用自然采光和通风,以节约能源。

5. 各类房屋建筑标准、结构类型及装修标准

房屋建筑设计贯彻"适用、经济、在可能的条件下注意美观"的设计原则。大力采用新技术、新材料及新颖的建筑形式,在解决建筑本身对功能需求的同时体现出时代特征;同时充分考虑生态、环保、节能等因素,遵循国家有关规定,力求建筑与自然的共生。在强调房屋建筑工程先进性的同时,强调工程的经济性,力求先进性与经济性之间达到完美的平衡。

6. 环境保护措施

(1)根据《铁路工程环境保护设计规范》(TB 10501)、《铁路边界噪声限值及其测量方法》(GB 12525)和《声环境质量标准》(GB 3096)的要求,贯彻"全面规划、合理布局、综合利用、化害为利、保护环境、造福人民"的方针。重点处理好噪声污染、振动污染、磁干扰污染和列车垃圾污染,保护生态环境。充分利用建筑物对噪声的遮挡作用,将噪声敏感建筑布置在铁路外侧 30 m 以外区域,并合理安排建筑朝向,提高绿化面积系数。

(2)合理安排房屋朝向,节约能源,减少烟尘等"三废"对环境的污染。对锅炉、食堂等有污染的设施,布置在常年主导风向的下风位置。

(3)房屋布置在遵守国家有关规范、规定的前提下,本着给职工创造良好工作和生活环境的原则进行布置;尽量做到多绿化少硬化。

(4)重视地形、地貌对房屋的影响,避开地质不良及自然灾害可能影响的地点。

(5)设计中除因生产运营必须外,一般同一地区的生产或生活用房尽量合并集中设置修建综合楼,尽量减少征地,少占农田。

(6)做好各站、段、所内场地排水设计,场地排水均排入站场排水系统,以免冲毁农田、公路等。

7. 节约能源措施

根据《中华人民共和国节约能源法》、《公共建筑节能设计标准》(GB 50189—2015)、《严寒和寒冷地区居住建筑节能设计标准》(JGJ 26—2010)的要求,房屋建筑节能措施着重注意以下几个方面:

(1)尽可能减小车站规模,节约投资、减少能耗,是建筑节能的一项有效措施。

(2)遵循节能法规和地方节能要求,做好地面建筑的节能设计。

车站建筑选择在采光、通风条件比较好的地段进行建设,建筑物应有良好的朝向。

注意窗墙面积比、遮阳效果及房间的朝向。空调负荷随窗墙面积比的增大而增加。提高窗户的遮阳性能,能大幅度降低空调负荷。房间的朝向对空调负荷影响也很大,顶层及东、西向房间的空调负荷都大于南、北向房间。减少东、西向空调房间是空调建筑节能的重要措施。

地面建筑节能设计重点要放在建筑围护结构的保温隔热上。如:采用新型节能型墙体材料,能耗低的空心砖、空心砌块、粉煤灰制品、加气混凝土块、轻质板材等;采用气密性好的门窗,门窗的气密性、水密性、抗风压性分别不低于《建筑外门窗气密、水密、抗风压性能分级及检测方法》(GB/T 7106—2008)规定的4级、3级、4级;屋面设计良好的保温隔热层,门窗要有遮阳措施等。一般情况下,建筑物的热交换70%通过门窗、30%通过墙体和屋面,门窗的保温隔热十分重要。不用或者少用大面积玻璃幕墙,有效降低建筑能耗。

(3)房屋布置节能。

根据《中华人民共和国节约能源法》的要求,为提高能源利用效率,改善建筑室内外热环境。设计将在保证建筑物使用功能和满足室内外环境温度和空气质量条件下,重点推广保温墙体、节能型门窗。提高建筑围护结构保温、隔热和气密性能。同时,结合不同朝向控制窗墙比等革新手段,使建筑物的能耗降低到规定的水平。还要进一步探索在大面积高架站场的情况下充分利用自然采光、通风的措施。

房屋尽量南北向布置,充分利用自然采光通风,避免西向太阳直射。

建筑物的体形系数,满足国家节能规模的要求,尽量控制在0.3以下。体形系数大于0.3者,屋顶和外墙加隔热层,其传热系数符合《严寒和寒冷地区居住建筑节能设计标准》(JGJ 26—2010)的规定。同时,在满足铁路相关要求情况下,尽可能地减少建筑的高度等。

屋面采用容量小,导热系数低,吸水性较好的高效轻质的保温材料,以便减少冷暖能量损耗。

房屋尽量集中修建,合理并栋。

各建筑充分考虑地形、朝向等方面的影响,力求建筑形式与周边环境结合良好,减少机电设备的投资和运营成本。

对于车站设备和办公用房除必须设置空调外，尽量利用自然采光、通风。各类房屋外墙材料选定均考虑保温隔热性能好，降低能耗。

(4)采用节能、环保型材料，简洁、大方的装修风格，不做繁琐、多余的装饰，装修设计、选材、施工等环节均遵循节能原则。

(5)电梯、扶梯节能。

电梯节能：轿厢照明、风扇自动关闭(只在自动运行模式起作用)。在规定时间内(在 3～30 min 之间可调)，没有召唤信号登记，轿厢内的照明、风扇会自动关闭，以节约能源；一旦进入工作状态，立即启动。

扶梯节能：自动扶梯配置变频驱动系统，扶梯在额定速度以及慢速运行时均由变频器向扶梯电动机供电。在扶梯以额定速度运行期间，扶梯可以始终迅速自动检测扶梯负荷的多少，无级自动调整提供给电动机的供电电压；当使用者较少即扶梯为轻载时，降低电动机的供电电压；当使用者较多即扶梯负载较大时，自动提高电动机的供电电压，以节省能源。

(6)材料选用节能。

结构材料的选用要遵循三个原则：第一，技术经济性统一的原则。即根据当地经济发展水平、气候特征、资源及原材料状况等要素来选择具有良好性价比的材料。第二，因地制宜、就地取材的原则。根据当地的自然资源、气候条件、设备条件、生产和技术条件选用，减少材料的损耗。第三，节能效果应综合考虑的原则。即对材料应从开采、加工、制作成形整个生产过程的节能效果，以及建筑物建成后长期使用过程中的节能性能来综合考虑材料的选取。

8. 工程重难点

拉萨至林芝铁路沿线经过拉萨市、山南市和林芝市，共设 9 个客运车站。其中，贡嘎站、扎囊站、山南站、桑日站、加查站位于山南地区，朗县站、米林站、岗嘎站、林芝站位于林芝地区；山南站和林芝站分别作为山南市和林芝市的地级车站。

铁路沿线地区具有独特、鲜明的西藏高原地区气候环境特征。低气温、大温差、空气稀薄、日照充足、紫外线强烈的高原气候环境和峡谷、河谷、草地等高原地形特征共同造就了区域丰富多样的自然地理景观。

(1)总体布局——高原首次实现铁路站房与市政配套一体化设计与实施

拉林铁路沿线城镇规模相对较小，车站设置基本处于城镇规划新区，距离城市建成区相对较远，站址现状用地主要为耕地、草场及零星村庄，没有相应的公共配套设施；拉萨至林芝铁路建成后，站区这些公共设施必不可少。

拉萨至林芝段站房与市政配套从站区规划开始，均一体化设计。整体设计以创造以人为本、高效、便捷、舒适的换乘体系为目标，着力整合、节约土地资源。从功能布局，竖向衔接，绿化与景观小品等多方面综合考虑，使车站成为该区域有机整体的一个组成部分。从旅客流线分析，将办理客运业务的客运用房，车场上的站台、雨棚、地道和站区旅客集散地，公交车、出租车、社会车、自行车的停车场等旅客专用场地融为一体，统一规划设计。

(2)流线设计——充分考虑高原特点、无缝换乘、畅通融合

鉴于高原上旅客走行困难的情况，从功能布局上进行优化调整，坚持以人为本，以旅客流线为中心，解决站区人流、车流和功能分区，使铁路与城市多种交通方式之间的换乘尽可能实现“零换乘”，将每个车站建成运行高效、方便快捷的综合交通枢纽。并针对林芝站和山南站两层候车特点，从集散厅至二层候车室，由传统的一部楼梯和一部扶梯的组合，升级为两侧各两部扶梯，提高旅客的舒适性，减轻旅客走行楼梯的负担。

林芝站也是高原上首个集铁路、长途大巴车、公交车、出租车和社会车辆于一体的综合换乘枢纽。该站采用地面进站，地下出站的流线模式，以站房为中心进行布局，站前广场下方设置综合换乘厅，旅客出站至换乘厅能直接换乘公交车、出租车、网约车及社会车辆。该模式是林芝市实现综合交通体系一体化和现代化的重要体现，为林芝市打造旅游立市、旅游兴市、旅游强市的发展理念提供了有力保障；同时，地下人防工程的建设，既利于平时的开发利用，又能在预定的时间内经过适当的恢复、加固和补充达到战时的防护标准，落实了“平战结合”的方针。

(3)生态站区、绿色车站

拉林铁路沿线站房海拔从 2 950 m 至 3 600 m，均属于高海拔寒冷地区，区域气候恶劣、生态环境脆弱。通过丰富植物种类绿化形式，布局高品位的建筑小品，体现交通建筑“绿色和生态”，提升站区环境质量。对于高海拔地区特殊的地理条件，更应该因地制宜结合当地建筑的地域性特点，提出适合高寒气候特征的绿色建筑设计。

站房以林芝站为例，进行了节水、节电、日照分析等多项研究分析，并参考绿色建筑二星标准对林芝站进行设计。在太阳能使用方面，对林芝站和山南站站房屋面均预留有太阳能光伏发电条件，可适时加装太阳能光伏发电板。

1.1.2　自然环境与地理气候

拉林铁路沿线经过拉萨市、山南市和林芝市，共设 9 个客运车站。调查时各站自然环境与地理气候：

1. 贡 嘎 站

贡嘎县地处拉萨南部、雅鲁藏布江中游河谷区和雅鲁藏布江江南高山宽谷区，面积 2 386.11 km^2，总人口约 5 万人。拉萨贡嘎国际机场位于县城以西约 9 km 处，101 省道、拉萨至机场高速公路通达县境，是许多海内外旅客到达西藏的最初落脚点，也是拉萨前往日喀则、泽当两大重镇的必经之地。贡嘎县是山南地区的农业大县，为西藏商品粮基地县之一，主要农作物有青稞、冬小麦、春小麦、豌豆、蚕豆、油菜、萝卜、马铃薯、

白菜、西红柿、花菜等，畜牧业主要有牦牛、黄牛、改良牛、山羊、绵羊、马、驴、骡、猪等。

贡嘎站位于贡嘎县城以东，101 省道与雅鲁藏布江间的旱地上，车站站区地形平坦，地势开阔，交通便利。站址南距 101 省道直线距离约 660 m。

贡嘎站位于雅鲁藏布江河漫滩上，为雅鲁藏布江第四系冲洪积堆积高山宽谷区，测区地势平坦，车站区域内地表高程 3 560～3 563 m，相对高差大约为 3 m。车站附近多为耕地，居民众多，有便道通达站内，交通便利。

站区内地层简单，地表覆盖厚层第四系全新统冲洪积层；下伏基岩为白垩系、侏罗系的安山岩及凝灰岩。

2. 扎 囊 站

扎囊县位于西藏中南部、雅鲁藏布江中游河谷地带，南北均为高山，沿江两岸为谷地，平均海拔 3 680 m，面积 2 150 km^2，耕地面积约 6.7 万亩，总人口约 3.5 万，辖 11 个乡，63 个村民委员会。扎囊县素有“西藏粮仓”的美称，幅员辽阔，资源丰富，有大面积连片的宜林宜牧荒地滩涂有待开发，其农业以种植青稞、冬小麦、蚕豆、豌豆、荞麦、土豆、萝卜、白菜、油菜等；牧业方面主要饲养牦牛、黄牛、犏牛、马、驴、绵羊、山羊等；矿产资源有大理石、方解石、硅质岩、汉白玉、铬、铁、铜、陶土等十几种矿产品，尤其是铜、铬、铁等矿产储量较大、品位高，富有开采价值。

扎囊站为县级中间站，设于县城北端雅鲁藏布江以南的江边滩地上，站区地形平坦，距离 101 省道约 270 m。

扎囊站位于雅鲁藏布江冲积的河漫滩上，为雅鲁藏布江第四系冲洪积堆积高山宽谷区，测区地势平坦，车站区域内地表高程 3 555～3 560 m，相对高差约 5 m。车站附近多为牧场、林地，附近居民众多，有公路及便道通达站内，交通便利。

站区内地层简单，地表覆盖厚层第四系全新统坡残积层、冲洪积层、坡洪积层；下伏基岩为上三叠统杰德秀组石英砂岩、砂质板岩类。

3. 山 南 站

泽当镇是山南市委、市政府所在地，是地区的交通枢纽和政治、经济、文化中心。泽当镇所处乃东位于念青唐古拉山南麓与喜马拉雅山北侧的雅鲁藏布江中游地段，旅游资源丰富，具有西藏最早的宫殿——雍布拉康等重要历史遗迹，全县总面积 2 208.85 km^2，耕地面积 63 587.1 亩，县辖五乡两镇，总人口约 5.9 万人。山南交通便利，通过省道 101 线西距自治区首府拉萨只有 158 km，距航空港——贡嘎机场 97 km，东距林芝 300 km；南距著名旅游景点藏王墓 28 km，是通往边防——错那的重要通道，各个方向都有省道或国防公路连接。

山南物产丰富，矿产资源主要有铬、金、铜、铁、水晶、云母、沙金、花岗岩、石灰岩等。主要农作物有青稞、冬小麦、春小麦、油菜等，牧业畜禽主要有牦牛、黄牛、绵羊、山羊等，全县林木覆盖率 11.45%，工业以民族手工业为主，主要生产卡垫、藏被等手工艺品。

山南站设于城市北侧，雅鲁藏布江与城市间的旱地上。车站位于城市边沿，站址周边居民点相对集中，交通便利。

山南站位于河漫滩上，为第四系冲洪积堆积高山宽谷区，测区地势平坦，车站区域内地表高程 3 545～3 555 m，相对高差约为 10 m。车站临近山南城区，附近居民众多，有雅鲁藏布公路及便道通达站内，交通便利。

站区内地层简单，地表覆盖厚层第四系全新统冲洪积层；下伏基岩为泽当蛇绿岩群枕状及块状熔岩。

4. 桑日站

桑日县地处冈底斯山南麓，雅鲁藏布江中游河谷地带，雅鲁藏布江将全县分割为南北两部分，南有喜马拉雅山，北有冈底斯山，两山夹一江，总人口约 1.6 万，辖三乡一镇。该县农业薄弱，有铜、铁、大理石、石灰石等矿种，待开发利用。县政府驻雪巴乡，位于雅鲁藏布江北岸，规划城区将向南靠雅鲁藏布江发展。

桑日站位于县城南侧雅鲁藏布江北岸的旱地上，距离县城约 1.5 km，车站站房靠城市设于线路左侧。

桑日站路基以填方为主，中心最大填高约 11 m。该段路基地貌属堆积高山宽谷区，地势平坦，地表高程 3 545～3 563 m，相对高差小于 10 m，地表为耕地。县道 302 线位于线位附近及乡村道路通达车站，交通便利。

测区地表覆盖第四系全新统风积层粉、细砂；第四系全新统冲洪积层淤泥质黏土、粉质黏土、粉土、粉、细砂、中砂、粗砂、砾砂、细、粗圆砾土、卵石土、漂石土等；下伏基岩上侏罗统～下白垩统桑日群比马组安山岩、英安岩。

5. 加查站

加查县位于西藏自治区东南部、雅鲁藏布江中游，县城城区分布于雅鲁藏布江南、北两岸。国防公路沿雅鲁藏布江东西向横贯全县，全县辖两镇五乡，总人口约 1.8 万人，县城人口 3 000 多人，加查县是以农为主的农牧兼营县，农业是该县的重要经济支柱。该县林业资源十分丰富，其森林覆盖率是山南地区最高的县，达 30.45%，林木储量 1.339×10^6 m^3。

加查站设于县城西侧雅鲁藏布江南岸耕地上，站址地形平坦，植被发育，房屋集中，有 306 省道线通行于其南侧，交通便利。

加查站路基以填方通过，中心最大填高约 12 m。该段路基地貌属于念青唐古拉山与喜马拉雅山之间的藏南谷地高山宽谷区，山高谷深，气候极端恶劣。车站区内地势平坦，地表高程 3 260～3 270 m，地表相对高差约 10 m，地表多为荒地，无植被覆盖。车站附近江边有公路相通，交通较为便利。

站区地表覆盖厚层第四系全新统冲洪积层圆砾土、卵石土、漂石土。覆盖层巨厚，未见基岩出露。

6. 朗 县 站

朗县地处西藏东南部、雅鲁藏布江中游，面积 4 186 km^2，总人口约 1.3 万，辖 6 个乡，85 个村民委员会，经济基本上还是一种自然半自然的农业经济。

朗县站设于县城西侧雅鲁藏布江北岸，利用雅鲁藏布江北岸正在建设施工的江北公路作为通站道路，距离同位于雅鲁藏布江北岸的县城规划新区 2.6 km，距离老县城 3.5 km，交通条件相对较好。

朗县站位于堆巴特大桥与巴杰若隧道进口之间的沟槽中，车站路基以挖填结合通过，中心最大挖高约 7 m，中心最大填高约 11 m。路基地貌属于念青唐古拉山与喜马拉雅山之间的藏南谷地高山峡谷区，山高谷深，气候极端恶劣。车站范围内地形较平缓，地表高程 3 080～3 150 m，地表相对高差约 70 m，地表多为荒地，少量植被覆盖。车站附近有 306 省道相通，交通较为便利，省道两侧散布居民点。

测区内地层简单，地表覆盖厚层主要有第四系全新统人工填筑土层、人工弃土、风积层、坡残积层、冲洪积层；下伏基岩为雅鲁藏布江缝合带之复理岩套之板岩、千枚岩、石英砂岩、碳酸盐块等。

7. 米 林 站

米林地处西藏东部、雅鲁藏布江中游、念青唐古拉山与喜马拉雅山之间的谷间台地狭窄区，县域面积 9 471 km^2，总人口约 1.5 万，辖 8 个乡，100 个村民委员会。米林经济属农林经济，材木总蓄积量 4 000 万 m^3，年平均采伐量 6 万 m^3，现有电站、木材加工、粮食加工等一批基础工业，其余为民族手工业。

米林站设于米林县城以北的雅鲁藏布江北岸规划县城新区，站址地形相对平缓开阔，有便道通行，没有市政公共配套设施，站区尚待开发。

米林站路基以填方为主，中心最大填高约 10 m。测区属于念青唐古拉山与喜马拉雅山之间的藏南谷地高山宽谷区，山高谷深，气候极端恶劣。站区内地势总体较平坦，地表高程 2 930～2 955 m，地表相对高差约 20 m，地表多为荒地，少量植被覆盖。车站附近有便道相通，交通较为便利。

测区范围内覆盖层主要为第四系全新统冲积层；覆盖层较厚，未见基岩出露。

8. 岗 嘎 站

岗嘎站位于林芝地区米林红卫林场，西距米林城约 12 km，南距林芝机场约 1 km，306 省道于站区右侧沿雅鲁藏布江通行，交通便利。

岗嘎站路基以填方为主，中心最大填高约 20 m，中心最大挖高 5 m。该段路基地貌属于念青唐古拉山与喜马拉雅山之间的藏南谷地高山宽谷区，山高谷深，气候极端恶劣。车站区内地势总体较平坦，地表高程 2 935～2 950 m，地表相对高差约 15 m，地表有一木材厂，大量植被覆盖。

站区地表覆盖厚层第四系全新统泥石流堆积层粉质黏土、粉土、粉、细砂、砾砂、细圆砾土、粗圆砾土、卵石土、漂石土；第四系全新统冲积层粉土、粉、细砂、砾砂、细角砾土、细圆砾土、粗圆砾土；第四系全新统坡残积层粉土、细角砾土、块石土。下伏基岩为雅鲁藏布江缝合带之朗县混杂岩组砂质板岩夹板岩、蛇纹岩及新元古界～中元古界念青唐古拉山岩群八拉岩组片麻岩、糜棱岩等。

9. 林芝站

林芝是青藏高原海拔最低的地区，因其温润的气候和壮美的雪山森林，素有“西藏江南”“雪域明珠”之美誉。林芝行政公署所在地八一镇，为林芝地区政治、经济、文化中心，总人口约3.5万。新建林芝中间站为拉林铁路终点站，设于八一镇以南的孜热村附近，距离八一镇八一二桥约13.5 km。站址位于尼洋河西岸，306省道以东，沿两者之间布置于尼洋河滩地上，站区多为旱地，地形平坦，交通便利。

林芝站以填方为主，中心最大填高约12 m。该段路基地貌属于念青唐古拉山与喜马拉雅山之间的藏南谷地高山宽谷区，山高谷深，气候极端恶劣。车站区内地势总体较平坦，地表高程2 940～2 950 m，地表相对高差约10 m，地表有一养猪场。车站附近有省道相通，交通较为便利。

测区地表覆盖第四系全新统冲积层粉土，粉、细砂，细、粗圆砾土，卵石土等，覆盖层厚度大，未见基岩出露。

测区内地表水主要为沟水及尼洋河河水，水量丰富，水量较大。测区内地下水主要为第四系全新统冲积层粉土，粉、细砂层，细、粗圆砾土及卵石土层中的孔隙水，地下水位埋深为0～6.7 m。由于细、粗圆砾土及卵石土厚度大，为强透水层，地下水丰富。地下水主要为大气降水及地表水补给。

1.1.3 人文环境与地域特色

1. 丰富的自然环境

(1)南迦巴瓦峰

南迦巴瓦峰地处喜马拉雅山脉、念青唐古拉山脉和横断山脉的交会处，是中国西藏自治区林芝市最高的山峰，海拔7 782 m；属于喜马拉雅山脉，位于喜马拉雅山脉最东端。她还有另一个名字“木卓巴尔山”，其巨大的三角形峰体终年积雪，云雾缭绕，从不轻易露出真面目，传说“十人九不遇”，所以她也被称为“羞女峰”。

(2)雅鲁藏布大峡谷

雅鲁藏布大峡谷北起米林大渡卡村(海拔2 880 m)，南到墨脱县巴昔卡村(海拔115 m)，雅鲁藏布大峡谷长504.6 km，平均深度2 268 m，最深处达6 009 m，平均海拔在3 000 m以上，是世界第一大峡谷。整个峡谷地区冰川、绝壁、陡坡、泥石流和巨浪滔天的大河交错在一起，环境十分恶劣。许多地区至今仍无人涉足，堪称“地球上最后的秘境”，是地质工作少有的空白区之一。

(3)林芝桃花节

三月末、四月初的林芝,寒意未尽,却已是花的海洋。远处的山峰还有皑皑白雪,桃花已如醉霞绯云般地争相斗艳。粉嫩的桃花,在气势磅礴的雪山怀抱中无限柔媚。妖娆桃花,映着蔚蓝云天,美不胜收。西藏的桃树多属毛桃,树形高大,树干粗壮,气势很像繁茂的梧桐。毛桃的花朵较小,多为粉红或深红色,不如碧桃和绛桃的花形大,但密度很高,密密匝匝,呼啦啦有成千上万的感觉。诗人王心鉴欣喜地写下了"何处享清欢,林芝天更蓝。丹霞萦雪谷,粉雾弥麦田。金山斜阳下,彩幡古寨前。煮茶尼河隅,澄心待奇缘。"的优美诗句。

(4)吉祥山南、圣洁莲花

"恰果苏巴"雪莲花,多产自海拔 4 300 m 以上的悬崖峭壁,禀喜马拉雅天地之灵气生长,吸雪域圣地日月之精华开花。自古以来,西藏百姓从白云、雪山、乳汁、糌粑等认识了白色,形成了以白为基调且为至尊的审美理念,逐渐发展到象征纯洁、正义、善良等美好的情感。生长于白皙之域的雪莲花,自然成为西藏的"天之骄子"。唐代边塞诗人岑参在《优钵罗花歌》中这样吟唱"耻与众草之为伍,何亭亭而独芳。何不为人之所赏兮,深山穷谷委严霜。"

2. 多彩的民族文化

藏族是居住在青藏高原上的主体民族。西藏最古老的宗教——苯教和影响西藏社会政治、经济、文化的藏传佛教,其影响渗透于社会生活的各个方面,从而形成了不同于其他民族的民俗风情和审美情趣。西藏民俗文化的内容包含丰富,民俗文物多姿多彩,举凡服饰、饮食、居室、婚丧、节日娱乐等,都为演绎出藏族丰厚的历史文化变迁与升华的过程。

林芝地区以藏族为主并涵括汉、怒、门巴、珞巴、独龙、纳西等多个民族及僜人,并且林芝是茶马古道川藏线及滇藏线必经之地。其不仅吸收融合了多民族建筑文化特色,更体现了茶马古道文化的动态传播特性,最终形成了具有浓郁地域特色。

山南雅砻河谷不仅是西藏人类的古老发祥地,也是藏族文化的古老发源地。雅砻文化是中国三大地域文化之一,是西藏文化的上源。

3. 鲜明的建筑特色

对地域文化的深刻理解是建筑创作的基础。青藏高原独特的自然、地理环境深刻地影响着高原的经济生产活动和居民的社会生活,造就了它的文化具有许多与高原以外的其他地域明显不同的特征。这些独特的自然、地理环境造就了独特的地域文化和藏式建筑体系。

(1)稳定坚固,厚重自然的建筑性格

青藏高原是人类居住条件最严酷的区域之一,并且与邻近地区自然条件差别很大,具备形成独特建筑体系的自然基础。千百年来,经过藏族人民不断地摸索和实践,熟练掌握了一整套适应高原严酷自然环境的建造技术。片、块石砌筑墙体，泥土夯筑筑墙体，土坯砖砌墙体，随着高度的增加逐次收分，使外墙体呈内倾感，而内墙体仍然保持与地面的垂直。从外观效果来看，使得建筑物本身显示出凝重感。墙体的收分在高层建筑中视觉效果特别明显。藏式建筑的收分结构特点，实际上已经成为藏式建筑风格的一个重要标识。收分墙体和柱网结构是构成藏式传统建筑在视觉和构造上坚固稳定的基本因素。碉楼为了节省土地、减少散热，藏族建筑不是水平生长的体系，而是具备竖向生长、立方体特点的楼式平顶体系；为了抵御强风及战争，藏族建筑有着厚石墙、小窗，较封闭的碉式外表。加上有抗震作用的外墙收分，建筑具有庄重、永恒、朴实的性格及强烈的古典美感。

(2)形式多样，富于变化

藏式建筑形式虽然丰富多彩，但一些共同的文化特点，将它们统一在一个系统内。除了厚重的碉式建筑外观、石木混合结构之外，不同的功能和结构、材料选择带来相应多样的建筑类型。由于各地民俗的差异和自然环境的影响形成了各自特有的建筑形式和风格。以拉林铁路沿线为例，山南地区由于气候干旱少雨，多采用平顶的石砌建筑。而在林芝地区由于气候湿润多雨，植被丰富，就多采用融入汉式建筑坡屋顶的形式，大量木材的采用使其与西藏其他地区的建筑呈现不同的风貌。

(3)华丽的装饰与鲜明的色彩

藏式传统建筑装饰艺术是西藏地区宗教艺术、文化艺术和建筑艺术的综合体现。青藏高原是一个本身强烈对比的世界，对于色彩的认识和理解独到，在色彩的运用上也独具匠心。这种理解和运用是建立在对自然环境、生活习惯和对宗教的理解基础之上的。藏式建筑装饰中(包含壁画)常常使用的色调主要为白、红、黄、蓝、黑、绿等，从审美思想内涵上来认识，白色为纯洁吉祥的表现；红色为庄严的象征；黄色代表高贵；绿色代表祥和。

藏式建筑在外门、外窗、檐口、屋顶等外装饰部分部位，柱、梁、壁、天棚等内装饰部分部位均做多彩精美的装饰构件。门框、门楣、窗框、窗楣、墙面、屋顶、过梁、柱头等则同时雕绘多种色彩，十分细腻和艳丽。

1.1.4 房屋建筑面临的挑战

1. 总体布局

常规铁路站房与市政配套分开设计、各自实施存在竖向标高衔接有误差，排水系统不顺畅、整体建筑风貌迥异、建设界面不清晰、建设时序不同步等诸多问题。

2. 建筑造型

站房作为铁路上的最为重要的一个环节，是旅客直接体验铁路建设成果的载体，也是城市对外展示经济、文化、旅游及城市形象的窗口。旅客在关注站房外观形象、室内装修风格是否具有美感的同时，愈来愈注重站房造型设计及室内装修是否具有当地文化内涵，是否能契合当地的地域特色。如何能把握住站房建设所在地的地域文化特征，予以提炼并巧妙地通过建筑语言符号体现在室内外装修甚至室外的广场设计中，是相当长一段时间内需要重点研究的。

3. 生态站区、绿色车站

拉萨至林芝铁路站房海拔从 2 950 m 至 3 600 m，均属于高海拔寒冷地区。站房所处地区气候寒冷、昼夜温差大、采暖期长、高原多年冻土、环境脆弱。与此同时，青藏高原日照率高、太阳辐射强度大。对于高海拔地区特殊的地理条件，更应该因地制宜结合当地建筑的地域性特点。

4. 高寒强紫外线条件下建筑外墙材料

西藏自治区位于青藏高原的主体区域，总体地势由西北向东南倾斜。不同寻常的多样化地形地貌，气候特征也呈现非常复杂和多变的特点。但是总的来说，作为高原城市，西藏各个城市都会呈现明显的高海拔特征。

众所周知，空气温度与海拔之间有线性关系，空气温度会随着海拔高度的增加而减小。例如对于林芝和山南来说，由于海拔的缘故，当地夏季的平均温度要小于同纬度的平原城市；夏季凉爽。然而，对于冬季来说，其气温要低于同纬度的平原城市，其冬季气候寒冷且漫长。高原地区昼夜温差大，一般在 16～20 ℃，特别是冬夏极端温度相差极大，据资料记载，极端最低温度为－15 ℃，极端最高温度 28 ℃，且晴天日照强烈，紫外线强度高，尤其是受冻融循环作用。

5. 高地震区建筑结构关键技术

拉林铁路位于西藏自治区东南部，属于冈底斯山与喜马拉雅山之间的藏南谷地，山高谷深，气候极端恶劣。具有高海拔、高烈度、高寒缺氧、紫外线强等自然特征。

(1)地震烈度高

根据《建筑抗震设计规范》(GB 50011—2010，2016 年版)及《中国地震动参数区划图》(GB 18306—2015)，沿线地震动峰值加速度主要为 $0.15g$～$0.30g$。

(2)海拔高、温差大、紫外线强

西藏的气温特点是年差较小，日差较大；根据西藏商报的报道，2018 年 11 月，最高温差超 20 ℃。其中，拉萨地区辐射强，日照时间长，年日照时数在 3 000 h 以上，有“日光城”之称；平均气温低，日温差大；6 月平均气温为 15.7 ℃，平均最高气温为 22.9 ℃，是一年中温度最高的月份；1 月平均气温为－2 ℃，平均最低气温－9.7 ℃，是一年中最低的月份；多年极端最高温度为 29.6 ℃，极端最低气温－16.5 ℃，分别出现在 6 月和 1 月，夏季无高温，是夏季的避暑胜地。干湿季明显，雨季降水集中，多为昼晴夜雨的天气。

青藏高原是世界上隆起最晚、面积最大、海拔最高的高原，因而被称为“世界屋脊”，被视为南极、北极之外的“地球第三极”。西藏高原位于青藏高原的主体区域，西藏空气稀薄，紫外线被空气吸收的不如东部地带，大气对紫外线的削弱作用相对较少，紫外线较强。

(3)高寒缺氧

拉林铁路海拔高、气压低、含氧量低，在高原工作会导致人体机能下降，如果缺氧严重，会引发肺水肿和脑水肿等危及生命的急性高原病，严重影响人体健康和劳动能力。同时，含氧量低造成机械功率降低，给工程建设带来困难。

(4)结构超长、大跨

拉林铁路沿线铁路站房为拉林铁路形象窗口，需要以最大限度满足站房建筑效果，站房工程均按不设结构缝的方案实施，站房结构超长，山南、林芝等站房工程，结构长度达 172 m，需克服温差大、结构超长、跨度大等困难。

6. 拉林铁路建筑环境与设备节能技术

拉林线位于高寒地区，其特点为海拔高、全年平均气温低，春秋两季较短，冬季严寒漫长，沿线生态环境薄弱、能源供应紧张，而太阳能资源富足。如何对沿线生产生活房屋设置高效、可靠、节能环保的通风、空调及给排水、消防设计，是一个难题。

1.1.5 设计特点与取得的成果

1. 建　筑

各站的设计均注重建筑功能需求，以客流为主线合理布局。同时，尊重传统文化，在建筑造型上充分挖掘和提取当地文化元素符号，将传统的元素融合到现代交通建筑中，做到了建筑与环境的和谐统一。由于站房所处的地区不同，站房建筑风格在统一的藏式公共建筑特点的大原则下，各站又独具特色。如山南地区建筑更显厚重与沉稳，建筑形态与细节中融入贡嘎“杰德秀围裙”，扎囊手工“氆氇”，雍布拉康建筑形态，桑日“马鹿”及加查现碉楼遗址。林芝地区建筑形态以轻盈、灵动风格，融入朗县冰川的形体轮廓，米林珞巴族建筑文化特色，米林机场的流动型建筑形态，南迦巴瓦峰与雅鲁藏布大峡谷的层层落差等。

(1)山南站

站房造型提取雍布拉康层层叠上的形态特征，藏式收分的墙体凸显建筑稳重的基座，柱廊和上部挑檐构成建筑入口灰空间，突出了整个建筑的雄伟气势。实体墙面采用预制彩色混凝土板，中部玻璃幕墙与铝板虚实互补，藏式小窗与条形窗能有效减少光照。在建筑色彩上运用雪白、藏红和金黄三种，简洁明快。在建筑细节中运用藏式椽子、斗拱、条窗等，使整个建筑既现代又有地域特色，如图 1.2 所示。

(2)林芝站

林芝站外立面造型通过层层上升的建筑形态，体现林芝地区巨大的山水落差、壮丽

图 1.2　山南站站房效果图

的自然景色。结合工布建筑坡屋顶挑檐，建筑立面中部以玻璃幕墙为主，两侧在实墙面中嵌入竖条窗，建筑形象舒展大气，层次丰富。墙面虚实互补，稳重而不失轻盈通透。建筑色彩采用立面上红白相间，深灰色屋顶统领，彰显了林芝雪域江南的特色，如图 1.3 所示。

图 1.3　林芝站站房效果图

(3)生产生活房屋

站房周边房屋与站房建筑协调布置，突出站房主体效果。对林芝、山南、加查、扎囊车站站房两侧生产生活用房进行重新布局，结合已实施情况，按铁路站房与站区生产生活房屋一体化要求并栋合建，突出藏文化特点，融合当地文化元素，体现一站一景，实现复杂艰险高原铁路工程美丽站区建设，为铁路职工提供高品质生活保障。

站房以创造高效、便捷、舒适的换乘体系为目标，着力整合、节约土地资源。从功能布局，竖向衔接，绿化与景观小品等多方面综合考虑，努力营造优美的站区环境。公交车、出租车、社会车辆、旅游大巴等交通组织以铁路旅客流线为中心，合理组织人流、车流和功能分区，使铁路与城市多种交通方式之间的换乘尽可能实现“零换乘”，为城市注入更新活力，如图 1.4 所示。

2. 结构设计

拉林铁路穿越高烈度地震带和地质断裂带，沿线地震烈度高，结构设计采用复杂大跨度钢结构、缓黏结预应力结构、隔震与消能减震结构、桩端后注浆钻孔灌注桩等技术，通过结构地震易损性分析等手段，满足结构安全可靠及建筑功能需求，同时利用技

图 1.4　生产房屋效果图

术的优势，减少材料的浪费，节约生产成本，为高海拔艰险山区铁路房屋结构设计提供设计经验。

3. 暖通给排水设计

沿线地区脆弱的生态环境、贫瘠的能源供给、薄弱的基础设施建设为拉林铁路的建设造成了不小的困难。

作为能源消耗的大户，拉林铁路的暖通给排水设计主要围绕"三节一保"进行。在保护环境的前提下，将节能、节水、节地作为设计重点，同时对绿色可再生能源进行有效利用。

拉林铁路的暖通及给排水设计通过采用基于 AI 控制的全年能量监控平台、智慧消防技术、太阳能供热技术、环保型微生物厕所技术等新技术，有效地解决了上述问题，维护铁路运输安全，保障职工群众的健康。

4. 电力设计

拉林铁路电力工程采用适应高原大山区单线铁路的供电模式，电力设备采用高原型设备，增加电气间绝缘爬距，建筑房屋照明重点针对站房藏式建筑风格、浓郁人文特色和优美自然风景等特点，进行针对性研究，实现站房照明与建筑风格的完美融合。

拉林铁路是高原电气化铁路零的突破，电力工程设计有效解决了高海拔山区铁路外部电源匮乏、气候条件恶劣、地理环境复杂、土壤电阻率高、维护难度极大等电力工程技术难题，为高海拔艰险山区铁路提供了宝贵设计经验。

1.2 生态环境工程

1.2.1 环境工程概况

1. 环保选线及环境评价

拉林铁路是我国继青藏铁路、拉日铁路后，在青藏高原开工建设的又一条高海拔高寒地区雪域“天路”，全线90%以上路段位于海拔3 000 m以上的高原地区，高寒缺氧、交通不便，自然条件恶劣。全部线路位于青藏高原东南部的拉林铁路海拔在2 800～3 700 m之间(路由走向基本位于冈底斯—念青唐古拉山脉和喜马拉雅山脉之间)，不仅山势异常陡峭，沟谷空间狭窄，更是我国地壳运动最强烈的地区之一，地质条件异常复杂。线路穿越高烈度地震带和地质断裂带，硬岩变形，高地温、高地应力、冰渍层、涌水流坍、风积沙、泥石流、坍塌滑坡、危岩落石等不良地质十分普遍。

拉林铁路自西向东经过雅鲁藏布江河谷区、桑加峡谷区、山原湖盆区、高山河谷及山间河谷地貌区四个大的地貌单元，如图1.5所示。

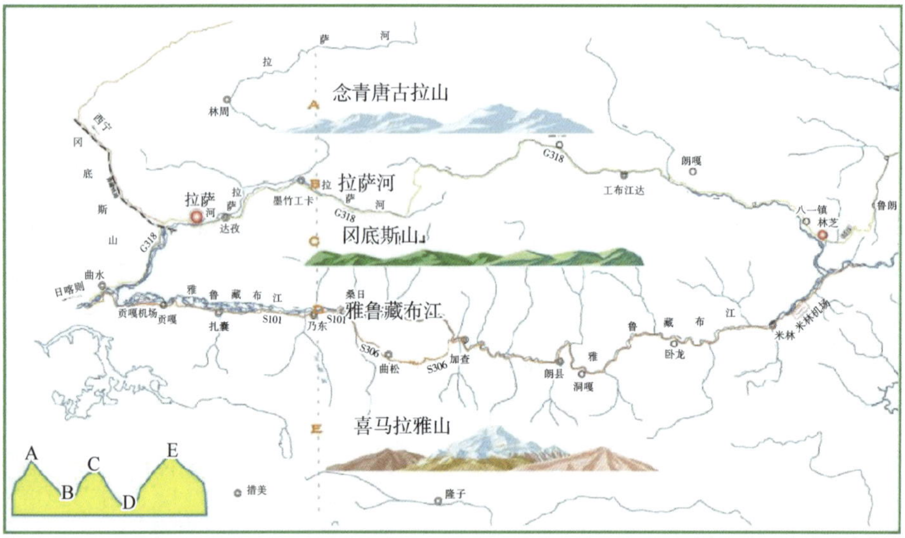

图1.5 拉萨至林芝地区山脉及河流分布示意图

(1)雅鲁藏布江河谷区(CK32+000～CK155+000)

雅鲁藏布江河谷区主要包括雅鲁藏布江的一级支流拉萨—曲水的拉萨河谷区和曲水—乃东的雅鲁藏布江宽谷区。雅鲁藏布江宽谷区地形地貌大致可分为雅鲁藏布江河谷平原区、江南高山宽谷区、江北高山宽谷区三大类型，平均海拔3 564 m，最高海拔可达5 438 m，相对高差1 890 m。其中，雅鲁藏布江河谷平原区位于雅鲁藏布江沿岸两侧，主要地貌为平坦谷地、裸露浅滩和风成沙丘等；江南高山宽谷区位于雅鲁藏布江南岸，地形起伏较大，地貌以高山、峡谷、宽谷为主，是主要的人口聚集区；江北高山宽谷区位于雅鲁藏布江北岸，地形起伏较大，地貌以高山、峡谷、宽谷为主，人口密度相对较小，如图 1.6 所示。

图 1.6 雅鲁藏布江河谷区(CK32＋000～CK155＋000)

(2)桑加峡谷区(CK155＋000～CK224＋500)

桑加峡谷区位于雅鲁藏布江中游的桑日县藏嘎—加查县藏木公社之间，属典型的高山峡谷地貌，峡谷长达 37 km，山势陡峻，地势险要，峰峦叠嶂，难以通行。峰顶海拔最高 6 000 m 以上，与谷底的垂直高差达 2 000 余米。整个峡谷段两岸为花岗岩、闪长岩等坚硬岩石，形成了典型的 V 形谷，谷底宽一般在百米之内，水面宽 40～50 m。峡谷幽深，江面狭窄，水流湍急，跌水节节相连，涛声阵阵聒耳，山顶白雪皑皑，山麓绿树成荫，构成峡谷区独特的自然景观，如图 1.7 所示。

图 1.7 桑加峡谷区(CK155＋000～CK224＋500)

(3)山原湖盆区(CK224+500～CK267+984)

加查、朗县属藏南山原湖盆地貌区,为喜马拉雅极高山亚区。受雅鲁藏布江及其支流切割控制,地势总体呈南北两侧高,中间低,山地绵延不绝,山势高峻,沟谷纵横狭窄。雅鲁藏布江南北两侧属深切割区,一般山峰海拔多在 5 000 m 以上,山地平均海拔 4 500 m,相对高差朗县在 1 500 m 以上,加查一般约 1 000 m,如图 1.8 所示。

图 1.8　山原湖盆区(CK224+500～CK267+984)

(4)高山河谷及山间河谷地貌区(CK267+984～CK443+100)

米林及林芝属高山河谷区及山间河谷地貌区。米林属藏东极大起伏、大起伏的高山河谷区的派镇一直白极大起伏、大起伏高山、极高山亚区,总体地貌为高山峡谷地貌。米林山地海拔一般 2 800～5 000 m 间,平均 4 200 m。山间河谷区主要分布于米林雅鲁藏布江及其支流沿线,按地貌形态可划分为河床、河漫滩和河谷一、二级阶地,其地形沿雅鲁藏布江基本为宽谷地貌,河谷两侧不对称分布有多级阶地,谷底与山前结合部位分布冲洪积扇形地,如图 1.9 所示。

图 1.9　高山河谷及山间河谷地貌区(CK267+984～CK443+100)

工程沿线分布较多的自然保护区、风景名胜区、森林公园、水源等环境敏感区。尤其是工布自治区级自然保护区和雅砻河风景名胜区的分布范围非常广泛,沿线生态敏感区见表 1.2。

表 1.2 沿线生态敏感区的情况

序号	敏感区名称	所在地区	面积/hm^2	主要保护对象	保护级别	主管部门
1	雅鲁藏布江中游河谷黑颈鹤自然保护区	林周县、山南地区	614 350	黑颈鹤及其越冬栖息地	国家级	林业
2	拉鲁湿地自然保护区	拉萨市	620	湿地生态系统	国家级	环保
3	工布自然保护区	林芝地区	2 155 816	原始天然林生态系统	自治区级	林业
4	曲水才纳自然保护区	曲水县	2 200	森林生态系统	自治区级	林业
5	墨竹工卡赤康湿地自然保护区	墨竹工卡县	560	湿地生态系统	市级	林业
6	墨竹工卡沙棘林自然保护区	墨竹工卡县	1 800	湿地生态系统	市级	林业
7	西藏马鹿自然保护区	桑日县	62 000	马鹿及其栖息地	市级	林业
8	扎囊县江南沟麝类自然保护区	扎囊县	156 857	野生动物	县级	林业
9	桑耶寺青浦沟鸟类自然保护区	扎囊县	39 500	野生动物	县级	林业
10	加查县崔久乡湿地自然保护区	加查县	867	湿地生态系统	县级	林业
11	雅砻河风景名胜区	山南地区	92 000	人文景观、森林植被、水体、地形地貌	国家级	建设
12	姐德秀国家森林公园	贡嘎县	2 031	森林植被、河流	国家级	林业
13	色季拉国家森林公园	林芝地区	9 800	森林植被、山形地貌	国家级	林业
14	巴松湖国家森林公园	工布江达县	4 521	森林植被、水体	国家级	林业
15	雅尼国家湿地公园	林芝地区	21 680	河流、水体	国家级	林业

2. 水土流失及生态恢复

拉林铁路位于拉萨河与雅鲁藏布江交汇处及尼洋河与雅鲁藏布江交汇处之间，沿雅鲁藏布江河谷顺流而下。拉林铁路沿线降雨量较少，蒸发量大，气候干燥，植被稀疏，在宽谷区滩地、坡地沙漠化较为严重，断续分布有风积沙；线路通过地段风沙类型主要以固定沙地、半固定沙地、半固定沙丘为主，断续分布有活动沙丘、新月形沙丘、沙垄及流动沙地。沿线除桑加峡谷外，大部分地段存在零星沙害。主要原因是季风吹扬河沙而形成，常堆积在迎风的山坡、河岸上，形成移动或半移动沙丘，又称“飞漠”。沙丘高度一般小于 2 m，局部高 20～30 m，宽 1～2 km，覆盖于山坡上的风沙相对高差可达 60～200 m。沙丘移动速度 1～5 m/年。

沿线降雨量随纬度增大而递减，在同一地区是山顶雨量多，河谷雨量少，山的迎风面雨量多，背风面雨量少。年均降雨量西藏自治区内为 450～1 000 mm。降雨时间大部分集中在 5～10 月，以 7～8 月为甚，当年 9 月至次年 4 月为旱季。此外，拉林铁路线路经拉萨市、山南地区、林芝地区，所经区域包括各级自然保护区 6 处(其中，自治区级自然保护区 1 处，市级自然保护区 2 处，县级自然保护区 3 处)；1 处风景名胜区，即雅砻河国家级风景名胜区；2 处国家森林公园；1 处国家湿地公园。

拉林铁路占地面积 2 077.88 hm^2，其中项目建设区 1 562.10 hm^2(永久占地区 907.37 hm^2，临时占地区 654.73 hm^2)，直接影响区范围 515.78 hm^2。按项目时序，造

成水土流失特点及项目主体工程布局，将防治责区进一步分为路基工程区、站场工程区、桥涵工程区、隧道工程区、取土场区、弃渣场区、施工便道区、施工生产生活区、拆迁安置区 9 个二级分区。工程扰动原地貌面积为 1 562.10 hm^2，损坏水土保持设施面积 1 513.99 hm^2；工程经土石方调配后需取土 1.142 78×10^7 m^3，产生弃方 1.997 56×10^7 m^3（其中，剥离表土 2.298 7×10^6 m^3，运往弃渣场永久弃渣 1.767 69×10^7 m^3）。工程产生水土流失总量为 3.592×10^5 t，新增水土流失量为 3.068×10^5 t。

3. 站区及隧道污水处理

拉林铁路沿线设置了林芝和加查 2 个给水站，贡嘎、扎囊、扎其、山南、桑日、拜珍、沃卡、巴玉、热当、朗县、洞嘎、热米、下觉、卧龙、康莎、米林、岗嘎 17 个新建生活供水站。其中，贡嘎、扎囊、扎其、山南和桑日 5 个车站位于工布自然保护区内，贡嘎和山南 2 个站新增生活污水接入当地城市排水系统，设置了 43 处隧道施工期废水处理点，根据《饮用水水源保护区污染防治效果管理规定》的要求，针对距离Ⅱ类、Ⅲ类水体较近的隧道，避免施工期间产生的石屑、渣土、泥浆和隧道钻孔过程中产生的悬浮物、乳化物、爆炸残留物及少量油污类污染物流入敏感水体，保证附近水域不受污染而进行施工期污水治理是十分必要的。结合隧道与敏感水体位置和工布自然保护区的相互关系及水环境影响评价分析，对隧道施工期废水需要经过处理达标后才能排放。

1.2.2 环境工程面临的挑战

1. 生态安全级别高、环保选线难度大、生态系统脆弱

如前所述，拉林铁路穿越多个自然保护区、风景名胜区、森林公园及湿地公园，生态安全级别高，根据《全国生态功能区划》中划定，该区域属于重要的生态功能区、生物多样性保护功能区、防风固沙生态功能区，是我国不可替代的国家生态安全屏障区，具有重要的涵养水源、调节气候、保障长江及黄河中下游地区生态安全的作用。但是由于自身独特的地理位置所形成的高寒、旱气候，裸露浅滩、风成沙丘、表土浅薄、河谷风剧烈等生境条件，除林芝地区外，大部分区域的生态系统脆弱，恢复周期长且生态恢复难度极大。如拉林铁路沿线存在大量的风沙地、石质山坡、岩屑坡、砾石地等困难立地，特别是山南地区，可供借鉴的植物种类、配置模式、造林技术等成功经验还较为欠缺。又如拉林铁路线路部分区段属于季节性冻土区，特别是林芝地区。季节性冻土区具有与其他困难地不同的气候特征。水分和温度的变化以及自然和人为的多重因素干扰下，其生态系统极易受到破坏，而且恢复的难度也相当大。

2. 线路跨度大、生态保护与恢复技术空间异质性高

拉林铁路沿雅鲁藏布江河谷顺流而下，从海拔和坡向来看也出现较大变化。普遍认为海拔和坡向是区域关键的环境要素，左右着气候、土壤、生物多样性与植被，形成了明显的生态环境空间分异，单一的技术方案及措施无法解决生态恢复面临的所有问题。

3. 工程创面大、生态恢复材料缺乏且养护困难

拉林铁路全线经过的区域表土资源贫瘠、稀缺。对于巨大工程创面的生态恢复工作，土壤基质、植物材料总体匮乏成为贯彻“以乡土为主”恢复原则的主要限制因素。

4. 水体环境脆弱，保护层级高

(1)对位于风景名胜区、自然保护区和水源保护区，或周边为Ⅱ类以上水体，不能有任何污水流进该区域，生活污水及生产废水严格执行禁排；其他区域的生活污水及生产废水采用一体式强化污水处理设备处理后达标排放。

(2)针对拉林铁路高海拔、低温和复杂环境的特点，结合施工场地受限、隧道施工期污废水水量波动大、工期久的因素，实施严格的清污分流措施，采用适宜于高原工程的高效处理技术工艺，实施最严格的全过程环境保护措施，切实保护好沿线水环境质量。

(3)针对拉林铁路沿线新划定的雅鲁藏布江裂腹鱼国家级水产种质资源保护区，补充桥面初期雨水收集及处理系统。在适当的地点设置初期雨水收集池和事故污水储水池等。按降雨初期 10 min 内的雨水流量作为计算依据，对初期污染雨水处理，中、后期雨水可以超越排走。事故污水采用应急措施运至城市污水应急处理站处置，不允许排入区域内的河流。

第2章 站区规划与建筑设计

2.1 站区规划

拉林铁路全线共9座客运车站，分别为贡嘎站、扎囊站、山南站、桑日站、加查站、朗县站、米林站、岗嘎站、林芝站；其中山南站、林芝站为山南市及林芝市府所在地；山南站最高聚集人数为1 200人，车站建筑面积15 000 m^2；林芝站最高聚集人数为2 000人，车站建筑面积15 000 m^2。其他客运站最高聚集人数为400人，车站建筑面积2 000 m^2。

拉林铁路沿线城市规模相对较小，车站设置基本处于城市规划新区，距离城市建成区相对较远，站址现状用地主要为草场及零星村庄，没有相应的公共配套设施。尤其是通站道路、给排水、电力、邮电通信、公共交通、环境卫生、服务场所等公共基础设施极为缺乏。拉林铁路站区规划设计适应高寒、高海拔、高原气候特征，在藏式特色统一风貌的设计原则下，结合"站区一体化"设计理念，提炼出"人文山南"和"生态林芝"，打造一站一景，突出站区规划的功能性和地域文化特色的艺术性，体现了生态站区、绿色车站，形成了车站与市政配套统一设计、无缝衔接、畅通融合、便捷换乘体系。

1. 贡嘎车站

站区配套公共设施包括通站道路、给排水、电力、邮电通信、公共交通、环境卫生、服务场所等公共基础设施。车站站区规划在城市总体规划的基础上，充分发挥铁路作为骨干交通在社会经济发展中的作用。

广场为曼陀罗形式，取材于藏文化中最浓郁的宗教涵义，同时矩形的构成也吻合了"窗口"这一形象。中心花坛植物搭配借鉴藏族毛织品氆氇的图案构成，采用多色灌木组合，突出"多彩"的主题，金字塔的造型，使游客一出站厅便能感受到贡嘎丰富多彩的民族文化。广场右侧分别规划公交车停车场、非机动车停车场、600 m^2综合办公楼、1 600 m^2综合公寓楼、340 m^2给水所，广场左侧分别规划出租车停车场、社会停车场、200 m^2垃圾收集站、100 m^2公共卫生间、2 000 m^2消防站。广场前设置入站主道路，道路前方预留规划商业用地。贡嘎站站区规划如图2.1所示。

2. 扎囊车站

站区规划包括与铁路车站配套的通站道路、给排水、电力、邮电通信、公共交通、环境卫生、服务场所等公共基础设施和服务建设项目。

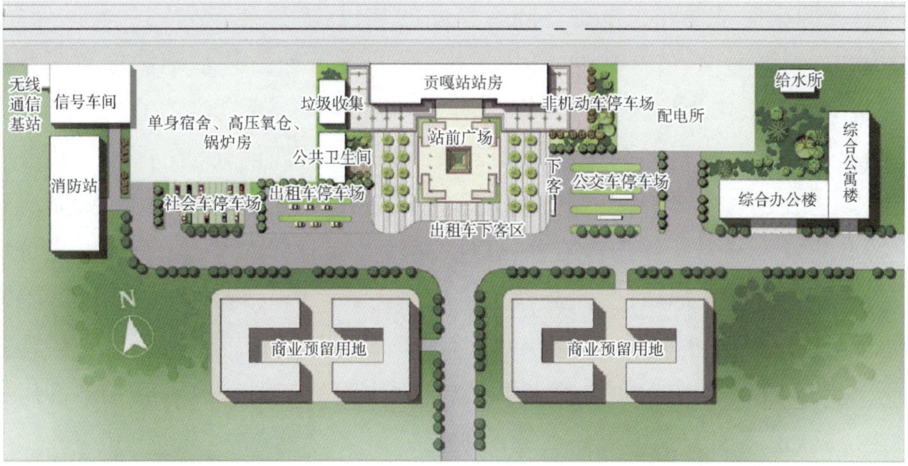

图 2.1　贡嘎站站区规划

站前广场正前方设出租车临时停靠点，广场右侧分别规划非机动车停车场、600 m² 综合办公楼、1 600 m² 综合公寓楼、预留用地；广场左侧分别规划公交车停车场、社会停车场、200 m² 垃圾收集站、100 m² 公共卫生间、270 m² 给水所。广场前设置入站主道路，道路前方预留规划商业用地。扎囊站站区规划如图 2.2 所示。

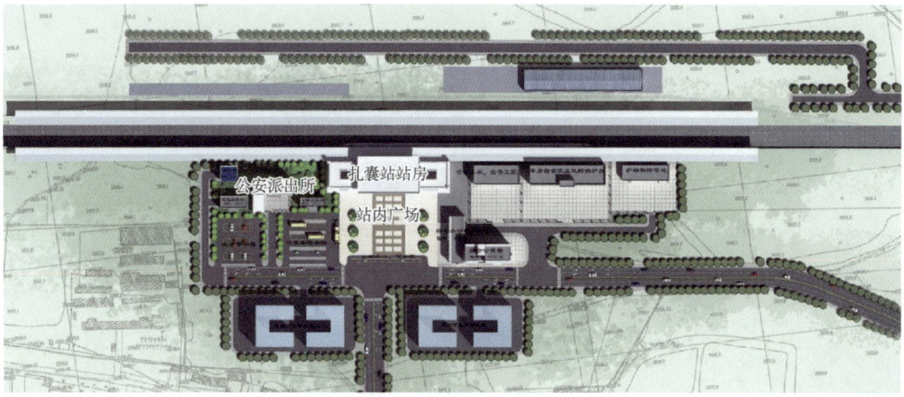

图 2.2　扎囊站站区规划

3. 山南车站

山南地委、行政会署前瞻性地制定城市总体规划，以建设“魅力山南”为目标，不断加大城市基础设施建设和管理力度，不断改善人居环境，城市面貌日新月异。山南城区面积约 8 km²，城市绿化率为 15%，人均绿地占有面积约 5.3 m²；城市给排水管网和路网基本形成。山南市还根据《“十四五”支持西藏自治区经济社会发展重大项目实施方案》，积极谋划、上报新的重点项目，预计“十四五”规划投资有望突破 680 亿元，较“十三五”规划投资增长 20%左右。山南地区将立足建设“核心经济区”的战略定位，以增强自我发展能力为核心，打造藏中特色优势产业基地、藏中能源接续基地、藏中现代服务业基地、藏源旅游基地四大基地。随着铁路的建设，需要建设与之配套的通站道路、给排水、电力、邮电通信、公共交通、环境卫生、服务场所等公共基础设施和服务建设项目，使铁路车站真正作为地区窗口发挥效用。

山南火车站站区规划在满足功能的前提下，整体以现代简洁的设计为风格，以藏式文化图案为表现内容，以粮、源为设计理念；阐述出藏族起源的历史，营造出具有地域文化特点的景观氛围。并结合雕塑、灯柱、树池及其他景观小品的设计，充分展现出“藏源”历史性、文化性、地域性、民族性的主题涵义。广场右侧分别规划出租车停车场、非机动车停车场、社会停车场、5 000 m²长途客车站、2 000 m²公安办公楼；广场左侧分别规划公交车停车场、1 400 m²公交调度楼（含卫生间）、400 m²垃圾收集站。广场前设置入站主道路，道路前方预留规划商业用地、270 m²给水所。

4. 桑日车站

站区规划内容包括通站道路、给排水、电力、邮电通信、公共交通、环境卫生、服务场所等公共基础设施和服务配套。

广场右侧分别规划出租车停车场、非机动车停车场；广场左侧分别规划公交车停车场、社会停车场、100 m²公共卫生间、200 m²垃圾收集站。广场前设置入站主道路，道路前方预留规划商业用地、270 m²给水所、600 m²综合办公楼、1 600 m²综合公寓楼。桑日站站区规划如图 2.3 所示。

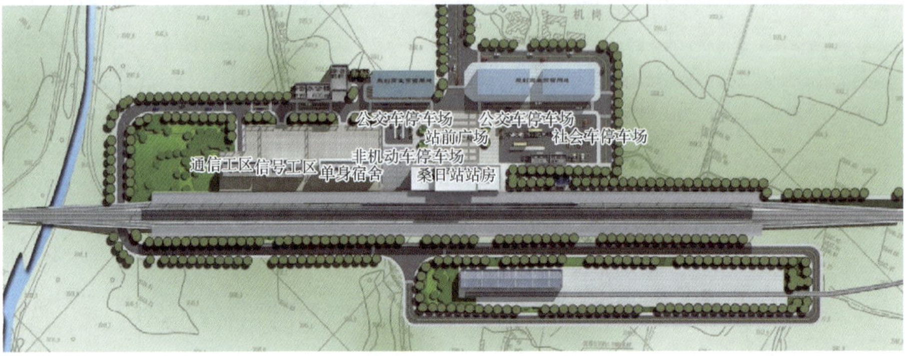

图 2.3　桑日站站区规划

5. 加查车站

站址没有与铁路车站相配套的市政公共设施，随着铁路的建设，需要配套进行通站道路、给排水、电力、邮电通信、公共交通、环境卫生、服务场所等公共基础设施和服务设施建设。

广场正前方设置出租车临时停车位；广场右侧分别规划 600 m²综合办公楼、1 600 m²综合公寓楼、非机动车停车场、预留用地；广场左侧分别规划公交车停车场、社会停车场、100 m²公共卫生间、200 m²垃圾收集站。广场前设置入站主道路，道路前方预留规划商业用地、270 m²给水所。加查站站区规划如图 2.4 所示。

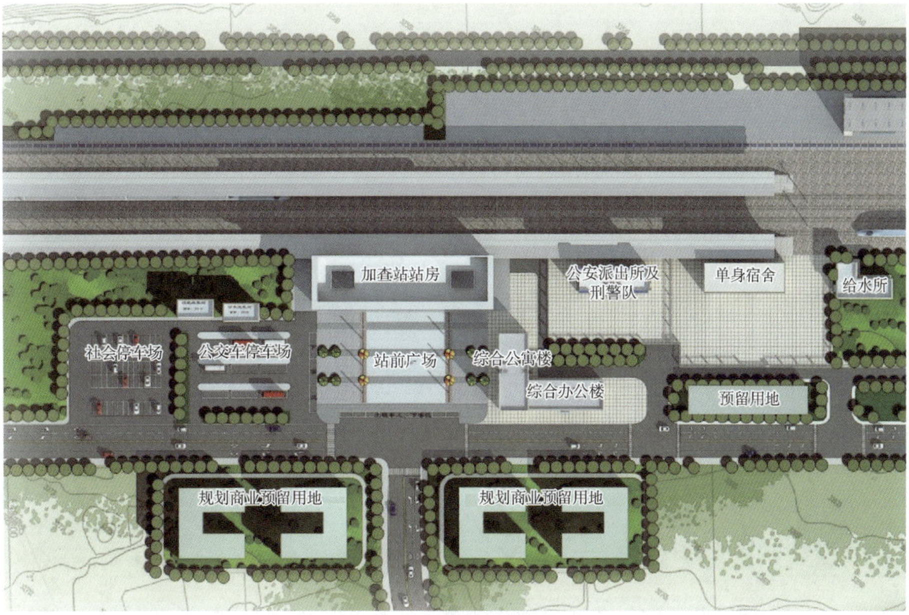

图 2.4　加查站站区规划

6. 朗县车站

随着拉林铁路的建设，由于站区没有市政公共配套设施，需要同步进行通站道路、给排水、电力、邮电通信、公共交通、环境卫生、服务场所等公共基础设施和服务的配套建设。

广场右侧分别规划公交车停车场、社会停车场、100 m^2 公共卫生间、200 m^2 垃圾收集站；广场左侧分别规划出租车停车场、非机动车停车场。广场前设置入站主道路，道路前方预留规划商业用地、270 m^2 给水所、600 m^2 综合办公楼、1 600 m^2 综合公寓楼。朗县站站区规划如图 2.5 所示。

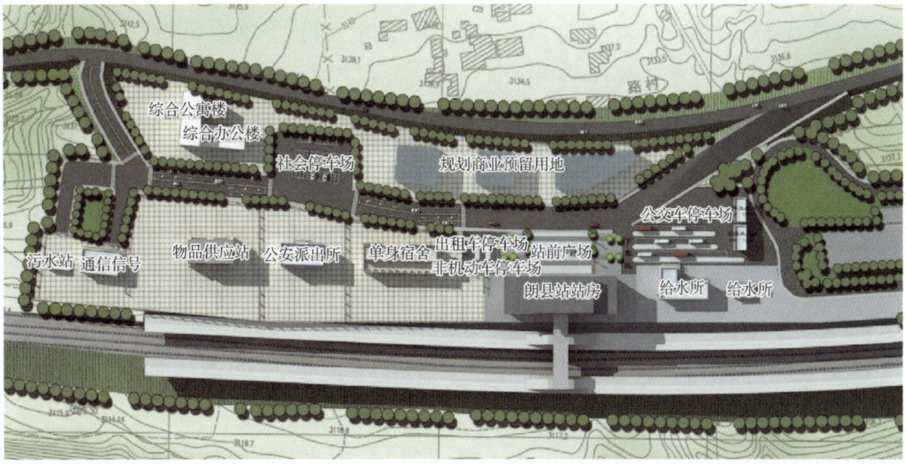

图 2.5　朗县站站区规划

7. 米林车站

随着拉林铁路建设，站区需相应配套建设通站道路、给排水、电力、邮电通信、公共交通、环境卫生、服务场所等公共基础设施和服务设施。

广场正前方设置出租车临时停车区；广场右侧分别规划非机动车停车场、600 m^2综合办公楼、1 600 m^2综合公寓楼、340 m^2给水所；广场左侧分别规划出租车停车场、公交车停车场、社会停车场、100 m^2公共卫生间、200 m^2垃圾收集站。广场前设置入站主道路，道路前方预留规划商业用地。米林站站区规划如图 2.6 所示。

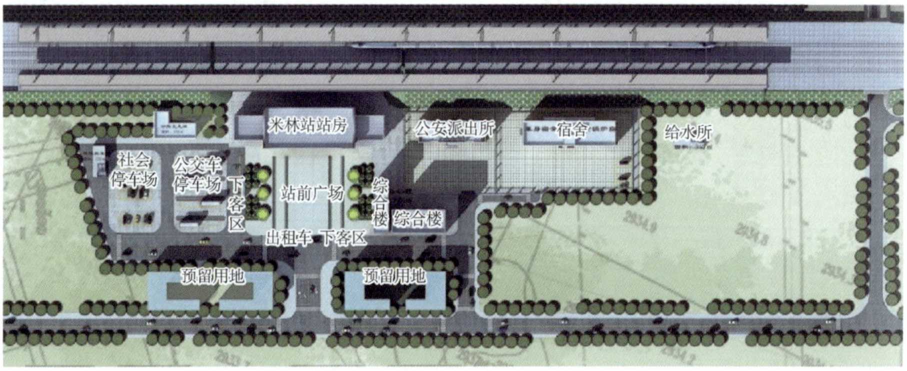

图 2.6　米林站站区规划

8. 岗嘎车站

车站临靠米林机场，没有市政公共设施，需要与铁路建设同步进行站区通站道路、给排水、电力、邮电通信、公共交通、环境卫生、服务场所等公共基础设施和服务设施的配套。

岗嘎站站区规划以“吉祥节”形成广场的中心构图，与环绕周边的吉祥回纹既表达了吉祥如意的寓意，又展现了藏族的佛教文化，是汉藏文化结合的典范，极大地提高了景观的艺术表现力。地面铺装在细节上采用藏族特色符号做了色带的变化，让广场的构图更具形式感，表达了“天圆地方”的中国传统哲学理念。同时铺装也将广场划分出不同的功能区域，两侧的树阵广场使设计更加人性化。景观灯以藏族转经筒为设计原型，细部结构与地面铺装采用同一元素，保证整体设计的统一性。岗嘎站站区规划如图 2.7 所示。

9. 林芝车站

当地提出树立旅游立市、旅游兴市、旅游强市的发展理念，建设美丽、和谐、幸福林芝，出台多项措施，力求将林芝打造成为重要的世界旅游目的地。而交通是发展旅游业的必要条件，因此，当地十分重视林芝站的规划和建设。

根据林芝城市总体规划要求，中心城区构建“一河两带、组团式”的空间结构，城市空间沿尼洋河两岸组团布局。城市的发展方向适度向南对接南部区域交通枢纽——

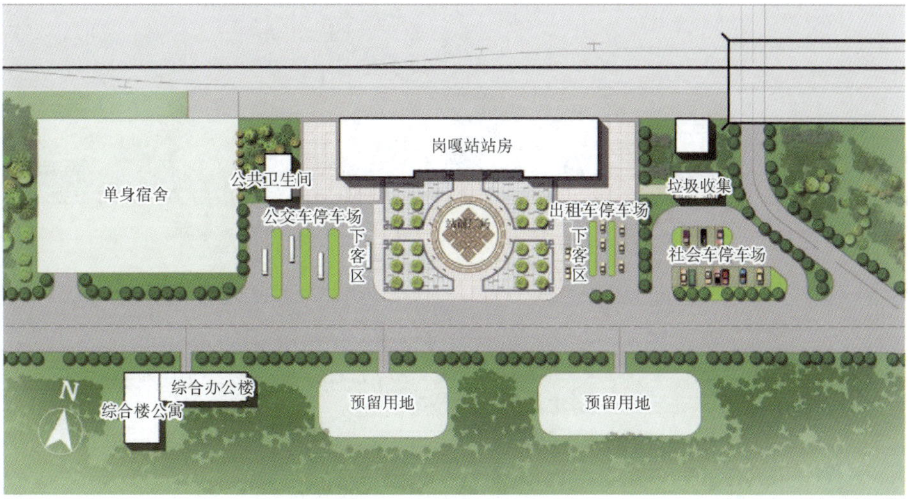

图 2.7　岗嘎站站区规划

林芝车站。仲果及孜热组团考虑拉林铁路林芝车站的建设，承担藏东南交通枢纽及物流中心职能。

为加快交通基础设施建设，林芝站站区规划坚持创新发展，努力推进综合交通体系一体化和现代化。整合包括铁路、公路客运、城市公交等在内的诸交通方式，加强交通站点的衔接与能力匹配，对实现林芝市综合交通的集约式发展、提高运输效率具有重要意义。

另一方面，平战结合是人防建设工程方针的重要内容，是坚持人防工程建设与城市建设相结合、与经济建设协调发展的具体落实措施，也是正确处理人防工程建设平时和战时的具体表现。林芝站在规划设计中，考虑将综合换乘工程结合人防工程的建设，既利于平时的开发利用，又能在预定的时间内经过适当的恢复、加固和补充达到战时的防护标准。

林芝站站区规划充分考虑人与自然和谐共处，注重环境的互相作用，设计中不仅需要满足车站的交通使用和体验功能的需求，还要将规划与地方文化、历史及人文景观相结合，在美化环境的同时，提升林芝站的整体形象、品位与人性关怀。

林芝站为地面站台线侧平式车站，最高聚集人数为 2 000 人，站房规模 15 000 m^2。站房西北侧为步行景观广场，站前规划道路纬一路位于广场北侧，纬一路以北规划商业预留用地，商业预留用地正向面对站房及步行景观广场。林芝站站区规划平面如图 2.8 所示。

林芝站站区规划以站房为中心进行站区一体化设计，在保持新建林芝火车站总体规划格局的基础上，根据铁路及城市交通客流的需求，结合当地既有交通设施情况，进行站前广场及地下空间一体化的交通综合换乘设计，主要建设内容包括位于地面层的站前广场以及位于地下一层的社会停车库、社会车落客区、出租车上下客区、人防设

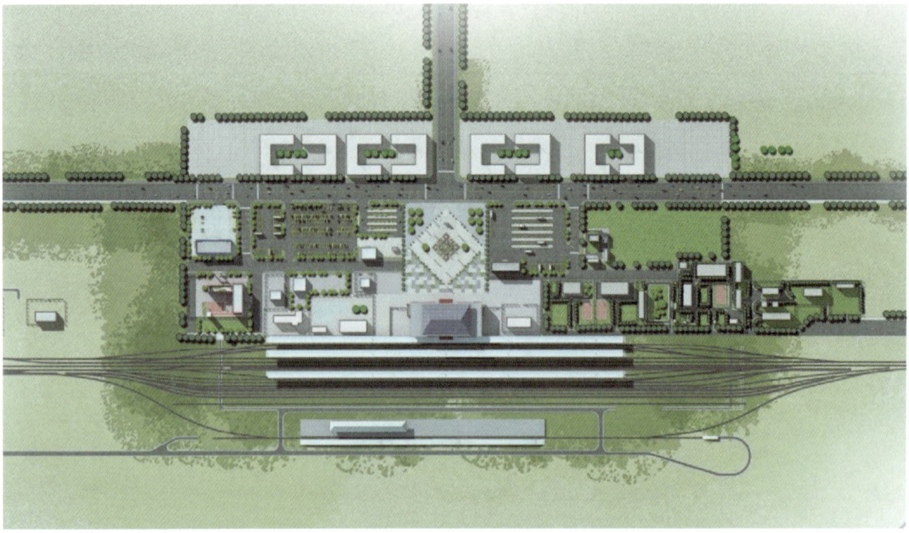

图 2.8　林芝站站区规划平面图

施、配套用房和其他配套设施。

林芝站作为青藏高原首个集铁路、长途大巴、公交、出租和社会车辆于一体的综合换乘枢纽，采用地面进站，地下出站的流线模式，站前广场下方设置综合换乘厅，旅客出站至换乘厅，能直接换乘公交车、出租车、社会车及网约车。林芝站站区规划是林芝市实现综合交通体系一体化和现代化的重要体现。林芝站站区建设现场照片如图 2.9 所示。

图 2.9　林芝站站区建设现场

2.2 建筑文化表现

1. 鲜明的色彩

藏族对于色彩的认识和理解独到，在色彩的运用上也独具匠心。这种理解和运用是建立在对自然环境、生活习惯和对宗教的理解基础之上。藏式建筑装饰中（包含壁画）常常使用的色调主要为白、红、黄、蓝、黑、绿等，从审美思想内涵上来认识，白色为纯洁吉祥的表现；红色为庄严和权力的象征；黄色代表高贵；绿色代表祥和；黑色代表威严。

2. 特有的墙体收分

千百年来，经过藏族人民不断地摸索和实践，熟练掌握了一整套砌筑和夯筑墙体的技术。片、块石砌筑墙体、泥土夯筑墙体、土坯砖砌墙体，随着高度的增加逐次收分，使外墙体呈内倾感，而内墙体仍然保持与地面的垂直。从外观效果来看，使得建筑物本身显示出凝重感。墙体的收分在高层建筑中视觉效果特别明显。藏式建筑的收分结构特点，实际上已经成为藏式建筑风格的一个重要标识。

3. 多彩精美的装饰构件

藏式建筑在外门、外窗、檐口、屋顶等外装饰部分部位和柱、梁、壁、天棚等内装饰部分部位，均做多彩精美的装饰构件。

4. 建筑外观创作的差异

(1)人文山南

山南是我国西藏自治区下辖地级市，位于冈底斯山至念青唐古拉山以南，雅鲁藏布江干流中下游地区，北接西藏首府拉萨，西与日喀则毗邻，东与林芝相连，南与印度、不丹两国接壤，是西藏古文明的发祥地之一。山南市属于温带干旱性气候，年均降水量不到450 mL，日照强烈。

在美丽富饶的雅砻河谷，分布着多处西藏古文化圣地。有西藏第一座宫殿——雍布拉康，第一座寺庙——桑耶寺，西藏第一个藏戏村——冰顿村，西藏第一个藏王聂赤赞普及松赞干布等十多位赞普的“藏王墓”……，正因为拥有如此众多的“第一”，山南被公认为“西藏民族文化的摇篮”。

“地方莫早于雅砻，农田莫早于泽当，藏王莫早于聂赤赞普，房屋莫早于雍布拉康”。这首流传的歌谣可见雅砻文化的地位和作用。

①山南站

山南站为拉林线新建中间站，位于西藏山南市乃东区泽当镇，站场规模为2台5线，设550 m×8.0 m基本站台1座，450 m×10.5 m中间站台1座。车站站型为线侧下式，站房建筑面积为1.5万 m^2，设两层候车室。山南站鸟瞰效果如图2.10所示。

图 2.10　山南站鸟瞰效果图

雍布拉康是西藏历史上第一座宫殿，也是西藏最早的建筑之一，它依山势而建，雄伟挺拔。山南站站房造型提取雍布拉康层层叠上的形态特征，藏式收分的墙体凸显建筑稳重的基座，柱廊和上部挑檐构成建筑入口灰空间，突出了整个建筑的雄伟气势。实体墙面采用预制彩色混凝土板，中部玻璃幕墙与铝板虚实互补，藏式小窗与条形窗能有效减少光照。在建筑色彩上运用雪白、藏红和金黄三种，简洁明快。在建筑细节中运用藏式椽子、斗拱、条窗等，使整个建筑既现代又有地域特色。山南站广场效果图如图 1.2 和图 2.11 所示。

图 2.11　山南站广场侧效果图

②贡嘎等 4 站

山南市境内贡嘎、扎囊、桑日和加查 4 座站房建筑面积均为 2 000 m^2。外观造型上统一采用平屋顶，厚重的实墙面及墙体的收分突出厚重与沉稳。在建筑形态与细节中贡嘎站融入“杰德秀围裙”，扎囊站融入“氆氇”，桑日站提取“马鹿回首”，加查站形体提取当地的碉楼遗址。贡嘎等 4 站立面效果如图 2.12 所示。

(a) 贡嘎站——“航空新城、翱翔青空”

(b) 扎囊站——“缤纷氆氇”

(c) 桑日站——“马鹿回首”

(d) 加查站——“碉楼遗址”

图 2.12　贡嘎等 4 站立面效果图

(2)生态林芝

林芝是西藏自治区下辖地级市，古称“工布”。位于西藏东南部，雅鲁藏布江中下游，其西部和西南部分别与拉萨市、山南市相连，西北连那曲市，东接昌都市，被称为“西藏江南”。这里有世界上最深的峡谷——雅鲁藏布大峡谷，有著名的桃花节，有冰山之父的南伽巴瓦峰，……

林芝地貌北高南低，东南边形成一个开放型入口使得两大洋的暖流得以常年涌入，从而使得年降雨量、年平均温度以及生态资源与西藏其他地区有较大差异，形成了林芝特殊的热带湿润和半湿润气候。独特的高原环境造就了林芝独特的生态环境。

①林芝站

林芝站为拉林线新建重要中间站，车站位于林芝市巴宜区布久乡，紧邻尼洋河谷。车站距离林芝市区约 19 km，距离林芝米林机场约 30 km。站场规模为 3 台8 线，设 550 m×12.0 m 基本站台 1 座，550 m×12 m 岛式中间站台 2 座。车站站型为线侧平式，站房建筑面积为 1.5 万 m^2，设两层候车室。林芝站鸟瞰效果如图 2.13 所示。

图 2.13　林芝站鸟瞰效果图

林芝站外立面造型通过层层上升的建筑形态，体现林芝地区巨大的山水落差、壮丽的自然景色。结合工布建筑坡屋顶挑檐，建筑立面中部以玻璃幕墙为主，两侧在实墙面中嵌入竖条窗，建筑形象舒展大气，层次丰富。墙面虚实互补，稳重而不失轻盈通透。建筑色彩采用立面上红白相间，深灰色屋顶统领，彰显了林芝雪域江南的特色。林芝站广场效果图如图 1.3 和图 2.14 所示。

图 2.14　林芝站广场效果

②米林等 3 站

林芝地区朗县、米林和岗嘎三座站房建筑面积均为 2 000 m^2，统一采用坡屋顶，利于快速排水。建筑形态为轻盈、灵动的风格，建筑形态中朗县站融入冰川的形体轮廓，米林站体现珞巴族建筑特色，岗嘎站呼应米林机场流动型建筑形态。米林等 3 站立面效果如图 2.15 所示。

(a) 朗县站——冰雪山川，光明之城

(b) 米林站——珞巴情深

(c) 岗嘎站——毓秀钟灵，翱翔谷间

图 2.15　米林等 3 站立面效果图

2.3　建筑造型的艺术表现

西藏作为我国一个在地理位置、气候条件、社会风俗与其他省份截然不同的地区，拥有独特的地域文化特征。在拉林线方案创作和深化过程中，在藏式建筑风格的大原则下，充分考虑山南“雅砻”文化和林芝“工布”文化特点，突出“一站一景”。

2.3.1　贡 嘎 站

山南市贡嘎县位于西藏自治区南部，是拉萨贡嘎国际机场的所在地，西藏著名的航空大县。本站设计立意为“航空新城，翱翔青空”。站房立面采用三段式布局，中部柱子汲取当地传统民居造型挑梁飞檐，色彩以大面白墙点缀藏红色檐口，并提取当地著名的“杰德秀”图案在立面予以表现，如图 2.16 所示。

图 2.16　贡嘎站站房效果图

室内方案设计如图 2.17 所示。

图 2.17　贡嘎站室内效果图

站房实景如图 2.18～图 2.22 所示。

图 2.18　贡嘎站正立面

图 2.19　贡嘎站内外呼应的椽檩

图 2.20　贡嘎站候车厅

图 2.21　贡嘎站连廊

图 2.22　贡嘎站地道与站台雨棚

2.3.2　扎囊站

扎囊县隶属西藏自治区山南市，这里有著名的桑耶寺，享誉中外的手工织品——氆氇。站房结合当地建筑造型特征，主体立面采用纵向三段式，整体效果简洁明快，主色调以白色，并点缀红色，建筑细节中融入当地手工氆氇元素，并抽象化设计丰富立面。方案效果如图 2.23 所示。

图 2.23　扎囊站站房效果

室内方案设计如图 2.24 所示。

图 2.24　扎囊站候车厅效果

站房实景如图 2.25～图 2.27 所示。

图 2.25　扎囊站正立面

图 2.26　扎囊站候车厅

图 2.27　扎囊站地道与站台雨棚

2.3.3　山 南 站

山南站站房造型提取雍布拉康层层叠上的形态特征，藏式收分的墙体凸显建筑稳重的基座，柱廊和上部挑檐构成建筑入口灰空间，突出了整个建筑的雄伟气势。实体墙面采用预制彩色混凝土板，中部玻璃幕墙与铝板虚实互补，藏式小窗与条形窗能有效减少光照。在建筑色彩上运用雪白、藏红和金黄三种，简洁明快。在建筑细节中运用藏式椽子、斗拱、条窗等，使整个建筑既现代又有地域特色。方案效果如图 2.11 所示。

山南站室内创意如图 2.28～图 2.37 所示。

山南是藏民族的摇篮和文化发祥地，拥有西藏第一宫、第一殿、第一寺等，雅砻河穿城而过，两岸风光让你恍如到了江南一带的水乡小城。而泽当是山南行署所在地。西藏许多美丽的故事都是从这里演绎出来，在漫长的演变历程中，逐渐催生出具有地方特色的民风与民俗。

山南站室内设计有着强烈的地域性，源于传统但趋于现代；具有藏族传统的柱头构造、简洁清晰的山水纹雕刻、金莲刻纹等，在地域性逻辑、材质、色彩、构造和建筑尽量保持完整的统一和对应，使内外空间一气呵成。

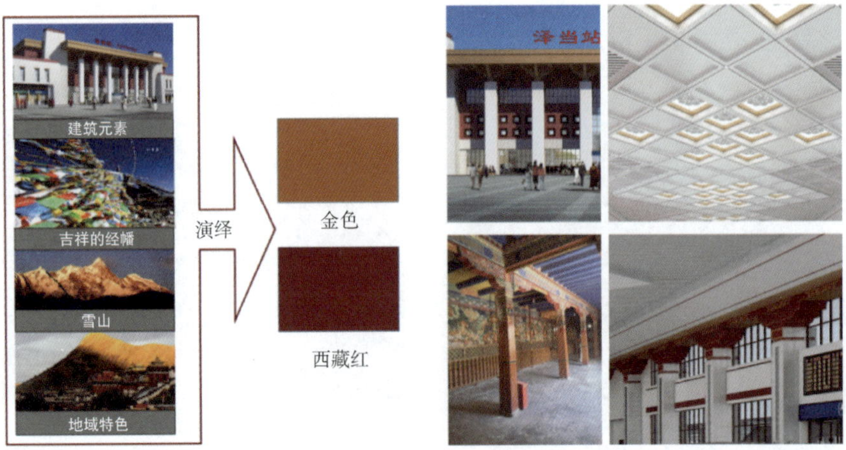

(a) 颜色元素提取　　(b) 传统构造提取

(c) 建筑语言提取

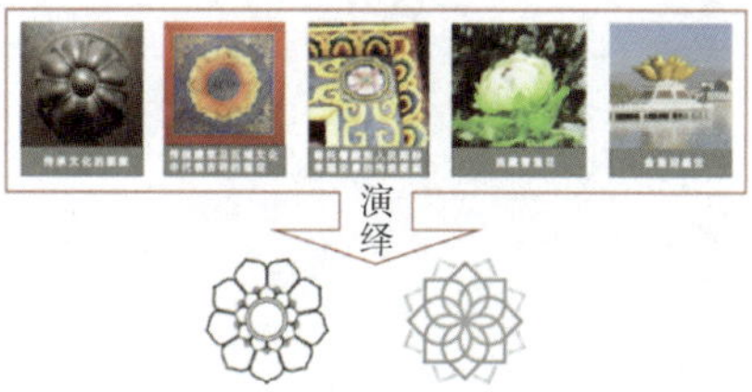

(d) 装饰图案提炼

图 2.28　提取元素

图 2.29　候车广厅效果

图 2.30　二层候车厅效果

图 2.31　一层候车厅效果

图 2.32　售票厅效果

图 2.33　贵宾候车室效果

图 2.34　出站厅效果

图 2.35　旅客通道效果

图 2.36　卫生间效果 1

图 2.37　卫生间效果 2

站房实景如图 2.38～图 2.45 所示。

图 2.38　山南站立面

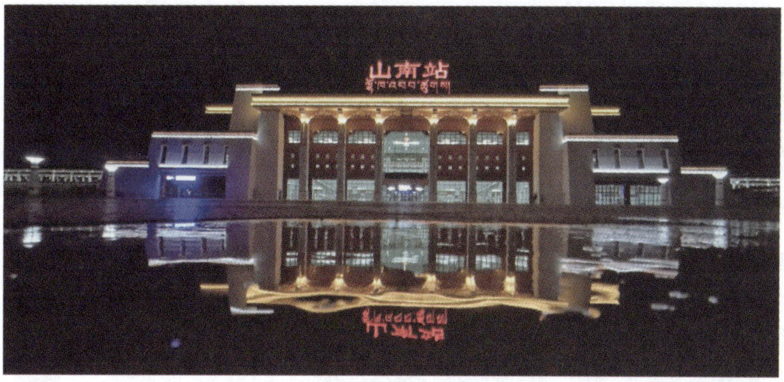

图 2.39　山南站景观照明

图 2.40　山南站一层候车厅

图 2.41　山南站二层候车厅

(a) 吊顶——吉祥结　　(b) 柱础

图 2.42　山南站二层候车厅局部

图 2.43　山南站出站厅

图 2.44　山南站出台雨棚

图 2.45　山南站公共卫生间

2.3.4　桑 日 站

桑日县位于西藏自治区东南部，藏语“铜山”之意。桑日县矿产资源丰富，自然风光秀美，有著名的达古峡谷景区、桑日马鹿自然保护区、沃卡温泉等。桑日站设计立意为“藏世之源，高原之美”。站房整体立面外形构成源自回首的“马鹿”，采用现代建筑手法，结合藏式建筑特色，融入红白两色，增添了场所印象，整个建筑现代而不失庄严恢宏，凸显了高原之美。方案如图 2.46 所示。

图 2.46　桑日站站房效果

室内方案设计如图 2.47 所示。

图 2.47　桑日站室内效果

站房实景如图 2.48～图 2.50 所示。

图 2.48　桑日站立面

图 2.49　桑日站候车厅

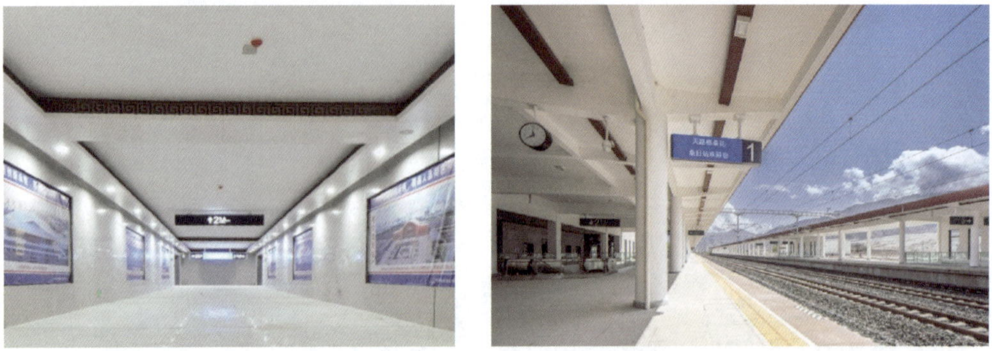

图 2.50　桑日站地道与站台雨棚

2.3.5　加查站

加查县位于西藏自治区东南部，这里有著名的“神湖”拉姆拉措，达拉岗布寺，诺米村碉楼遗址和千年核桃树。加查站设计立意为“百湖纳城，有容乃大”。建筑造型取自当地碉楼遗址，主立面两侧实体基座凸显了车站作为加查县的未来门户形象，入口玻璃幕墙犹如倒映着蓝天的湖面，整个建筑形象端庄大气。方案如图 2.51 所示。

图 2.51　加查站站房效果

室内方案设计如图 2.52 所示。

图 2.52　加查站室内效果

站房实景如图 2.53～图 2.55 所示。

图 2.53　加查站立面

图 2.54　加查站候车厅

图 2.55　加查站候车厅柱头与站台雨棚

2.3.6 朗 县 站

朗县是林芝工布文化和山南雅砻文化的交融处，藏语为“显现，光明”之意，有著名的巴尔曲德寺、勃勃朗雪山、拉多藏湖。朗县站设计立意为“冰雪山川，光明圣地”。站房整体设计采用三段式构图，坡屋顶源自工布建筑特色，整个形体轮廓凸显了当地山川的走向。墙体主题为白色寓意吉祥如意，同时结合当地雪山遍布的特色，营造出建筑与雪山融为一体的意境。建筑形体在横向和竖向上进行穿插构图，其中竖向采用了当地传统的碉楼形象，从而使整体挺拔，横向采用了当地传统的斜墙形式，显示出稳重。方案如图 2.56 所示。

图 2.56　朗县站站房效果

室内方案设计如图 2.57 所示。

图 2.57　朗县站室内效果

站房实景如图 2.58～图 2.63 所示。

图 2.58　朗县站正立面

图 2.59　朗县站候车厅

图 2.60　朗县站检票口

图 2.61　朗县站出站厅

图 2.62　朗县站进出站天桥

图 2.63　朗县站站台雨棚

2.3.7　米 林 站

米林地处西藏自治区东南部，有著名的南伽巴瓦峰，“藏地药王谷”南伊沟风景区，国家级非物质文化遗产珞巴族服饰。米林站设计立意为“药谷多彩，珞巴情深”。建筑造型采用三段式构图，斗拱与坡屋顶挑檐取自当地珞巴族建筑特色，几何感强烈，主次有序。浓烈色彩的装饰柱强调立面线条，增添厚实感与光影效果，丰富了建筑空间形象。方案如图 2.64 所示。

图 2.64　米林站站房效果

室内方案设计如图 2.65 所示。

图 2.65　米林站室内效果

站房实景如图 2.66～图 2.69 所示。

图 2.66　米林站正立面

图 2.67　米林站侧立面

图 2.68　米林站连廊

图 2.69　米林站站台雨棚

2.3.8 岗嘎站

岗嘎车站位于林芝市米林，与米林机场隔尼洋河相对。岗嘎站设计立意“毓秀钟灵，翱翔谷间”。建筑采用现代建筑手法结合工布地区坡屋顶，中部采用玻璃幕墙，突显轻盈之感，岗嘎站作为林芝机场与铁路接驳的车站，亦将随着空铁联运的发展而展翅高飞。方案如图 2.70 所示。

图 2.70　岗嘎站站房效果

室内方案设计如图 2.71 所示。

图 2.71　岗嘎站候车厅效果图

站房实景如图 2.72～图 2.75 所示。

图 2.72　岗嘎站正立面

图 2.73　岗嘎站候车厅

图 2.74　岗嘎站进站安检

图 2.75　岗嘎站站台雨棚

2.3.9　林 芝 站

林芝站外立面造型通过层层上升的建筑形态，体现林芝地区巨大的山水落差、壮丽的自然景色。结合工布建筑坡屋顶挑檐，建筑立面中部以玻璃幕墙为主，两侧在实墙面中嵌入竖条窗，建筑形象舒展大气，层次丰富。墙面虚实互补，稳重而不失轻盈通透。建筑色彩采用立面上红白相间，深灰色屋顶统领，彰显了林芝雪域江南的特色。方案如图1.3所示。

林芝站室内设计创意如图2.76～图2.85所示。

林芝地区号称西藏江南，一年一度桃花文化旅游节，是林芝地区发展旅游的一张大名片。每年3月，当西藏第一朵桃花在林芝开始盛开的时候，作为西藏旅游最重要的环节——"林芝桃花节"就将在林芝拉开序幕。南迦巴瓦峰是中国西藏自治区林芝市最高的山，属于喜马拉雅山脉，位于喜马拉雅山脉最东端，是林芝市一处美丽的风景点。因南迦巴瓦峰山顶常年积雪，而给这一设计灵感命名"桃花映雪"。

设计创意以桃花为设计母题，将桃花造型融入大面积方形设计中，既让它不会显得突兀，也可以打破大面积折线带来的板正，亦是点睛之笔。用线条拼接出南迦巴瓦峰的造型图案，展现西藏两大旅游特点。

桃花元素运用于候车厅顶部吊顶造型，以增加吊顶的丰富感，南迦巴瓦峰用线条的形式呈现，运用在候车厅山墙设计上。柱子引用藏式柱头的斗拱造型，以体现顶天立地之气概，亦给室内赋予磅礴大气的空间效果。提取椽子的方块形态运用于空间，将椽子形态简洁化，更好地将传统与现代相结合，用空间语言表达传统建筑文化。将藏式斗拱形式运用于室内柱子设计中，顶部藻井四周用藏椽子装饰，丰富藻井造型。

图2.76 候车广厅效果

图2.77 一层候车厅效果

图2.78 二层候车厅效果

图2.79 售票厅效果

图 2.80　出站厅效果

图 2.81　贵宾候车室效果

图 2.82　旅客天桥效果

图 2.83　旅客地道效果

图 2.84　卫生间效果 1

图 2.85　卫生间效果 2

站房实景如图 2.86～图 2.95 所示。

图 2.86　林芝站鸟瞰

图 2.87　林芝站正立面

图 2.88　林芝站侧立面

图 2.89　林芝站景观照明

图 2.90　林芝站一层候车厅

图 2.91　林芝站综合服务中心

图 2.92　林芝站行政 VIP 候车室

图 2.93　林芝站旅客进站天桥

图 2.94　林芝站卫生间

图 2.95　林芝站站台雨棚

2.4　总平面布置

铁路旅客车站一般由旅客站房、客运服务设施和城市交通配套设施等组成，是为旅客办理客运业务的车站。拉林铁路按线路性质，为客货共线铁路车站。

拉林铁路的总平面布局，主要遵循以下原则：

(1)依据城市总体规划和城市设计，重点考虑与城市交通体系的整体关系，根据车站站点，进行站区整体规划。

(2)充分利用自然条件,特别是地形地貌,尽量减少对自然环境的破坏;避免大规模拆迁和土方调整,节约用地,节省投资,保护环境。

(3)合理组织流线,注意旅客换乘流线的便捷,综合考虑车站与其他交通的接驳疏解,特别是与公交、长途、旅游集散、社会车、出租车、网约车等之间的交通衔接,力求流线简捷、流畅、布局紧凑。

(4)以方便旅客为原则,注重配套服务设施的完善。

(5)考虑使用功能的灵活性和应变能力,以使站房既能满足近期的使用要求,又兼顾长远发展。

(6)功能性和形象性兼顾,具有地域特色。

拉林铁路各站总平面布局的原则之一,是兼顾车站站房与市政配套之间的接品协调关系,重点从以下方面思考,形成全线统一的原则:

(1)市政广场的排水方向应远离站房,严禁市政广场的雨水汇入到站房周边的排水沟。

(2)车站广场应与站房、站场布置密切结合,并符合城镇规划要求。

(3)车站广场内的旅客、车辆、行李和包裹流线应短捷,避免交叉。

(4)人行通道、车行通道应与城市道路互相衔接。

(5)除绿化用地外,车站广场应采用刚性地面,刚性地面的材质、色彩等整体风格应与站房外立面、站前平面铺装等相融合,并符合排水要求。

(6)广场的绿化面积、厕所设置、揭示牌、静动态标识、公交车场、社会车场、长途车场、出租车场等设置,应满足《铁路旅客车站建筑设计规范》(GB 50226—2007,2011年版)的相关要求。

(7)根据要求,车站广场不宜设置水景。

(8)消防车道的承压能力、坡度、转弯半径等应满足地方消防公安部门的要求;布置路径应满足铁路车站消防总平面中消防车的路径设置、登高面设置要求。

(9)各种水、电、气接口应与铁路车站综合管网对接。

(10)广场设置应考虑无障碍设计,特别是广场标高与平台之间有较大高差时,需要注意进站、出站、售票等部位无障碍的设置。

(11)因站房一般为对称设置,建议广场设置配合站房形象,体现一个地区重要公共交通建筑的门户特点进行设计。

(12)应结合车站平面中行包库的位置,合理设置行包停车场的位置及数量。

(13)站房侧平台面宽范围内的景观广场,不应设置遮挡物或影响站房立面效果的建(构)筑物。保证站房整体的立面效果展示出来。

(14)如有广场建(构)筑物,其外观效果要与站房整体协调。

(15)铁路坐标与地方市政坐标不同,不能将站房总平面图直接放入市政规划总图中,需要联调联测;由地方部门请现场施工单位协调配合解决。

(16)车站广场的设置还应满足国家现行有关规范、规程的要求。

(17)应注意铁路实施的范围与铁路征地红线的区别,避免出现接口位置双方都不管。

(18)根据公安部的反恐防暴要求,广场与城市道路相接位置应有阻挡汽车直接冲撞进入广场的措施,常规做法为花岗石防撞墩。

拉林铁路各站总平面布局的原则之二,是特别注意站区总平面图的整体性,尤其是一站一景的设计,生产生活用房的总图关系,形成全线统一的原则如下:

铁路车站作为铁路线交通重要节点,起着衔接运输、换乘及分配的重要作用,是多种交通运输方式重要的分配平台,其重要性不言而喻,随着我国铁路建设特别是高速铁路建设的蓬勃发展,铁路站房设计理念也不断更新。国铁集团提出的“畅通融合、绿色温馨、经济艺术、智能便捷”的铁路精品客站建设十六字方针和“精心、精细、精致、精品”的建设新要求,在铁路客站设计建设过程中已很好地落实,但铁路客站与周边的生产生活配套是整体关系,是“红花”与“绿叶”的关系。

站区一体化范围是站台两侧生产生活用房、围墙、铁路停车场等铁路客站所在区域,均位于铁路用地范围内。拉林铁路站区一体化总图的整体目标为:

一是站区规划要与城市有关部门路地协调,整体规划,一张蓝图绘到底。要求对地方配套方案要了解,有问题要尽早协调解决。

二是生产生活房屋平面布局设计。在充分满足生产、生活的基础需求上,做到既相对,无交叉干涉,又联系方便,易于管理。

三是站区绿化。原则上要因地制宜、南北有别,要可持续,同时便于运营维护管理。结合拉林线所处区域气候条件,开展绿化专题研究。

四是铁路站区围墙要进行专项设计,与站区文化协调、相适应。

五是坚持经济艺术性。既要有品质,又要讲经济性,不能搞成主题公园。适合当地气候、地形、地貌,不断优化深化方案,不能生搬硬套。

根据上述核心指导原则和思路,拉林铁路全线车站的总平面图,无论是从功能,还是流线,还是整体性,都取得了较为成功的结果。整体上是以旅客站房为中心,站房左右两侧布置铁路生产生活用房等配套设施,建筑整体风貌一站一景,与站房风格相呼应,市政配套以车站集散广场为核心,左右两侧根据地形地貌配套相应的市政配套枢纽工程车场,车站合适的区域辅助以相关配套建筑,整体总图关系简单明了,重点强调了自然环境的高度融合,强调了交通功能的完善,强调了流线的简捷有序,考虑了受季节或旅游影响的弹性空间规划设计,考虑了高原环境特点的影响,协调了市政广场与站房前的高差关系,辅助以无障碍设施的完善,让旅客出行体验最佳。

2.5 站房建筑设计

拉林线站房共9座，其中，贡嘎、扎囊、山南、米林站采用线侧下式；桑日、加查、岗嘎、林芝站采用线侧平式；朗县站采用线侧上式。林芝、山南站站房规模按15 000 m^2控制，其余7站规模按2 000 m^2控制。拉林线站房主要信息见表2.1。

表2.1 拉林线站房主要信息

序号	站名	站型	最高聚集人数/人	站房规模/m^2	站房高程/m	广场高程/m	百年水位/m	跨线设施
1	贡嘎站	线侧下	400	2 000	3 566.219	3 565.719	3 564.7	8 m地道兼行包
2	扎囊站	线侧下	400	2 000	3 557.405	3 556.905	3 557.1	6 m旅客地道
3	山南站	线侧下	1 200	15 000	3 553.745	3 553.245	3 551.6	8 m地道兼行包
4	桑日站	线侧平	400	2 000	3 557.246	3 556.746	3 551.9	6 m旅客地道
5	加查站	线侧平	400	2 000	3 271.870	3 271.370	3 217.2	6 m旅客地道
6	朗县站	线侧上	400	2 000	3 127.061	3 126.561	3 121.0	6 m旅客地道
7	米林站	线侧下	400	2 000	2 938.838	2 938.338	2 936.8	6 m旅客地道
8	岗嘎站	线侧平	400	2 000	2 958.596	2 958.096	2 948.3	无
9	林芝站	线侧平	2 000	15 000	2 951.538	2 948.538	2 947.9	12 m旅客天桥 8 m旅客地道 6 m行包地道

2.5.1 设计标准

贡嘎、扎囊、桑日、加查、朗县、米林、岗嘎站最高聚集人数均为400人，站房建筑面积为2 000 m^2，为小型铁路客运站，地上部分耐火等级二级，地下部分耐火等级一级；地下室外防水等级Ⅰ级，站房屋面防水等级Ⅰ级，站台雨棚屋面防水等级Ⅰ级。结构设计耐久年限50年。

山南站最高聚集人数1 200人，站房建筑面积为15 000 m^2，为中型铁路客运站。地上部分耐火等级二级，地下部分耐火等级一级；地下室外防水等级Ⅰ级，站房屋面防水等级Ⅰ级，站台雨棚屋面防水等级Ⅰ级。结构设计耐久年限50年。

林芝站最高聚集人数2 000人，站房建筑面积为15 000 m^2，为中型铁路客运站。地上部分耐火等级二级，地下部分耐火等级一级；地下室外防水等级Ⅰ级，站房屋面防水等级Ⅰ级，站台雨棚屋面防水等级Ⅰ级。结构设计耐久年限50年。

2.5.2 平面功能

全线车站均采用对称布局，即中间为旅客使用空间，两侧为车站内部使用空间。

结合高原特殊地理因素，于林芝站、山南站设吸氧室和医务室等空间，分别位于二楼候车区和出站厅位置。

1. 贡嘎、扎囊、桑日、加查、朗县、米林、岗嘎 7 站

站房为地上一层，地下一层。

一层主要布置进出站功能及其服务空间，中部为候车室，左侧布置出站通道、设备区、办公区等；右侧布置卫生间、售票厅、客运办公、设备区等。平面布置如图 2.96 所示。

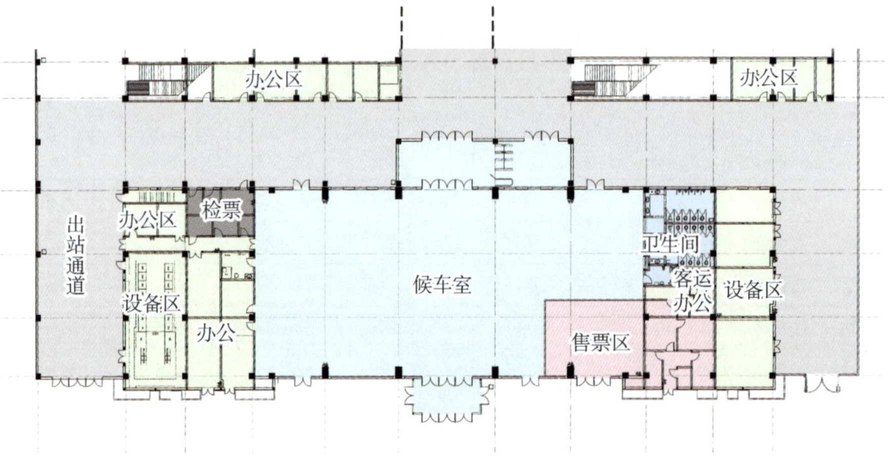

图 2.96　贡嘎站地上一层平面布置

负一层布置消防水泵房和消防水池。

2. 山 南 站

站房为地上两层，地下一层，地上局部设夹层。

首层主要布置进出站功能及其服务空间，中部为集散厅、候车室；左侧主要为办公区、游客中心、出站厅、卫生间、旅客服务区、VIP 室、客运值班等；右侧布置 VIP 室、卫生间、军人候车、客运办公、售票区、设备区、行包区。首层平面布置如图 2.97 所示。

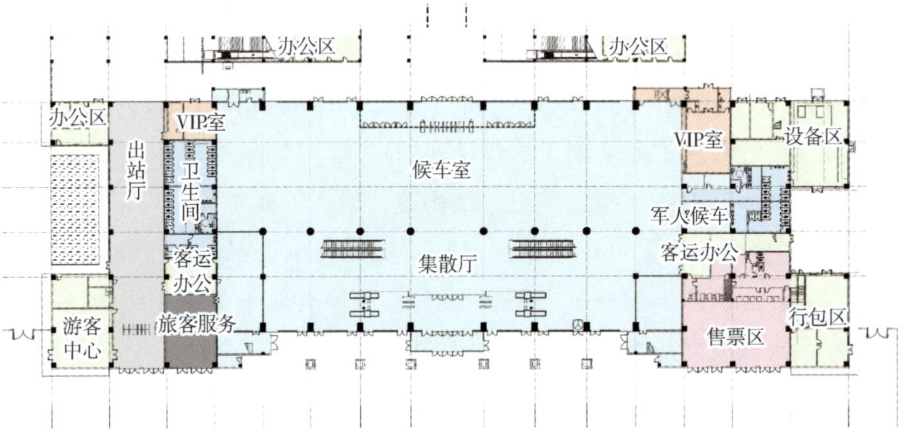

图 2.97　山南站首层平面布置

左端夹层为车站办公区、空调机房，右端夹层为设备用房。

二层主要布置候车功能及其服务空间，中部为候车室，左侧布置旅客服务、卫生间、VIP 室等，右侧布置卫生间、VIP 室等。二层平面布置如图 2.98 所示。

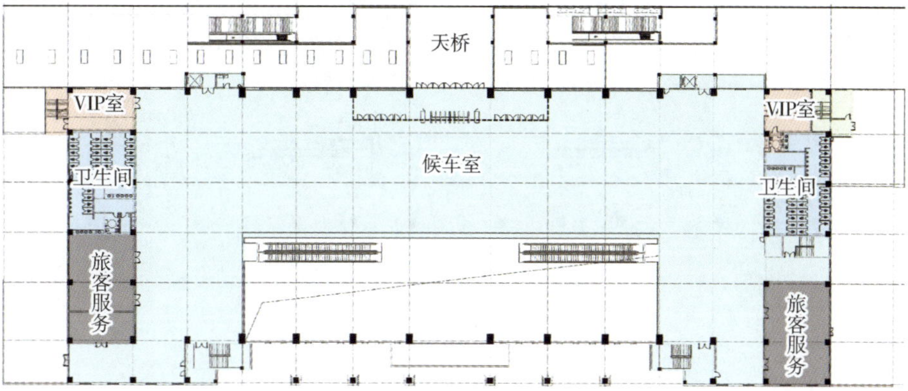

图 2.98　山南站二层平面布置

二层夹层主要布置空调机房。

负一层设置为站房配套使用的水泵房和消防水池。

3. 林 芝 站

站房为地上两层，地下一层，地上局部设夹层。

首层主要布置进站及其服务空间，中部为门斗、集散厅、候车室；左侧主要为办公区、游客中心、旅客服务、小件寄存、客运办公、卫生间、商务室等；右侧布置 VIP 室、卫生间、军人候车、公安、售票区、设备区、行包区。首层平面布置如图 2.99 所示。

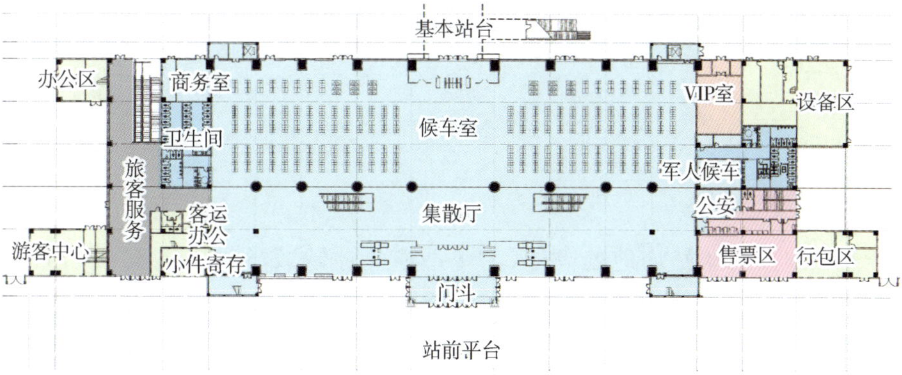

图 2.99　林芝站首层平面布置

左端夹层为车站办公区、空调机房，右端夹层为设备用房。

二层主要布置候车及其服务空间，中部候车室，左侧布置旅客服务，卫生间、商务室等,右侧布置 VIP 室、卫生间、旅客服务等。二层平面布置如图 2.100 所示。

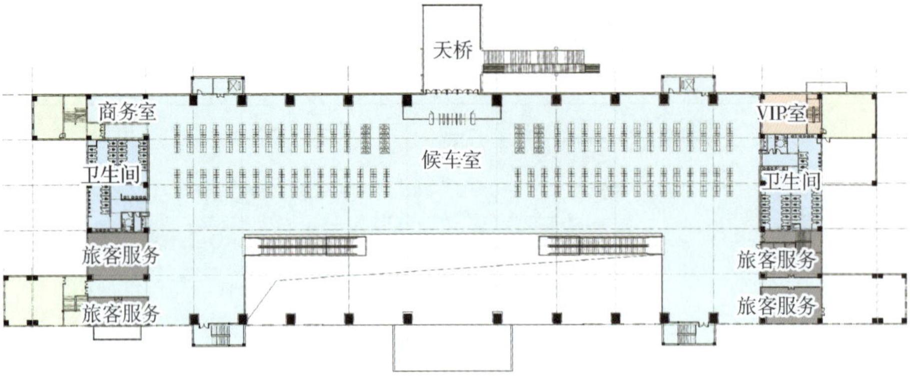

图 2.100　林芝站二层平面布置

二层夹层主要布置空调机房。

负一层为出站空间及其服务用房,出站厅与出站地道相连,配套设置其检票、卫生间和设备区。地下出站厅平面布置如图 2.101 所示。

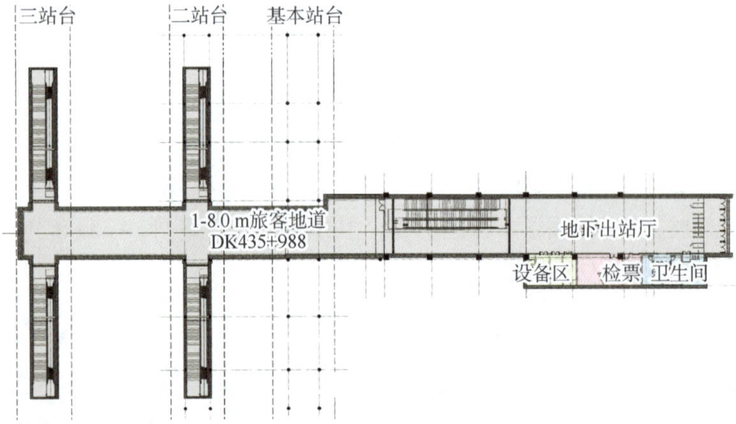

图 2.101　林芝站地下出站厅平面布置

2.5.3　流线设计

由于拉林线所有车站均地处高原,为了适应高原缺氧条件下人们活动的特点,在旅客流线组织上尽可能缩短水平行走距离,且严禁上行坡道。除行包通道外,其余垂直交通均采用楼梯、自动扶梯、电梯(或爬楼机)相结合的方式,以减少旅客的耗氧量。平面布置和建筑功能上都力求最大限度地方便旅客,垂直交通设施均位于旅客主要活动线路上,旅客走行距离均控制在 100 m 以内,以减少旅客的体力消耗,为旅客提供方便、快捷的乘降转换条件。结合各站站型,流线组织如下:

1. 线侧下站(贡嘎、扎囊、米林)

基本站台与中间站台客流均采用“下进下出”流线模式,如图 2.102 和图 2.103 所示。

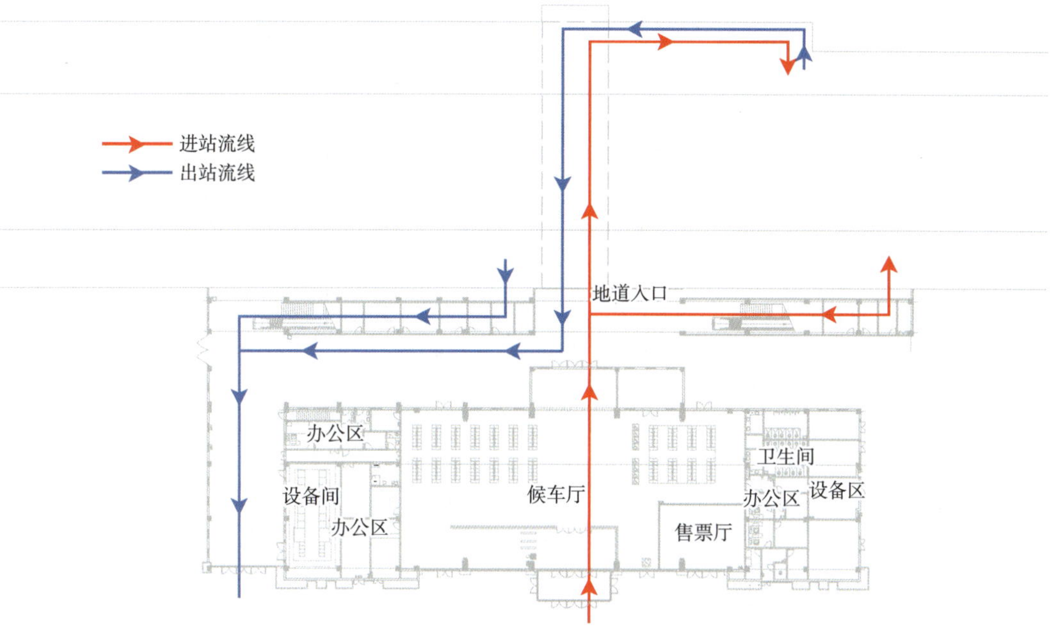

图 2.102　贡嘎站平面流线

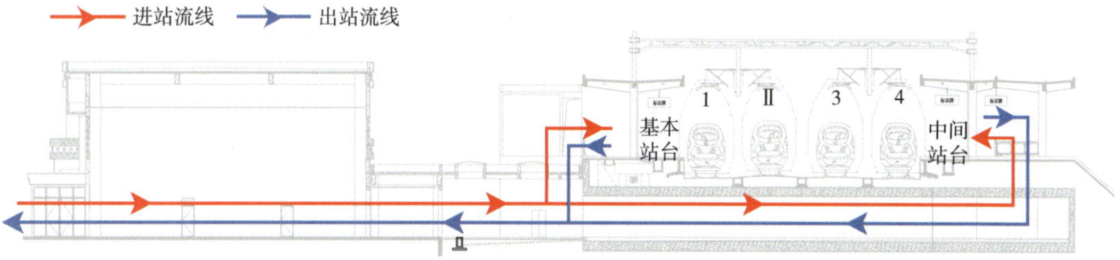

图 2.103　贡嘎站剖面流线

进站流线：旅客由广场安检后进入站房候车厅候车，检票后，基本站台旅客由楼梯、扶梯上至基本站台乘车；中间站台旅客由进站地道内楼梯、扶梯上至中间站台上车。

出站流线：基本站台旅客由出站楼梯、扶梯下至连廊于出站厅检票后出站；中间站台旅客由楼梯、扶梯下至地道，通过连廊到达出站厅，检票后出站。

垂直交通组织：站台区域垂直交通，基本站台设上行扶梯一部，中间站台设上行扶梯一部。每个站台均设置无障碍爬楼机，基本站台地道预留电梯土建基坑。

2. 线侧平站(桑日、加查、岗嘎)

基本站台客流采用“平进平出”，中间站台采用“下进下出”流线模式，如图 2.104 和图 2.105 所示。

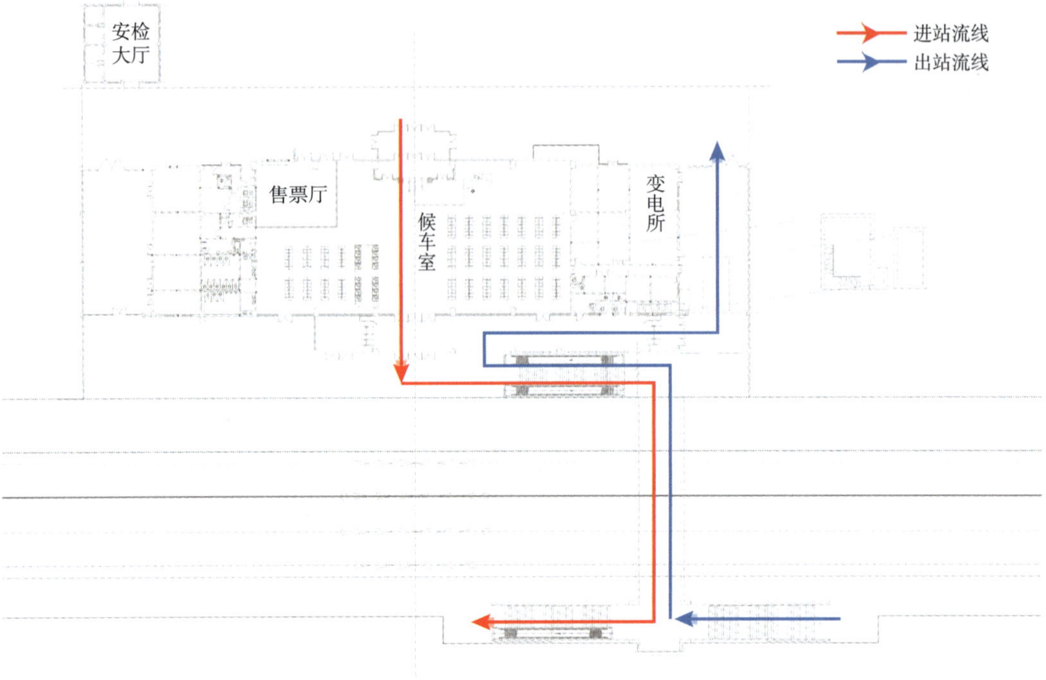

图 2.104　桑日站平面流线

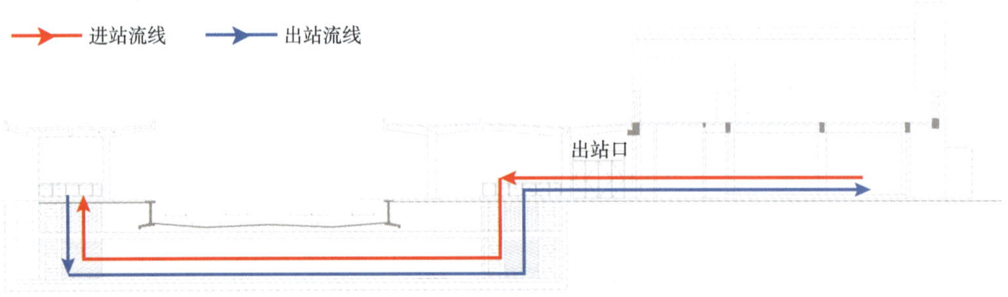

图 2.105　桑日站剖面流线

进站流线：旅客由广场安检后进入站房候车厅候车，检票后，基本站台旅客直接在基本站台乘车，中间站台旅客通过地道楼梯、扶梯至中间站台乘车。

出站流线：基本站台旅客平层出站，中间站台旅客由楼梯、扶梯下至出站通道，通过楼、扶梯上至出站厅，检票后从广场出站离开。

垂直交通组织：站台区域垂直交通，基本站台合设的进、出站通道设上、下行扶梯各一部，中间站台设上行扶梯一部。每个站台设置无障碍爬楼机，基本站台地道预留电梯土建基坑。

3. 线侧上站(朗县)

基本站台客流和中间站台客流均采用“上进上出”流线模式，如图 2.106 和图 2.107 所示。

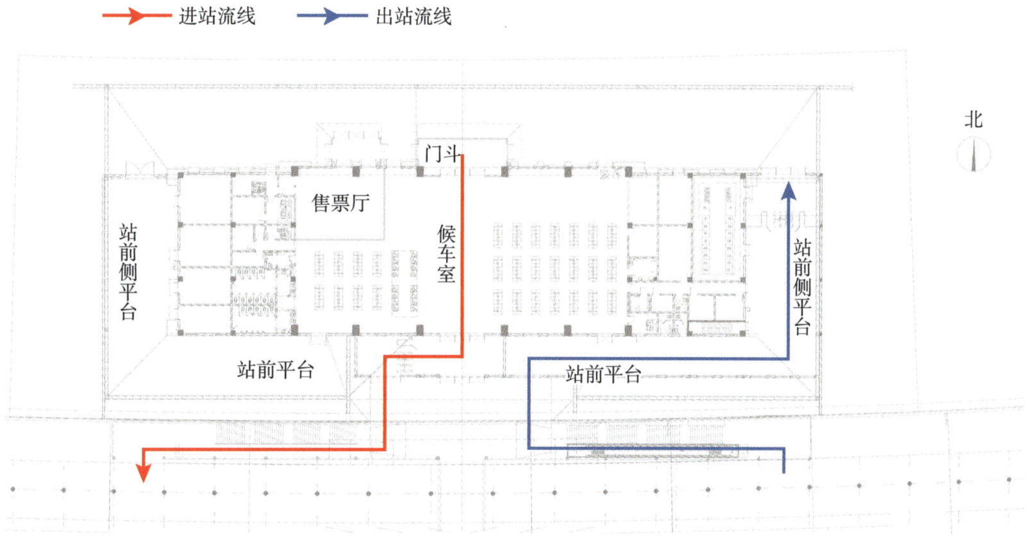

图 2.106　朗县站底层流线

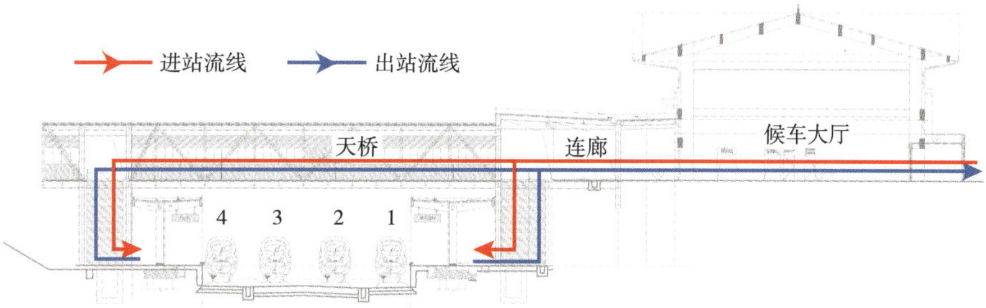

图 2.107　朗县站剖面流线

进站流线：进站旅客由广场进入站房候车厅，检票后，基本站台通过楼梯、扶梯下至站台上车，中间站台旅客由天桥通过楼梯、扶梯下至站台上车。

出站流线：基本站台和中间站台旅客均由楼梯、扶梯上至连廊后于出站厅检票出站。

垂直交通组织：站台区域垂直交通，基本站台设上行扶梯一部，二站台设上行扶梯一部。每个站台均设置无障碍爬楼机。

4. 山南站

基本站台客流采用“平进下出”，中间站台客流均采用“下进下出”流线模式，如图 2.108～图 2.110 所示。

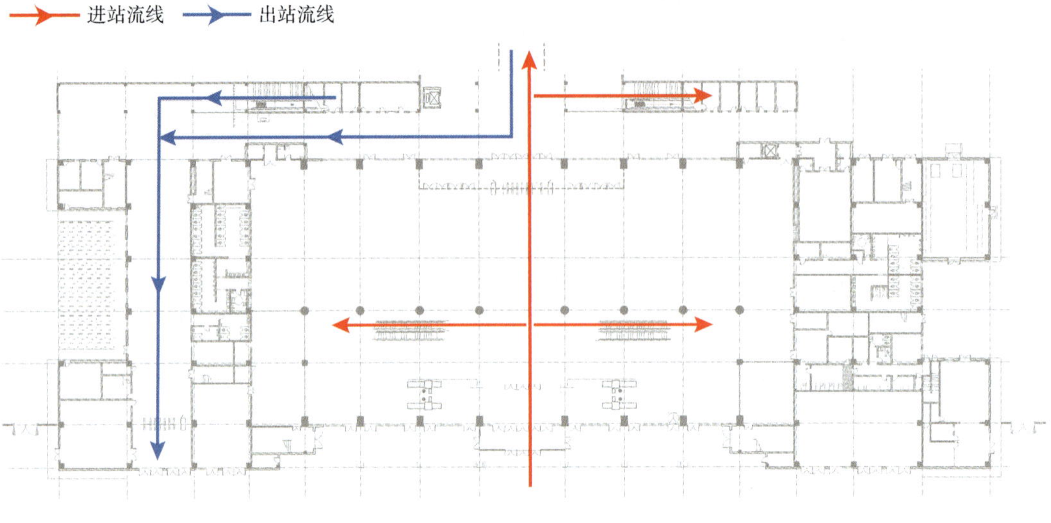

图 2.108　山南站底层流线

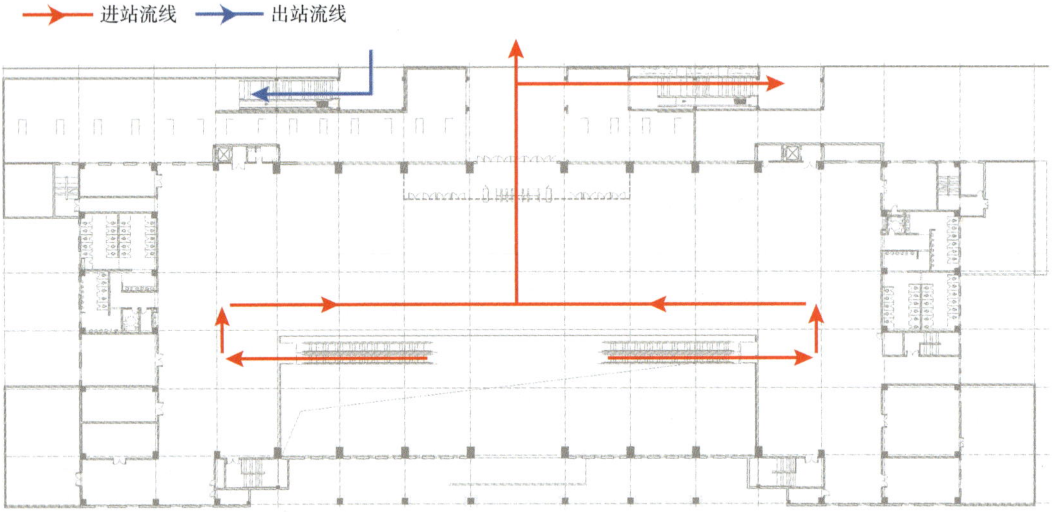

图 2.109　山南站二层流线

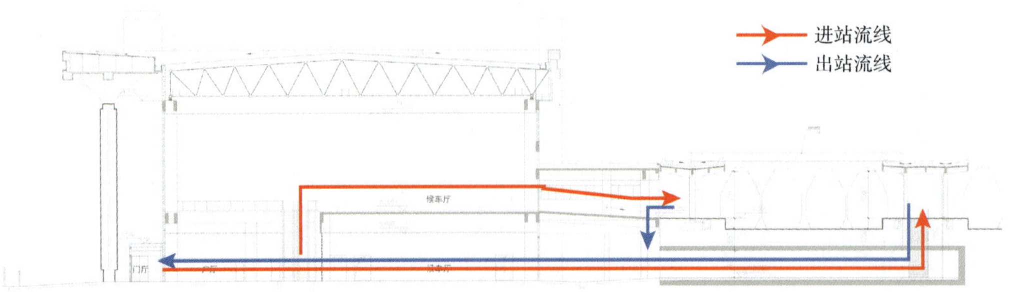

图 2.110　山南站剖面流线

进站流线：进站旅客由广场进入站房候车厅，基本站台旅客在二层候车，中间站台旅客在一层候车。检票后，基本站台旅客通过小天桥直接至基本站台上车，中间站台旅客由地道通过楼梯、扶梯上至中间站台上车。

出站流线：基本站台和中间站台旅客均由楼梯、扶梯下至地道或连廊后，由出站厅检票出站。

垂直交通组织：站台区域垂直交通，基本站台设上、下行扶梯各 1 部，中间站台设上行扶梯 1 部。站房内设置扶梯 4 部，垂直电梯 2 部，中间站台设置无障碍电梯 1 部。

5. 林 芝 站

基本站台客流采用“平进平出”，中间站台客流均采用“上进下出”流线模式，如图 2.111～图 2.113 所示。

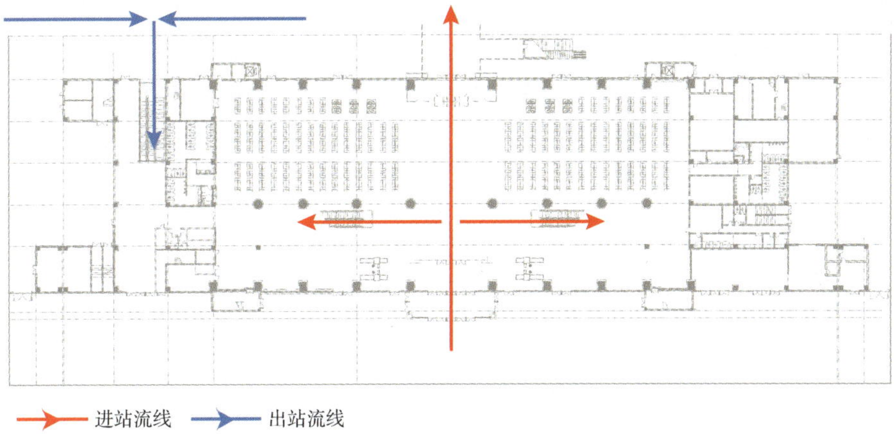

图 2.111　林芝站底层流线

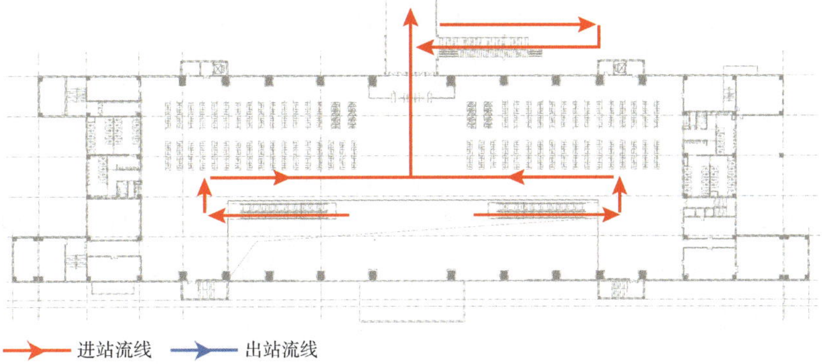

图 2.112　林芝站二层流线

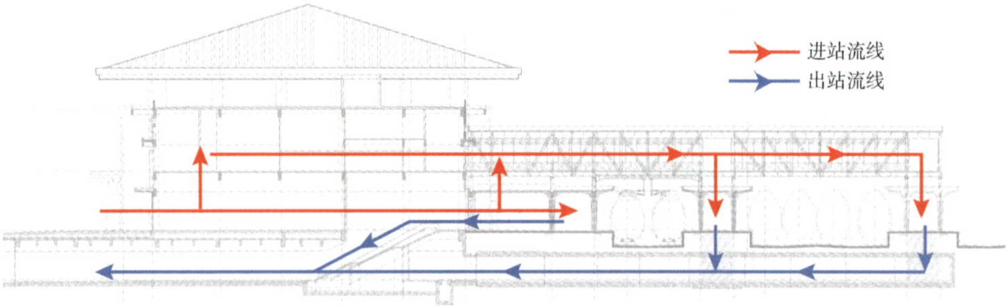

图 2.113　林芝站剖面流线

进站流线：进站旅客由广场进入站房候车厅，基本站台旅客在一层候车，中间站台旅客在二层候车。检票后，基本站台旅客直接至基本站台上车，中间站台旅客由天桥通过楼梯、扶梯下至中间站台上车。

出站流线：基本站台旅客于连廊通过楼梯、扶梯到达出站厅检票出站；中间站台旅客均由楼梯、扶梯下至地道于出站厅检票出站。

垂直交通组织：站台区域垂直交通，站房内设置扶梯 4 部，垂直电梯 2 部，天桥至基本站台设置扶梯 1 部，天桥至中间站台各设置扶梯 1 部，电梯 1 部，中间站台至地道各设置扶梯 2 部，连廊至出站厅设置扶梯 2 部。

2.5.4　标识设计

1. 关于静态标识系统的设计理念

静态标识系统的首要设计理念是以人为本，注重旅客在公共交通中的实际体验。静态标识系统是引导人们在特定空间环境内活动的一套系统，使人能够方便快捷地获取信息，准确到达最终目的地。静态标识系统的设计需满足建筑空间的要求，且标识系统的屏体尺寸，应根据站房空间的特点来合理确定其尺寸大小。静态标识系统充分体现功能性、系统性、先进性、文化性、经济性，体现铁路客运形象，实现高质量的铁路客运服务，确保系统信息对旅客的有效引导。标识设施要与建筑空间相和谐，设计中体现节能与环保。

2. 静态标识系统设计原则

旅客候车空间内建构筑物布置的位置不应对旅客的候车及通行造成影响，要求整齐划一，尽量布置在角部、边部和结构空间结合，在人流动线的热点区域以及通道交叉区域必须安放明显的导向标识，有效引导人流动向。

静态标识的设计采用系统化设计，结合建筑、幕墙、装修、信息专业协调设计，合理确定尺寸及位置，保证建筑整体空间效果，室内大空间的标识宜优先选用贴墙安装或结合空间内其他构筑设施。

3. 静态标识系统的设计范围

站房公共区域、进出站通道、站台、站名大字等旅客进出车站所需识别的标识。

4. 静态标识系统的文字设计

随着经济快速发展和社会进步，我国文化建设也取得了飞速的发展。民族融合是现代化进程中的一个重要方面，以实现中华民族的统一、和谐和繁荣为目标，同时又保持少数民族文化多样性和个性。

拉林铁路的静态标识系统设计全面采用汉文、藏文、英文三种语言文字，根据人体工程学结合文字特点在视觉角度内按0.45∶0.3∶0.25比例排列。

5. 静态标识系统的材料工艺

根据高原日较差大、风力大、多大风等气候特点，静态标识系统在材料工艺上严格选材，站名大字及吊挂式标识均经过抗10级风压结构计算。

标识所选用钢材均为Q235B。箱体内内置LED光源，灯箱显示区内容表面照度不小于1 000 lx，保证在全天候环境下标识系统的可识别性，LED光源要求使用寿命不低于5万h。

标识主框箱体材质为铝型材；不透光型面板采用铝板；透光型面板采用PC板；光源采用配备驱动器的LED光源；地面标识采用乙烯贴膜或不锈钢板；贴附于玻璃幕墙或玻璃门上的标识采用乙烯贴膜。

铝型材：采用6061型或优于其指标的无内应力铝型材。

透光板：文字信息采用白色PC板，站名大字采用红色PC板，PC板厚度≥5 mm，抗压强度≥60 N/mm^2，耐腐蚀，不易碎裂，5年内不发黄、不变脆。

铝板：采用5052合金铝板或优于其技术指标的合金铝板，厚度≥3 mm，易切割、切割面光滑。

不锈钢板：采用305不锈钢板或优于其技术指标的不锈钢板。

乙烯贴膜：乙烯贴膜厚度0.05～0.08 mm，在23 ℃时，抗拉≥0.08 kg/m^2，抗剥落≥0.7 kg/m^2，5年内不褪色、不起鼓、不翘角、不脱落。

光源：

(1)LED

标识光源LED，色温6 000～6 500 K，标识信息内容表面，照度≥1 000 lx，光衰10 000 h≤3%，使用寿命≥5年，防护等级IP65以上，防火等级UL94V-0级以上。

站名大字光源LED，色温620～625 K，光衰10 000 h≤3%，使用寿命≥5年，防护等级IP65以上，防火等级UL94V-0级以上。

(2)驱动器

光源驱动器采用恒压直流输出，输入电压220 V，输出电压12 V，工作环境温度－45～50 ℃，使用寿命≥3年，通过3C认证。

丝印油墨：黏度 4 000～12 000 mPa・s，细度＜3 μm，色牢度国标 4 级以上。

UV 打印：油墨为专用户外油墨，符合环保规定，打印精度 1 440 dpi[分辨率的单位通常用点每英寸(dpi)表示]，打印均匀、覆盖力强、不漏底面材质、不透光、防水、抗紫外线。正常清洗维护下使用寿命大于 5 年。

户外标识箱体的结构和光源都进行三防处理，具有密封性、防雨、防盐雾等要求，避免户外灯箱的内部受腐蚀，从而延长使用寿命。

第3章　绿色建筑节能设计

3.1　建筑设计策略与措施

3.1.1　优化建筑整体布局

绿色建筑是指在建筑的全寿命周期内，最大限度地节约资源、保护环境和减少污染，为人们提供健康、适用和高效的建筑使用空间。好的建筑布局可以改善建筑周边的微环境，使绿色建筑设计事半功倍。在进行总体布局时主要考虑两类因素，可变因素和不可变因素。可变因素包括场地情况、周边的微环境；不可变因素包括风向、风速、太阳辐射、外部市政道路交通、站场等，布局时综合考量这些可变与不变因素，充分利用不可变因素，并对可变因素加以改善和利用，能够营造出好的建筑外部环境，从而改善建筑的室内环境，提高舒适度和降低能耗。西藏传统民居采用紧凑型的布局方式，有效减少了北向冷风对建筑室内产生的对流换热，紧凑的布局方式可以使建筑物彼此之间的热环境相互作用，对建筑保温有着较为明显的提升。

林芝站站场设到发线 6 条(含 1 条正线)，设 550 m×12.0 m×1.25 m 基本站台 1 座，550 m×10.5 m×1.25 m 岛式中间站台 1 座，跨线设施含 8 m 宽旅客出站地道 1 座、12 m 宽旅客进站天桥 1 座、6 m 宽行包地道 1 座，设与站台等长等宽雨棚。设有站前广场：130 m×90 m；另设铁路附属生产生活用房有：铁路停车场、铁路安检房、消防站、列检所、物品供应站、派出所及刑警队、单身宿舍、通信工区、行车公寓等。

根据林芝地区气候条件，林芝地区冬夏季均以东风为主，沿线地形对风的影响显著，风向多与河谷走向一致，10 月下旬至次年 5 月为干风季节，风速 8～9 级，最大可达 11～12 级。林芝站对建筑群体布局进行了优化，在站房东侧种植树木景观，形成挡风墙，防止冬季大风的不利影响，防止冬季大风对站房的侵袭，减少了站房采暖能耗。通过 CFD 模拟分析软件 Phoenics 对建筑周围风场进行模拟，以主导风向为东风，风速 2.3 m/s 时模拟得到的 1.5 m 人行高度的风速分布，如图 3.1 所示。由图 3.1 可知，对建筑群体布局进行优化后，场地内无大于 5 m/s 的高风速区域；建筑迎风侧 1.5 m 行人高度处风速 0.5～2.25 m/s；建筑周边风速放大系数最大为 1.02，符合绿色建筑设计标准中放大系数小于 2 的规定，场地风环境达标。

通过模拟结果可看出，对站区建筑进行整体布局，可以改善群体间夏季自然通风。另外，站前广场有利于对站房的天然采光和自然通风，同时可以取得好的景观视线，在站区形成良好的外部环境。林芝站鸟瞰效果如图 3.2 所示。

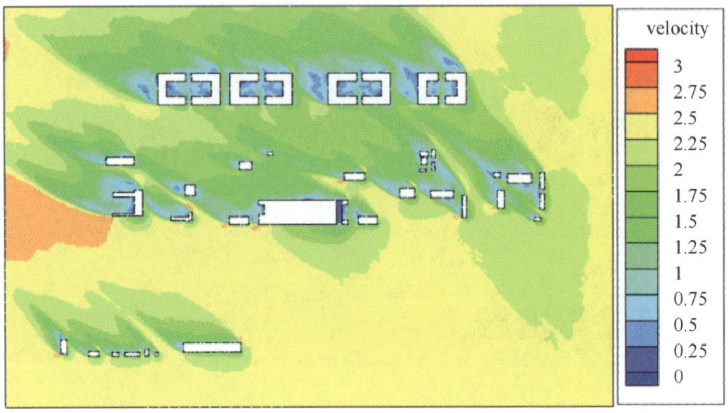

图 3.1　林芝站 1.5 m 人行高度场地风速分布图

图 3.2　林芝站鸟瞰效果图

3.1.2　控制体形系数

建筑平面布局和建筑造型是影响铁路站房能耗的重要因素，尤其在高寒地区，铁路客站合理的平面布局和规则的体形能够有效减少冬季的采暖能耗。建筑体形系数越大，单位建筑面积对应的外表面面积越大，热损失越大。根据《西藏自治区民用建筑节能设计标准》(DBJ 540001—2016)的要求，结合西藏地区的实际情况，当体形系数无法满足标准中的规定值，体形系数每增大 1%，围护结构热工性能限制应减少 2%。高寒地区铁路站房应尽量选择规则的形体，避免体形系数过大。在确定建筑形状时，应结合地域气候条件、太阳辐射、风环境、民族文化特征等多方面因素，尽可能地减少房间的外围护结构，采用较为简洁、凹凸较少的建筑体形，以达到节能目的。

林芝站站房平面布局呈整齐紧凑的规则矩形，建筑主体与两侧办公区、设备区成一字规整排列。站房前部设门斗，站房内设进站广厅，门斗正面的两个门分开设置，站房进站设三个门，这三个门与门斗上的门位置错开，很好地避免了冬季冷风的径直灌入，减少冬季采暖能耗。另外，林芝站沿袭了地方建筑文化特色，建筑形体为“下大上小”的收分式设计，竖向凹凸少，地上设 2 层，地下 1 层，造型简洁大方，经计算，林芝站的体形系数为 0.12，减少了冬季外墙热损失，实现了站房节能。林芝站站房外立面效果如图 2.14 所示。

3.1.3　围护结构

1. 外墙节能措施

高寒地区建筑能耗中主要以冬季热损耗为主。通过外维护结构的冬季热量流失占冬季热量损耗的绝大部分。外围护结构包含外墙、门窗、屋顶、地面、隔墙、楼板等构件。按流失量占比来看，墙体为最多，约占 35%。与门窗洞口以及墙体与屋顶、地面连接处的热量流失叠加起来，墙体部分的整体热量流失可以达到围护结构热量流失的 50%左右。因此在能源问题、环境问题愈发严重的状况下，建筑外墙保温体系设计正是最直接有效的建筑节能技术之一。外墙节能设计与墙体材料、保温材料、保温层位置以及构造方式有关，保温材料与墙体结合形成不同的传热系数，从而影响建筑的运行能耗。

以林芝站作为模拟原型，通过模拟得到墙体保温材料厚度与单位面积建筑能耗的关系，依此确定建筑外墙最佳的保温形式及保温材料厚度，模拟结果见表 3.1。高寒地区铁路站房外保温材料应选择性能稳定，易取材，综合性能好的保温材料，如聚苯乙烯泡沫板、挤塑聚苯板、岩棉板、硬泡聚氨酯板，保温能力强弱为硬泡聚氨酯板>挤塑聚苯板>聚苯乙烯泡沫板>岩棉板，最优节能效果时的厚度见表 3.2。

表 3.1　适合高寒地区的外墙外保温形式及特点

<table>
<tr><th>外保温系统</th><th>导热系数/[W/(m·K)]</th><th>板厚对应单位面积建筑能耗</th><th>优缺点</th></tr>
<tr><td>聚苯乙烯泡沫板（EPS 板）</td><td>0.041</td><td>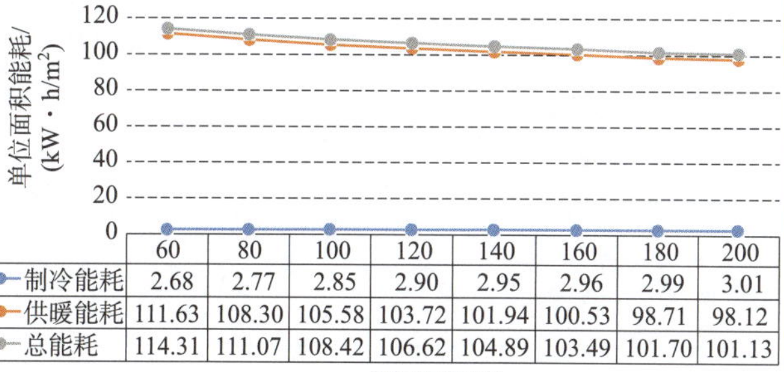

<table>
<tr><td></td><td>60</td><td>80</td><td>100</td><td>120</td><td>140</td><td>160</td><td>180</td><td>200</td></tr>
<tr><td>制冷能耗</td><td>2.68</td><td>2.77</td><td>2.85</td><td>2.90</td><td>2.95</td><td>2.96</td><td>2.99</td><td>3.01</td></tr>
<tr><td>供暖能耗</td><td>111.63</td><td>108.30</td><td>105.58</td><td>103.72</td><td>101.94</td><td>100.53</td><td>98.71</td><td>98.12</td></tr>
<tr><td>总能耗</td><td>114.31</td><td>111.07</td><td>108.42</td><td>106.62</td><td>104.89</td><td>103.49</td><td>101.70</td><td>101.13</td></tr>
</table>
外保温厚度/mm</td><td>保温效果好、价格便宜、强度较差</td></tr>
<tr><td>挤塑聚苯板（XPS 板）</td><td>0.030</td><td>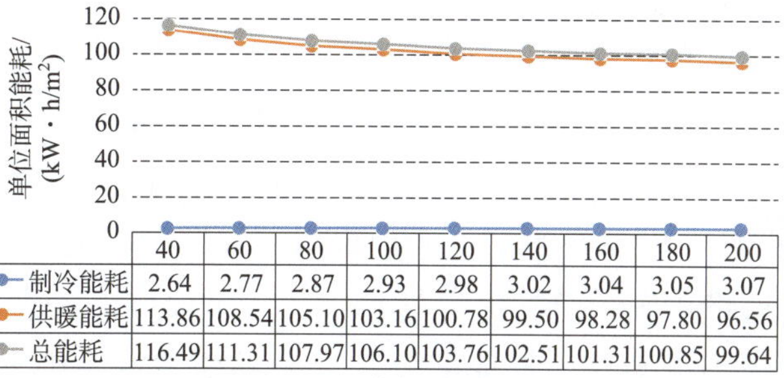

<table>
<tr><td></td><td>40</td><td>60</td><td>80</td><td>100</td><td>120</td><td>140</td><td>160</td><td>180</td><td>200</td></tr>
<tr><td>制冷能耗</td><td>2.64</td><td>2.77</td><td>2.87</td><td>2.93</td><td>2.98</td><td>3.02</td><td>3.04</td><td>3.05</td><td>3.07</td></tr>
<tr><td>供暖能耗</td><td>113.86</td><td>108.54</td><td>105.10</td><td>103.16</td><td>100.78</td><td>99.50</td><td>98.28</td><td>97.80</td><td>96.56</td></tr>
<tr><td>总能耗</td><td>116.49</td><td>111.31</td><td>107.97</td><td>106.10</td><td>103.76</td><td>102.51</td><td>101.31</td><td>100.85</td><td>99.64</td></tr>
</table>
外保温厚度/mm</td><td>保温效果好、强度高、耐潮湿、价格贵、施工时表面需处理</td></tr>
</table>

续上表

<table>
<tr><th>外保温系统</th><th>导热系数/[W/(m·K)]</th><th>板厚对应单位面积建筑能耗</th><th>优缺点</th></tr>
<tr><td>岩棉板</td><td>0.045</td><td>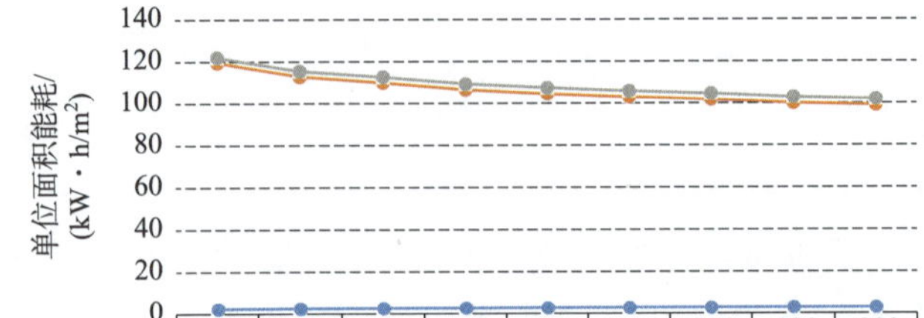

<table>
<tr><th></th><th>40</th><th>60</th><th>80</th><th>100</th><th>120</th><th>140</th><th>160</th><th>180</th><th>200</th></tr>
<tr><td>制冷能耗</td><td>2.50</td><td>2.64</td><td>2.74</td><td>2.81</td><td>2.87</td><td>2.91</td><td>2.93</td><td>2.96</td><td>2.98</td></tr>
<tr><td>供暖能耗</td><td>119.69</td><td>113.06</td><td>110.11</td><td>106.73</td><td>104.73</td><td>103.17</td><td>101.90</td><td>100.13</td><td>99.13</td></tr>
<tr><td>总能耗</td><td>122.19</td><td>115.70</td><td>112.85</td><td>109.54</td><td>107.60</td><td>106.08</td><td>104.83</td><td>103.10</td><td>102.12</td></tr>
</table></td><td>防火阻燃、吸湿性大，保温效果差</td></tr>
<tr><td>硬泡聚氨酯板</td><td>0.024</td><td>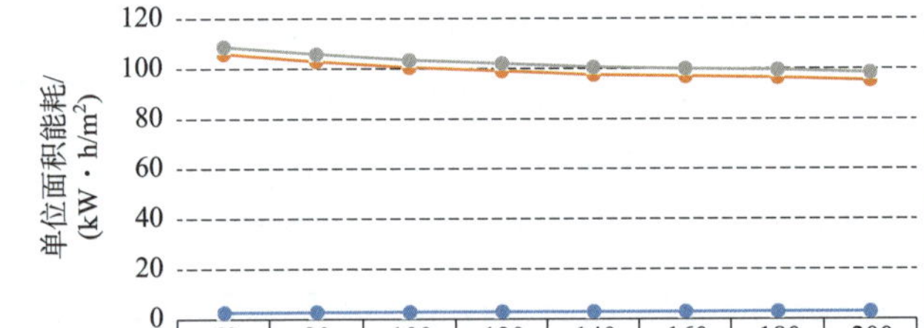

<table>
<tr><th></th><th>60</th><th>80</th><th>100</th><th>120</th><th>140</th><th>160</th><th>180</th><th>200</th></tr>
<tr><td>制冷能耗</td><td>2.84</td><td>2.94</td><td>2.99</td><td>3.04</td><td>3.07</td><td>3.07</td><td>3.10</td><td>3.12</td></tr>
<tr><td>供暖能耗</td><td>106.15</td><td>103.10</td><td>100.65</td><td>99.20</td><td>97.69</td><td>96.98</td><td>96.48</td><td>95.40</td></tr>
<tr><td>总能耗</td><td>109.00</td><td>106.04</td><td>103.64</td><td>102.23</td><td>100.76</td><td>100.06</td><td>99.58</td><td>98.52</td></tr>
</table></td><td>防水性好，保温效果好，强度高、价格较贵</td></tr>
</table>

表 3.2　不同外墙外保温系统保温层最优节能效果适宜厚度

外墙外保温系统	适宜厚度/mm
聚苯乙烯泡沫板(EPS 板)	80
挤塑聚苯板(XPS 板)	60
岩棉板	90
硬泡聚氨酯板	50

2. 屋面节能措施

屋面保温是节能中不可忽视的一个方面。屋面的节能可谓施小利而获大益。屋面是建筑外围护结构的重要组成部分，是建筑物最上部的构件。由于其所处的建筑位置特殊，成为接受太阳辐射最多的地方，也是顶层房间与外界进行热交换的重要通道。屋顶保温隔热的原理与墙体一样，主要通过改善面层的热工性能来阻止热量的传递。

以林芝站为例，对采用不同的屋面保温系统厚度时的能耗进行模拟分析，结果显示，高寒地区铁路站房屋面外保温材料节能效果较好的是硬泡聚氨酯板和挤塑聚苯板。硬泡聚氨酯板的最优节能厚度为 90 mm，推荐厚度范围为 90～120 mm；挤塑聚苯板最优节能厚度为 90 mm，推荐厚度范围为 100～120 mm，见表 3.3。

表 3.3　适合高寒地区的铁路站房屋面外保温系统

<table>
<tr><th>外保温系统</th><th>导热系数/[W/(m·K)]</th><th>板厚对应单位面积建筑能耗</th><th>适宜厚度/mm</th></tr>
<tr><td>聚苯乙烯泡沫板(EPS 板)</td><td>0.041</td><td>
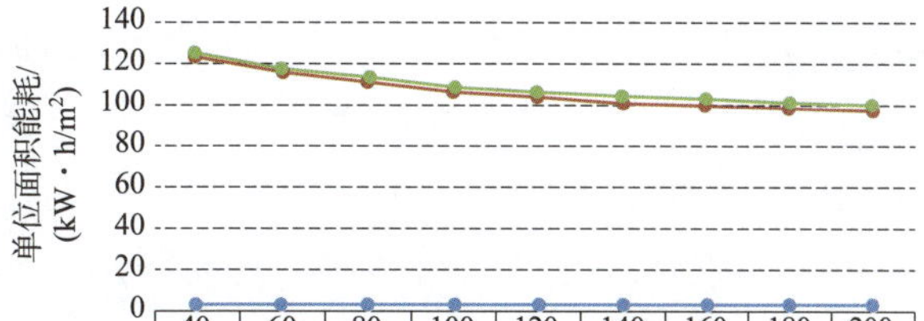

<table>
<tr><td></td><td>40</td><td>60</td><td>80</td><td>100</td><td>120</td><td>140</td><td>160</td><td>180</td><td>200</td></tr>
<tr><td>制冷能耗</td><td>2.56</td><td>2.69</td><td>2.79</td><td>2.85</td><td>2.90</td><td>2.94</td><td>2.97</td><td>2.99</td><td>3.01</td></tr>
<tr><td>供暖能耗</td><td>122.80</td><td>115.19</td><td>110.57</td><td>106.06</td><td>103.34</td><td>101.14</td><td>99.93</td><td>98.15</td><td>97.10</td></tr>
<tr><td>总能耗</td><td>125.37</td><td>117.88</td><td>113.35</td><td>108.91</td><td>106.23</td><td>104.08</td><td>102.90</td><td>101.14</td><td>100.11</td></tr>
</table>
外保温厚度/mm</td><td>140</td></tr>
<tr><td>挤塑聚苯板(XPS 板)</td><td>0.030</td><td>
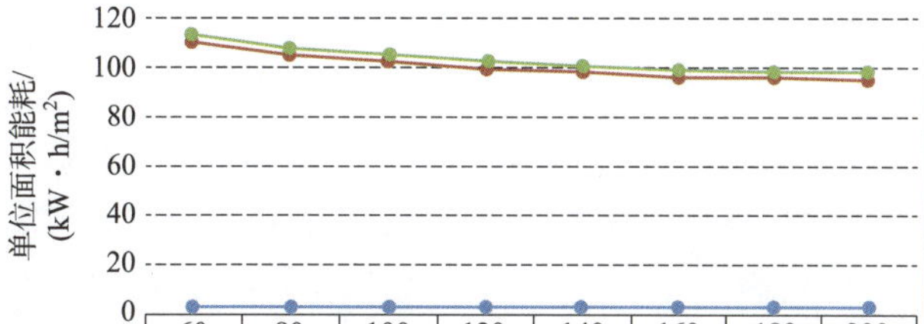

<table>
<tr><td></td><td>60</td><td>80</td><td>100</td><td>120</td><td>140</td><td>160</td><td>180</td><td>200</td></tr>
<tr><td>制冷能耗</td><td>2.78</td><td>2.87</td><td>2.92</td><td>2.96</td><td>3.00</td><td>3.02</td><td>3.05</td><td>3.06</td></tr>
<tr><td>供暖能耗</td><td>109.88</td><td>105.10</td><td>102.33</td><td>99.43</td><td>97.88</td><td>96.11</td><td>95.35</td><td>94.97</td></tr>
<tr><td>总能耗</td><td>112.66</td><td>107.97</td><td>105.25</td><td>102.40</td><td>100.87</td><td>99.13</td><td>98.39</td><td>98.03</td></tr>
</table>
外保温厚度/mm</td><td>90</td></tr>
<tr><td>硬泡聚氨酯板</td><td>0.024</td><td>
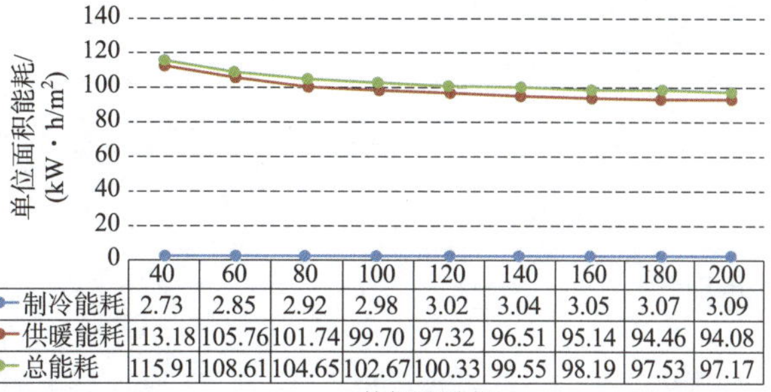

<table>
<tr><td></td><td>40</td><td>60</td><td>80</td><td>100</td><td>120</td><td>140</td><td>160</td><td>180</td><td>200</td></tr>
<tr><td>制冷能耗</td><td>2.73</td><td>2.85</td><td>2.92</td><td>2.98</td><td>3.02</td><td>3.04</td><td>3.05</td><td>3.07</td><td>3.09</td></tr>
<tr><td>供暖能耗</td><td>113.18</td><td>105.76</td><td>101.74</td><td>99.70</td><td>97.32</td><td>96.51</td><td>95.14</td><td>94.46</td><td>94.08</td></tr>
<tr><td>总能耗</td><td>115.91</td><td>108.61</td><td>104.65</td><td>102.67</td><td>100.33</td><td>99.55</td><td>98.19</td><td>97.53</td><td>97.17</td></tr>
</table>
外保温厚度/mm</td><td>90</td></tr>
</table>

防水性与保温性是屋面节能技术需要同时考量的指标，挤塑聚苯板的防水性能比硬泡聚氨酯板好，高寒地区铁路站房的屋面保温系统可以选择防水性能更好的挤塑聚苯板作为屋面保温材料。另外，生态型的节能屋面如种植式屋面也是很好的选择，这种屋面能有效地吸收太阳辐射热，增大屋面热阻，起到良好的保温隔热作用，同时可以形成美化城市环境的屋顶花园。

3. 门窗节能措施

门窗是建筑围护结构节能的薄弱环节，能耗散失也最多，公共建筑的透明窗以及幕墙等透明围护结构是影响室内热环境和增加空调能耗最主要的因素。增强门窗保温隔热性能是改善建筑热环境和降低建筑能耗的关键。建筑门窗节能的主要目的是在获得足够采光的条件下，在有需要时得到合理太阳辐射热，同时减少热量流失。门窗节能主要从减少渗透量、减少传热量、减少太阳辐射三个方面进行。因此，在进行门窗节能设计时要同时满足传热系数和遮阳系数的两项要求。

在高寒地区，冷风渗透严重，太阳辐射大，日温差大，门窗节能应从减少渗透量、减少传热量、减少太阳辐射三个方面进行。铁路车站候车厅空间高大、面宽大、进深大，为了获得充足的采光，候车厅立面往往为大片的玻璃幕墙，屋面通常开设采光天窗，是节能的不利因素；因此，对高寒地区铁路站房门窗材料的选择、气密性以及窗墙比应进行严格控制。通过对林芝站模拟可知，对于高寒地区铁路站房而言，普通窗节能效果最好，且性价比高的外窗材料是 PVC 塑料窗框，内嵌 Low-E 中空玻璃；幕墙应选择 Low-E 中空玻璃；慎重选择单层玻璃形式。

3.1.4 天然采光

良好的室内天然采光环境可以减少由人工照明而引起的能源消耗。铁路车站因为面宽和进深大，而且站房室内沿外墙设置商业服务如餐饮、超市、咖啡店等，阻挡了天然光照进室内，影响候车厅的采光质量，白天许多候车厅仍然需要借助人工采光开展工作，不利于建筑节能。一些站房为了增加采光量，提升室内光环境质量，在候车厅屋面开设采光天窗对候车厅进行补光；但是，对于高寒地区的铁路站房，太阳照射强烈，日照时间长，冬季严寒漫长，屋面开设采光天窗会增加站房的夏季降温和冬季采暖的能耗。因此，设计时利用软件工具对室内光环境进行模拟，优化站房的门窗形式、门窗角度和尺寸等；在高寒地区不能设计大面积玻璃幕墙和开设天窗的情况下，尽量通过采用竖向条窗、大厅高窗与幕墙相结合的综合采光系统，增加室内光照，减少能耗。

3.1.5 自然通风

组织良好的自然通风对于高寒铁路站房建筑来说至关重要，因为可以在很大程度上改善室内的空气质量，减少空调的负荷。铁路站房建筑属于大空间建筑，常年人流密度大，24 h 全年运营，尤其在寒冷的冬季，能源消耗量巨大；所以，室内自然通风的设计也是站房绿色建筑设计的主要内容。建筑应对自然通风气流组织进行设计，使空间布局、剖面设计和门窗的设置有利于组织室内自然通风，宜对建筑室内风环境进行计算机模拟，优化自然通风设计。

林芝站在站房正面入口处设置外门斗，在候车大厅南北向幕墙上设置电动开启扇，以实现冬季防风，夏季通风。在夏季和非采暖季，根据需要可控制开启扇，利用风压使室外凉风进入集散厅和候车大厅。同时，在候车厅两侧设置高窗，利用热压效应使积聚在屋面附近的热空气通过高窗排出室外，可有效带走室内的热量，实现夏季的自然通风降温，减少夏季空调降温能耗。为验证候车厅的自然通风效果，采用计算流体力学软件

Phoenics进行建筑风环境模拟分析,模拟得到的室内风速云图,如图3.3和图3.4所示。

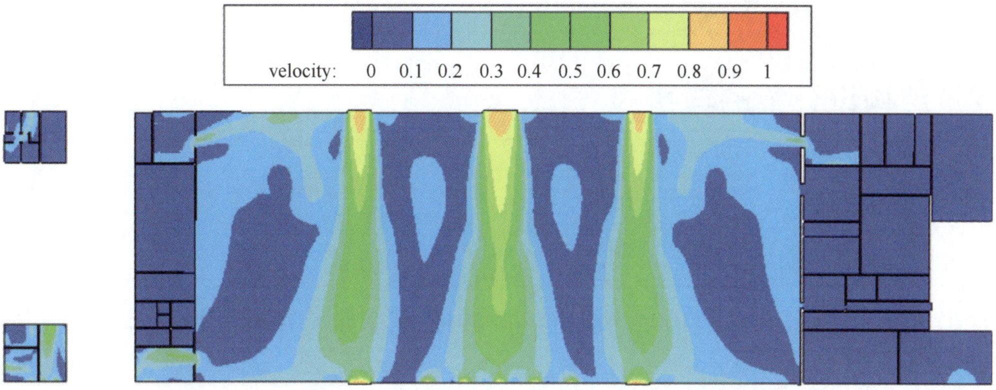

图3.3　一层夏季自然通风室内风速云图

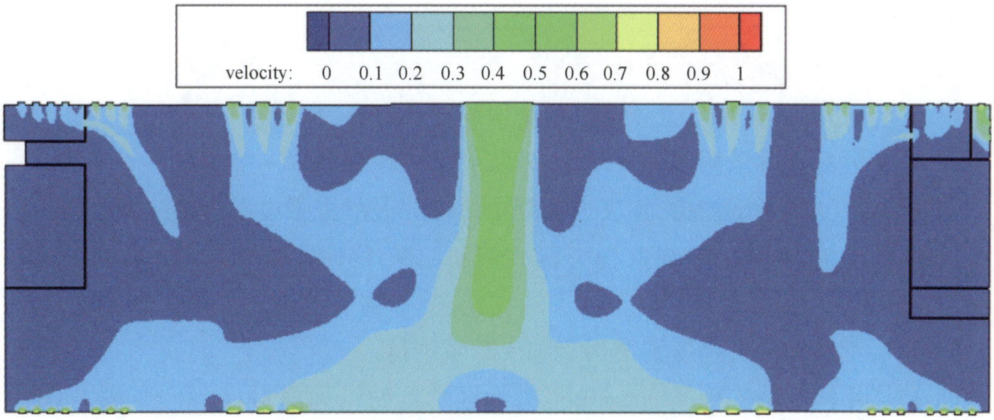

图3.4　二层夏季自然通风室内风速云图

由模拟结果可知,一层候车厅的通风效果较好,风速在0.1~0.8 m/s之间,每小时换气次数大于2次的区域占86%;二层候车厅风速在0.1~0.6 m/s之间,每小时换气次数大于2次的区域占82%,通风效果也较好。可见,候车厅出入口门斗、可开启扇及高侧窗的设置对夏季引入室外气流具有明显效果,有助于站房内部实现有效的自然通风节能。

3.1.6　建筑遮阳

高寒地区日照时间长,太阳辐射强烈,可通过设置建筑外遮阳降低阳光辐射。建筑遮阳的工作原理是:确定太阳高度角,通过遮阳构件尺寸的变化适应不同太阳高度角和不同朝向的变化,从而达到有效遮阳的目的。林芝站站房为满足白天采光质量要求,候车厅立面设置玻璃幕墙,为了解决玻璃幕墙造成的光污染及太阳辐射问题,建筑入口处门斗上方设置了大挑檐,站房主体屋面为坡屋顶大挑檐,屋面坡度和挑檐的长度通过软件模拟确定,挑檐能够遮挡全年大部分时间的太阳直射光,只有在冬季的一段时间内阳光不被遮挡，满足冬季采光需求，同时降低了建筑能耗。林芝站站房正立面效果图如图 1.3 所示。

3.2　结构设计策略与措施

3.2.1　一般规定

结构设计使用年限不应小于《建筑结构可靠性设计统一标准》(GB 50068)及《铁路旅客车站设计规范》(TB 10100)的规定，结构构件耐久性应满足相应设计使用年限的要求。

建筑结构安全等级不应低于现行《建筑结构可靠性设计统一标准》(GB 50068)的规定，且不宜低于二级。金属屋面结构、铁路重点设防类房屋及跨线设施，结构安全等级宜规定为一级。

结构材料选择应遵循以下原则：

(1)不应采用国家、地方禁止或限制使用的建筑材料及制品。

(2)现浇混凝土应采用预拌混凝土，砂浆应采用预拌砂浆。

(3)承轨层及其下部结构、预应力混凝土结构的混凝土强度等级不应低于 C40。

(4)混凝土结构中梁、柱纵向受力普通钢筋应采用不低于 400 MPa 级的热轧带肋钢筋。

(5)高层钢结构和大跨度钢结构宜选用高强钢材。

(6)应选用距离施工现场 500 km 以内地区生产的结构材料，且占结构材料总重量比例达到 70%。

3.2.2　主体结构

针对铁路房屋设计特点，结构布置及设计荷载取值，有利于提高建筑功能和布局的适变性。

依据《建筑抗震设计规范》(GB 50011—2010，2016 年版)，建筑设计应根据抗震概念设计的要求明确建筑形体的规则性，择优选用建筑形体；建筑形体不应为特别不规则、严重不规则形体。

对结构体系节材优化论证，充分考虑建筑层数和高度、平立面情况、柱网大小、荷载大小等因素，对项目可选用的各种结构体系进行比选，选用材料用量少，施工对环境影响小的结构体系。

对结构构件节材优化论证，充分考虑建筑功能、柱网跨度、荷载大小等因素，分别对墙、柱(如混凝土柱或钢骨混凝土柱等)、楼盖体系(梁板式楼盖或无梁楼盖)、梁(如混凝土梁或预应力梁等)、板的形式进行节材比选，最终选用材料用量少，施工对环境影响小的结构构件形式。

8 度以上站点，重点设防类建筑、人员集中的办公建筑、宿舍楼等采用隔震或消能减震结构。

3.2.3　地基与基础

对地基基础、结构体系、结构构件进行优化设计，达到节材效果。

对于地基基础方案充分考虑项目主体结构特点、场地情况，因地制宜对项目可选用的各种地基基础方案进行比选（从天然地基、复合地基到桩基础等），选用材料用量少，施工对环境影响小的地基基础方案。

部分站点采用后管注浆技术优化桩长，节约用材。

3.3　暖通设计策略与措施

3.3.1　低温地板辐射＋集中送风供暖技术

公共建筑采用的常规供暖方案一般为集中热风采暖，方案优点为节能、舒适及卫生，但针对大空间的铁路候车大厅实际效果往往不尽如人意。采暖的热量大量聚集于建筑顶部，人员聚集区域的温度得不到保障；因此，引入低温地板辐射＋集中送风供暖技术，能将地板辐射的热量尽可能滞留于人员活动场所。在候车大厅区域采用低温地板辐射供暖系统，以输送“水”代替空气输送，减小全空气系统体量，提高人体热舒适性。同时，采用集中送风供暖系统处理新风及部分室内显热负荷，满足室内空气品质需求。

山南站站房冬季采用集中热风供暖方案的总能耗为 770 620 kW，而采用低温地板辐射＋集中送风供暖方案的冬季总能耗为 651 945 kW，后者节能率达 15.4%。

3.3.2　夏季自然通风＋机械通风

常规车站的夏季空调方案为分层空调。根据拉林线的气候特点，全年平均气温低，设计中应尽可能考虑利用室外的低温空气排除室内负荷。

结合拉林线气候特点，夏季取消制冷工况，采用夏季自然通风＋机械通风方案。过渡季节通过开启候车大厅电动外窗数量，利用自然通风满足换气次数 2～3 次/h 需求；夏季通过冬季供热使用的新风处理机组实现全新风运行，从候车大厅两侧喷口送出，满足室内降温需求，节能降耗。

山南站站房夏季采用分层空调方案的总能耗为 74 110 kW，而采用自然通风＋机械通风方案的夏季总能耗为 29 644 kW，后者节能率达 60%。

3.3.3 基于AI控制的全年能量监控系统

站房能源管理平台设置一套基于AI控制的全年能量监控系统，在线监测各空调系统、照明系统、室内空气环境相关参数（温度、湿度、CO_2、风量、水量、室内照度、各设备功率）的变化情况，动态跟踪空调系统、照明系统设备能耗。利用大数据计算得出相应控制策略，优化调整机组新风量、送风量、水量、灯光照度、电动外窗开启数量，降低新风负荷，提高系统能源利用率。

3.3.4 变频技术、分散式空调系统等

相对于定频技术，变频技术能结合实时负荷，调节机组的运行荷载，达到节能的目的；而分散式空调系统，具备布置灵活，单机效率高的特点，更能满足小负荷、分散的建筑布置。设计中有效采用这些技术，可最大限度地满足节能要求。

3.4 电力设计策略与措施

3.4.1 绿色建筑节能电力设计策略

主要包括对房屋建筑工程的能耗分析，包含以下内容：

(1)外部电源引入铁路电力变（配）电所的线路损耗，包括通过导线负荷电流引起的铜损以及容性电流和谐波电流引起的损耗。

(2)变压器有功功率损耗和无功功率损耗分析。

变压器的有功功率损耗又分为铁损和铜损两部分。铁损又称空载损耗，是变压器主磁通在铁芯中产生的有功功率损耗，因为主磁通只与外加电压和频率有关，所以当外加电压和频率恒定时，铁损为一常数，即铁损值与铁芯材质等有关，与负荷大小无关。变压器的无功损耗包含励磁电流产生的损耗和变压器无功漏磁损耗两部分。

(3)功率因素较低的用电设备产生的无功损耗，照明灯具发光效率的损耗等。

(4)机电设备的耗能。若选用的机电设备效率较低，能耗就会增大。

(5)电气照明的耗能。电气照明的布置和控制对能耗影响。不同布置和分组控制方式对能耗均产生不同程度的影响。

(6)开关元器件、仪器仪表、信号灯等元器件的耗能。

(7)谐波损耗。

3.4.2 绿色建筑节能电力设计措施

绿色建筑节能电力设计措施主要包括对供配电系统、照明系统、用电设备和计量与智能化设计的节能措施。

1. 供配电系统节能

(1)合理布置变配电所位置,尽量靠近负荷中心,能有效降低电能损耗、减少电压损失、提高供电质量。

(2)合理确定变压器装机容量,负荷密度不超出当地用电规划要求,并符合国家及地方相关规定。

(3)选用高效节能型变配电设备,设置无功功率自动补偿装置并串联适当参数的电抗器,提高供电系统的功率因数,抑制谐波,降低损耗。

(4)对空调系统主设备,可在非空调季节停运,降低变压器损耗。

2. 照明系统节能

(1)建筑室内照度、统一眩光值、一般显色指数等指标满足现行国家标准有关要求,各房间或场所的照明功率密度值达到标准规定的目标值。

(2)室内照明采用高效光源、高效灯具和低损耗镇流器等附件;站房、雨棚及室外安检房等均采用LED光源。

(3)公共区照明、广告照明场所采用智能照明控制系统。通过分布式控制网络对灯具进行自动化管理,既可就地在综合监控室控制,也可在综合控制室自动控制,按照不同模式编程,自动控制投入灯具的数量。

3. 用电设备节能

(1)变压器采用低损耗、低噪声的SCB13节能型干式变压器,并达到《三相配电变压器能效限定值及能效等级》(GB 20052)中规定的Ⅰ级能耗的要求。使用气体绝缘柜、无油化断路器和干式变压器等变配电设备,可以加强绝缘性能,降低设备故障率,大幅减少维护工作量,大大提高供电安全性。

(2)空调机房新风换气机组、空调机组等长期运行电动机采用变频调速控制。

(3)选用交流接触器的吸持功率能效限定值为2级。

4. 计量与智能化设计

采用独立分项计量,设置能源管理系统,根据使用功能合理划分回路,并在各出线回路设置带数据远传功能的数字综合仪表,对各类能耗进行独立分项计量。

第4章 结构设计关键技术

4.1 站房结构设计

站房作为铁路的重要组成部分，一旦发生强烈地震，不仅可能影响其使用功能，还会造成严重的社会影响，因此，保障铁路站房的抗震安全尤为重要。

以林芝站为例，林芝车站位于林芝市东南 13 km 处的孜热村。林芝自然条件得天独厚，气候宜人，水资源丰富，素有“西藏江南”之美誉。站房的总建筑面积 14 898 m^2，其中局部地下泵房建筑面积 267 m^2。

林芝站房地上层数两层，一层标高±0.000 m，二层结构标高 8.150 m，标高 4.2 m、12.9 m 局部设设备层，设备层面积占主要结构层面积约 6%。混凝土结构柱顶高度 21.4 m，基础底标高－2.5 m，基础顶至柱顶高度约 22.7 m，约为结构总高度的 1/9，满足规范对基础埋置深度的要求。高宽比 0.49，结构计算时以基础顶作为嵌固端。采用钢筋混凝土框架结构，站房长 172 m，典型宽 45.9 m，荷载分布较均匀，地形平缓。

林芝车站结构主要有以下特点：

(1)站房中部二层候车大厅框架梁跨度较大，普通钢筋混凝土框架结构梁截面高度过大，配筋较多，且裂缝宽度难以满足；大跨度梁采用缓黏结预应力结构，减少框架梁的截面高度，增大一层候车厅净空，保证构件的裂缝宽度及挠度满足相应规范要求，保证了建筑效果及车站生产运输的正常运行。缓黏结预应力混凝土结构在缓黏结剂固化后可以达到有黏结预应力的受力效果，因此，可以按有黏结预应力的适用范围来应用在抗震混凝土结构中。与有黏结预应力相比，不需要穿波纹管，不需要灌浆，减少了两道复杂工序，减少了现场人工操作影响，施工质量易得到保障。

(2)林芝站房屋面跨度大，大厅主网架长向跨度为 106 m，短向跨度为 46 m，四面均有 8 m 悬挑。屋面根据建筑造型需求，为四坡屋面，屋脊至檐口高度达 8.5 m。林芝站房大厅网架为四边支撑的四层螺栓球节点正放四角锥网架四坡屋面，有效减小网架网格尺寸，充分利用屋盖空间高度，增加受力杆件根数，减小单根杆件受力，同时保持合理的杆件交汇角度，控制节点球规格尽量减小，避免采用高大支托系统有效节省了用钢量。

林芝站根据建筑造型及室内效果，要求大厅内抽柱；实际大厅范围屋盖网架不能全部覆盖，出现低屋面大厅一侧凌空无结构支撑、大厅屋盖网架两侧无支点及两侧山墙面浮雕装饰无处安装的问题。据此创新性地采用增加一道大跨度钢桁架的结构方案，不仅一次性解决了低屋面结构构件无法生根、大厅网架两侧无支撑点及山墙面浮雕装饰安装的问题，更为重要的是通过该桁架的设置，能有效提高整个站房结构的整体性，结构抗震能力更优。

(3)以林芝站为研究对象开展易损性分析，采用有限元软件 Midas Gen 建立数值模型；并选取 24 组地震动，对站房结构进行了 IDA 分析；根据 IDA 分析结果，对站房结构创新性采用地震易损性分析，在站房工程领域尚属首次。通过分析可知，林芝站站房可以满足抗震规范中的抗震设防目标，并在罕遇地震作用下，混凝土框架和钢屋架发生倒塌的超越概率较低，具有较好的延性。

(4)为实现建筑舒展大气的效果，站房超长结构采用不设伸缩缝方案，通过考虑温度应力和混凝土收缩徐变等因素对结构的影响、配置预应力温度筋、设置施工后浇带等措施，满足结构安全可靠及建筑功能需求。

林芝站站房结构通过多种技术措施，在保证结构安全的前提下，尽量实现了站房整体舒展大气的建筑效果，同时结构方案兼顾工程投资经济效益，站房结构设计在结构安全、建筑美学、工程经济性三个方面找到了较好的平衡点，取得了较大的社会效益。

4.1.1　缓黏结预应力结构关键技术

1. 工程概况

林芝站高架候车层部分混凝土梁跨度为 26.0 m，属于大跨结构，地震烈度为 8 度，地震动峰值加速度为 0.30g，框架梁抗震等级一级。因建筑净空需要及管线限制，大跨梁高度须控制在 2 m 以内。采用预应力技术在承担部分极限承载力的同时，可良好控制梁体挠度、裂缝，优化提升结构正常使用状态性能，满足建筑使用要求。

2. 预应力选型

预应力混凝土技术分为有黏结预应力、无黏结预应力和缓黏结预应力三种。有黏结预应力为常规普通预应力技术，其力学性能良好，主要应用于梁构件中。无黏结预应力不符合抗震要求，一般仅应用于板构件中。缓黏结预应力是在有黏结预应力和无黏结预应力基础上发展而来的一项新型预应力技术，既具有良好的力学性能，又具有简便的施工工艺，梁和板构件中均可应用。三种预应力技术各有特点，各有优劣。

(1)预应力技术类型对比

①有黏结预应力

有黏结预应力是指预应力钢绞线能与周围混凝土形成有效黏结作用，能够协同工作的预应力技术。有黏结预应力具有以下特点：

优点：

a. 钢绞线可与周围混凝土形成有效黏结，协同工作，结构整体受力性能较好，抗震性能、疲劳性能优良。

b. 有黏结预应力钢绞线在全长范围内与周围混凝土黏结一体，即使锚具失效，预应力仍然存在，结构安全性有保障。

缺点：

a. 施工工序复杂：穿波纹管→波纹管中穿钢绞线→浇筑混凝土→张拉→灌浆封锚，有五道主要工序，且需提前做好加腋并预留张拉洞口，张拉后再进行封堵，会对结构主体施工工期造成一定影响，如图 4.1 所示。

(a) 预埋波纹管　(b) 穿筋　(c) 浇筑混凝土

(d) 张拉　(e) 灌浆封锚

图 4.1　有黏结预应力施工工序

b. 施工难度大：波纹管管径(90～110 mm)大，在钢筋密集区域布设管道困难，且容易造成波纹管塌陷、损坏，导致穿筋困难。

c. 影响结构耐久性：有黏结预应力灌浆不易密实，会存在空洞、积水、管道堵塞、漏浆现象。灌浆不密实时，钢绞线在内部易锈蚀，会产生断面亏损、应力下降，耐久性受到影响，如图 4.2 所示。

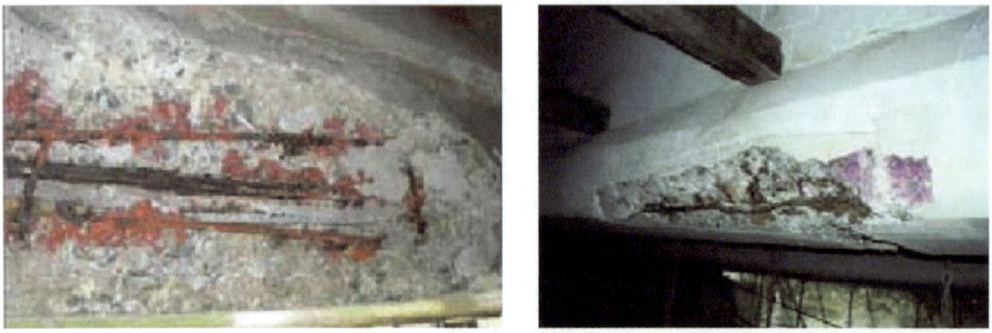

图 4.2　波纹管内钢绞线锈蚀

d. 影响建筑效果：有黏结预应力采用群锚锚具，尺寸较大，张拉时需在梁侧加腋并预留张拉洞口，待张拉完成后封闭，施工繁琐。增加的加腋尺寸一般较大，影响建筑效果，如图 4.3 所示。

(a) 梁侧加腋　　(b) 预留张拉洞口

图 4.3　有黏结预应力张拉端

②无黏结预应力

无黏结预应力是指预应力钢绞线表面涂覆油脂，外包护套，钢绞线与周围混凝土始终不产生黏结作用。无黏结预应力特点如下：

优点：施工工艺简单，工序为穿筋→混凝土浇筑→张拉→封锚，不需要穿波纹管，亦无须灌浆，施工速度快。

缺点：无黏结预应力钢绞线与周围混凝土不产生黏结，结构力学性能较弱，不符合抗震要求，如锚具失效，预应力将全部丧失。故，无黏结预应力一般不用于抗震要求高或者具有疲劳荷载的构件，亦不用于后期有改造需求的结构（如涉及改造，可能面临预应力筋需打断的情况）。

③缓黏结预应力

缓黏结预应力是指通过缓黏结剂的固化实现预应力钢绞线与混凝土之间从无黏结逐渐过渡到有黏结的一种预应力形式。在施工阶段预应力筋可伸缩自由变形、不与周围缓凝黏合剂产生黏结；而在施工完成后的预定时期内预应力钢绞线通过固化的缓凝黏结剂与周围混凝土产生黏结作用，预应力钢绞线与周围混凝土形成一体，共同工作，达到有黏效果。根据《缓粘结预应力混凝土结构技术规程》(JGJ 387—2017)条文说明 5.4.1 中“缓粘结预应力混凝土结构在缓粘结剂固化后可以达到有粘结预应力的受力效果，因此，可以按有粘结预应力的适用范围来应用在抗震混凝土结构中”。缓黏结预应力特点如下：

优点：

a. 施工工序简单：穿钢绞线→混凝土浇筑→张拉→封锚，相比有黏结预应力减少了布设波纹管和灌浆两道工序，施工工期也可减少 1/3～1/2，缓黏结预应力施工工序如图 4.4 所示。

(a) 穿筋　　(b) 浇筑混凝土　　(c) 张拉封锚

图 4.4　缓黏结预应力施工工序

b. 施工便捷：钢绞线在结构内采用单根或成束的形式布置，等效直径远小于有黏结预应力波纹管的管径，布置灵活，施工方便。

c. 施工质量有保障：减少了穿波纹管和灌浆两道工序，从根本上规避了有黏预应力存在的空洞、富水等灌浆不密实情况，从根本上避免了有黏结预应力存在的各种施工质量问题，保障了施工质量。

d. 耐久性优：缓黏结预应力钢绞线具有聚乙烯外包护套和环氧树脂缓凝黏合剂的双重保护，使其具有良好的耐腐蚀性等特点，耐久性优良。

e. 结构性能好：该类结构在使用阶段，缓凝黏合剂已完全固化，钢绞线可与周围混凝土形成有效黏结，且外保护套的横肋、纵肋也能使钢绞线与周围混凝土形成强力机械咬合作用，共同保证钢绞线与混凝土的协同工作，达到有黏结预应力的力学效果，使结构受力合理，抗震性能、疲劳性能优异。

f. 缓黏结钢绞线采用单根张拉方式施工，锚具、承压板尺寸较小，可以从梁顶撅起张拉，无须加腋，对结构外观以及整体受力无不利影响，如图 4.5 所示。

图 4.5　缓黏结预应力梁顶撅起张拉

缺点：

a. 张拉必须在张拉适用期内完成，张拉适用期一般有 6 个月、9 个月、12 个月等多种规格(张拉适用期是指预应力钢绞线从生产完成到适宜张拉的时间。如超过张拉适用期,一般情况下摩擦系数会增大,预应力损失会增多,不宜张拉)。缓黏结预应力材料需根据现场进度选择适宜的张拉适用期类型,以满足现场进度需要。故而,对现场施工管理水平要求较高。

b. 热固型缓凝黏合剂的固化过程易受到环境温度的影响,在高温地区以及大体积混凝土中,实际张拉适用期等容易与标准张拉适用期出现较大偏差,导致无法正常张拉。在高温地区以及大体积混凝土中可采用湿气固化型缓黏结钢绞线,该类钢绞线的固化主要通过吸收周围水汽来完成固化,温度敏感性较低,不易受环境温度的影响。

(2)结构设计参数对比

缓黏结预应力混凝土结构在施工阶段,设计验算方法、内容与无黏结预应力混凝土结构完全相同,在使用阶段与有黏结预应力混凝土结构的设计验算方法、内容完全相同。仅在预应力损失、裂缝宽度等计算时,部分指标取值略有不同。

①预应力摩擦损失计算时,摩擦系数取值不同,见表 4.1。

表 4.1　摩擦系数对比

预应力筋类型	考虑缓黏结预应力筋护套壁每米长度局部偏差的摩擦系数 k	二缓黏结预应力筋与护套壁之间的摩擦系数 μ	备　注
缓黏结	0.009	0.12	
有黏结	0.001 5	0.25	金属波纹管
	0.001 5	0.15	塑料波纹管
无黏结	0.004	0.09	

②裂缝宽度计算时,对于后张法有黏结预应力混凝土结构,相对黏结特性系数取 0.5,对于缓黏结预应力混凝土结构,相对黏结特性系数取 0.4。

(3)施工工序时间对比

施工工序时间对比见表 4.2,按高铁站房工程每个分区的施工时间统计,缓黏结预应力相比于有黏结预应力施工工序时间可以节省 21.5 d。

表 4.2　施工工序时间对比

工序名称	有黏结/d	缓黏结/d	节省时间/d	备　注
波纹管穿设	7	—	7	缓黏结无此工序
预应力钢绞线穿设	4	3	1	有黏结预应力钢绞线直径小、根数多,缓黏结预应力筋直径大根数少
加腋模板制作和钢筋绑扎	3	—	3	缓黏结无此工序
张拉	6	4.5	1.5	结构梁混凝土强度达到 100%后张拉。有黏结预应力筋采用群锚集束张拉,设备重,需要人工多,操作时间长;黏结预应力筋可以单根单顶张拉,灵活、机动、迅速、节省张拉时间

续上表

工序名称	有黏结/d	缓黏结/d	节省时间/d	备　注
灌浆	4	—	4	有黏结预应力在张拉完成后 48 h 内应完成灌浆，缓黏结无此工序
张拉洞口的预留和恢复	5	—	5	包括楼板钢筋恢复补强、支设模板、混凝土浇筑与养护。缓黏结无此工序

综上所述，无黏结预应力不符合抗震要求，工程不予考虑。缓黏结预应力技术在施工工艺、工期、工程质量、耐久性等各方面较有黏结预应力均具有优势且已有诸多成熟应用案例。故，林芝站房大跨梁采用新型缓黏结预应力技术来控制大跨梁挠度、裂缝，优化提升结构正常使用状态性能。

3. 缓黏结预应力梁设计

(1)缓黏结预应力钢绞线规格参数

缓黏结预应力钢绞线规格技术参数见表 4.3。

表 4.3　缓黏结预应力钢绞线规格技术参数

<table>
<tr><th colspan="3">预应力钢绞线</th><th colspan="2">缓凝黏合剂</th><th colspan="4">护套</th><th rowspan="2">每延米理论质量/(g/m)</th><th colspan="2">张拉适用期内摩擦系数</th></tr>
<tr><th>结构代号</th><th>公称直径/mm</th><th>公称强度/MPa</th><th>pH 值</th><th>拉伸剪切强度/MPa</th><th>肋高/mm</th><th>肋槽高/mm</th><th>肋宽/mm</th><th>肋间距/mm</th><th>μ</th><th>k</th></tr>
<tr><td>1×7</td><td>15.2</td><td rowspan="6">1 860</td><td rowspan="6">7～8</td><td rowspan="6">≥10</td><td>≥1.6</td><td>≥1.4</td><td rowspan="6">7～9</td><td rowspan="6">11～15</td><td>1 350</td><td rowspan="6">0.12</td><td rowspan="6">0.006</td></tr>
<tr><td>1×7</td><td rowspan="2">17.8</td><td rowspan="2">≥1.8</td><td rowspan="2">≥1.6</td><td>1 870</td></tr>
<tr><td>1×19S</td><td>2 010</td></tr>
<tr><td>1×19S</td><td>21.8</td><td rowspan="3">≥2.0</td><td rowspan="3">≥1.8</td><td>2 950</td></tr>
<tr><td>1×19S</td><td rowspan="2">28.6</td><td rowspan="2">4 800</td></tr>
<tr><td>1×19W</td></tr>
</table>

根据表 4.3，为减少缓黏结预应力筋张拉次数，减少预应力筋对梁柱核心区的不利影响，林芝站房工程高架候车层预应力梁采用强度级别 1 860 MPa，规格直径 21.8 mm 缓黏结预应力筋。

(2)结构设计和验算指标确定

林芝站房工程抗震等级为一级，要求梁端截面底部和顶部纵向受力钢筋截面面积的比值不应小于 0.5，受压区高度不大于 $0.25h_0$（h_0 为有效截面高度）。高架候车层预应力梁环境类别为一类室内环境。裂缝控制等级为三级，裂缝宽度控制在 0.2 mm 以内。

①确定截面大小

预应力梁高为 2 000 mm，梁宽为梁高的 1/3～1/2，梁宽范围为 700～1 000 mm。

②确定普通筋直径和强度级别

为保证预应力有效矢高，充分利用预应力钢绞线强度级别优势，普通筋排布不宜超过两排。普通钢筋直径选为 32 mm，强度级别为 HRB400。

③确定预应力筋根数

按照预应力强度比 0.5 进行初步计算，初步确定出预应力筋根数 n_1。

④确定预应力线形

根据标准荷载下的弯矩图形状，确定预应力筋线形。反弯点位置为(0.1～0.25)L，最低点位置根据弯矩图最低点确定。线形根据国标图集 06SG419 初步定为(C4,250,250,250,0.15,0.5,0.15)。

⑤预应力梁试算

将以上指标代入预应力计算书，进行试算，确定各指标是否满足规范要求，可对梁截面宽度、预应力筋根数、普通筋根数进行调整，直至满足规范要求为止。

4.1.2　复杂大跨度钢结构关键技术

拉林铁路全线设 9 座客运车站，其中林芝站和山南站站房规模均为 15 000 m²，两站作为区域中心车站，站房极具特色的藏式造型风格，是拉林铁路中的亮眼名片。山南站立面造型庄重，候车大厅空间规整方正，与雍布拉康为代表的山南建筑一脉相承；而林芝站站房天际线造型灵动又不失沉稳，候车大厅的空间关系进退错落有致，巧妙地将林芝地区山水灵魂融入其中，彰显了林芝雪域江南的特色，呈现出藏式建筑两种截然不同的风格，如图 4.6 所示。

图 4.6　山南站实景

1. 山南站

(1)山南站屋盖结构概况

山南站大厅屋盖部分整体较为平整规则，屋面高差较小，经综合分析比对后，大厅屋盖采用正交正方倒四角锥平板钢网架结构形式，网架支承于周边钢筋混凝土框架柱顶，正立面挑高门廊采用钢柱及折型钢梁并与大厅正立面混凝土框架结构拉结提高刚度，山南站整体计算模型如图 4.7 所示。

大厅网架长向跨度为 117 m，短向跨度 45 m，根据跨度及周边柱距情况以及整体造型情况，确定网架厚度为檐口 3 m，屋脊 4.3 m，通过网架结构厚度变化实现屋面排水找坡，典型网格平面尺寸为 3.5 m×4.5 m。结合高原高海拔缺氧低温及大风的气候特点，在满足结构受力要求的情况下，钢网架选用全螺栓球节点形式，尽可能减少现场焊接工作，也更利于确保钢结构部分施工质量。

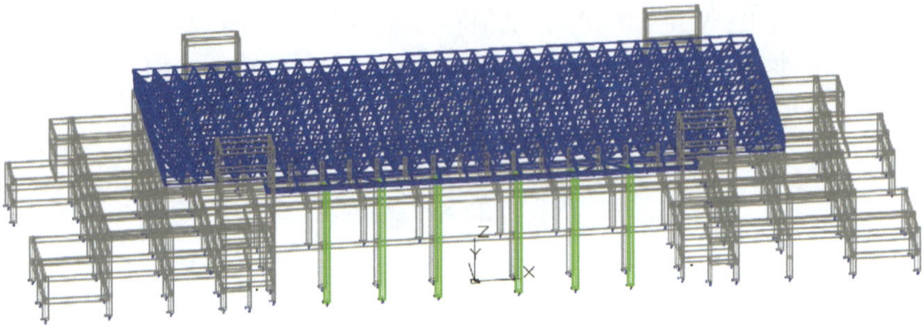

图 4.7　山南站整体计算模型

(2)山南站屋盖结构特点及难点

站房外立面造型四角高耸的碉楼与悬挑屋檐相互交叉，该部分充分利用网架结构造型灵活，节点布置自由的特点，通过调整节点位置在空间上使得网架杆件节点与碉楼混凝土框架结构实现相互避让，对于实在无法避让的位置充分利用网架结构高次超静定约束冗余度大的特点，抽除部分斜腹杆，完美解决冲突问题，同时对于网架整体受力及刚度影响基本可以忽略。

2. 林 芝 站

(1)林芝站屋盖结构概况

林芝站外立面造型通过层层上升的建筑形态，体现林芝地区巨大的山水落差、壮丽的自然景色。结合工布建筑坡屋顶挑檐，建筑立面中部以玻璃幕墙为主，两侧在实墙面中嵌入竖条窗，建筑形象舒展大气，层次丰富，如图 4.8 所示。林芝站候车大厅空旷范围较大，而上部大跨度屋盖因造型美观比例需求，大厅山墙面与挑高大厅边缘相差一跨，因此对于整个结构布置方案存在较大的考验，经过多轮方案比选，最终确定采用局部钢骨柱加大跨度钢桁架加多层钢网架的结构形式，山墙面与挑高大厅相差一跨的屋面采用钢梁加轻型钢屋面的结构形式，如图 4.9～图 4.12 所示。

图 4.8　林芝站实景

图 4.9　林芝站整体计算模型

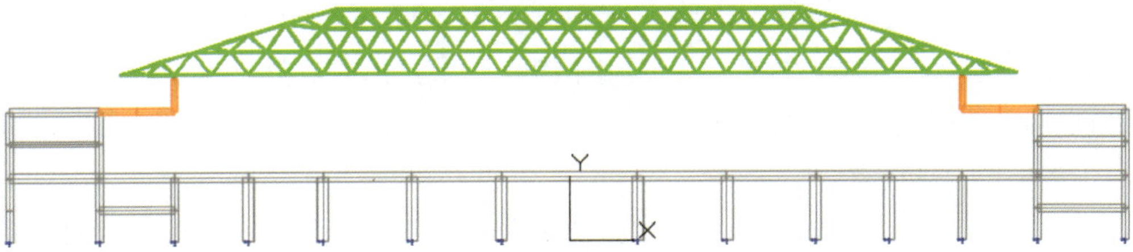

图 4.10　大厅中部横断面三维视图

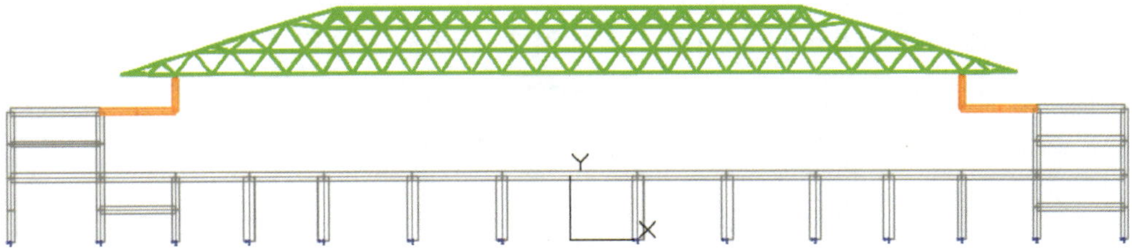

图 4.11　大厅中部横断面结构布置

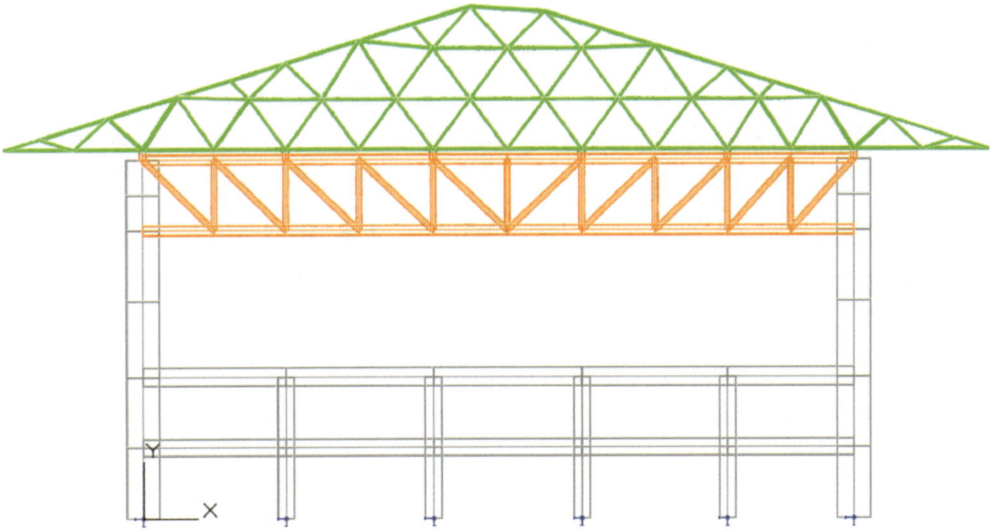

图 4.12　站房山墙面结构布置

大厅网架长向跨度为106 m，短向跨度43.6 m，四边向外悬挑8 m，根据建筑造型效果要求，整个屋盖为四坡屋面，檐口厚度很小，而大厅中部屋脊至吊顶高差达11 m，同时结合跨度及周边柱距情况，确定采用大跨度钢桁架加多层网架组合结构方案。

(2)林芝站屋盖结构特点及难点

林芝站房4轴及13轴所采用的钢桁架跨度为43.6 m，桁架轴线高度按照小屋面与大厅网架高差情况取为4.3 m，兼顾两侧小屋面结构梁布置及上部网架支座设置高度要求；网架部分则充分利用屋盖部分的建筑空间尺度构造一至三层渐变的多层网架结构，一方面避免了设置高大屋面支撑系统及高大吊顶系统，减少非结构构件重量，另一方面增加屋盖网架结构整体厚度，使得网架整体刚度较普通平板网架有较大提高，典型网格尺寸为4.5 m×4.5 m，网架典型厚度为3 m+3 m+2.5 m。结合高原高海拔缺氧低温及大风的气候特点，钢网架选用全螺栓球节点形式，尽可能减少现场焊接工作，也更利于确保钢结构部分施工质量。

①钢桁架设计要点

43.6 m跨钢桁架跨度较大，受建筑效果所限采用平面桁架，桁架下弦与外侧混凝土裙房屋面距离10 m，通过带支撑的钢梁连接桁架下弦节点与裙房屋面，并采用金属屋面做法尽量减轻荷载，桁架上弦节点与大厅网架屋盖下弦通过支座相连，为网架提供竖向支撑，钢桁架本身还作为山墙面墙体及室内浮雕装饰载体，故该钢桁架对于整体结构方案有着至关重要的作用。为此，钢桁架在设计阶段就从桁架与网架连接方式不同的整体作用对比，桁架有无侧向约束时线性及非线性稳定系数对比两方面进行比选，从而确定桁架整体最优方案。

a. 桁架与网架连接方式比选

根据桁架与网架、网架与混凝土柱顶连接方式的不同情况，分成三种支座设置情况对整体结构进行计算并对结果进行分析。主要考察各种支座设置情况下对于钢结构体系自身及混凝土结构的影响。

(a)网架支座与混凝土柱顶及桁架上弦杆采用固定铰支座连接。

(b)网架四角的混凝土柱顶支座采用双向滑动的铰支座，以释放温度作用的不利影响，其他支座仍采用固定铰支座。

(c)网架四角混凝土柱顶支座采用双向滑动的铰支座，桁架上弦杆上的支座采用桁架面外单向滑动的铰支座，释放网架对于桁架面外方向的水平力，但同时网架无法对桁架起面外支撑作用。

经对上述三种不同情况进行计算分析，并对计算结果进行整理见表4.4。根据计算结果可知全组合包络下，采用全固定铰支座方式的最大剪力值最小，故采用该支座设置方式。

表 4.4　温度作用下的支座剪力对比情况

支座布置情况	情况 1:全固定铰	情况 2:四角滑动	情况 3:两短边滑动
温度剪力/kN	340	250	220
桁架面外温度剪力/kN	40	50	0
全组合包络剪力/kN	810/620 桁架 900/90	930/450 桁架 1 120/110	920/920

b. 桁架结构屈曲分析

在钢桁架屈曲分析时，为充分考察桁架自身稳定性，按钢桁架上弦杆无网架提供面外约束进行线性及非线性屈曲分析，如图 4.13 所示，并将钢桁架上弦有网架提供面外约束作为对比情况；初始条件设置中也进一步细分为线性屈曲无初始缺陷、非线性屈曲 $L/300$(L 为跨度)初始缺陷及非线性屈曲 $L/235$ 初始缺陷[将桁架自身在大震下的侧移变形计算结果(38.7 mm)与规范规定的 $L/300$ 初始缺陷值(143 mm)进行叠加后作为更大的初始缺陷条件($L/235$)进行后续分析计算]。

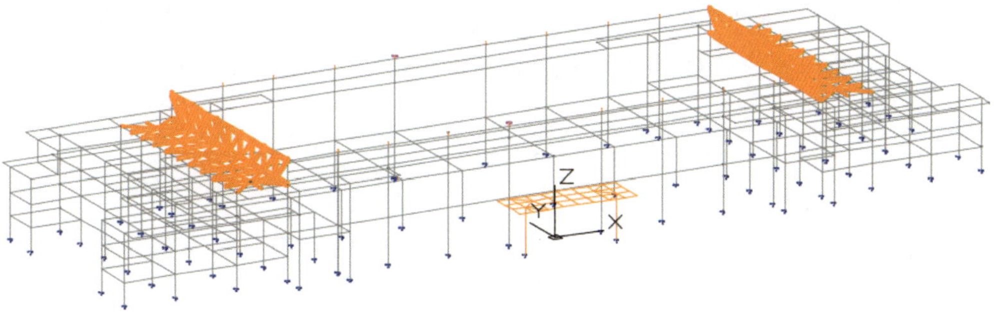

图 4.13　桁架结构屈曲分析计算模型

经对两种不同约束条件下的桁架进行线性及非线性屈曲计算得到桁架不同状态下的屈曲因数，结果详见表 4.5。

表 4.5　桁架屈曲分析对比情况

桁架屈曲因数		情况 1:桁架上弦杆无网架约束	情况 2:桁架上弦杆有网架约束
线性屈曲	一阶	19.5	56.3
	二阶	30.8	86.9
	三阶	48.0	>100
非线性屈曲 初始缺陷 $L/300$	一阶	12.0	32.0
非线性屈曲 初始缺陷 $L/235$	一阶	10.0	30.0

综上分析结果，桁架上弦杆采用的箱形截面本身有比较好的面外稳定性，即使在不考虑网架支座的支撑作用时，其非线性屈曲因数也达到 12 以上。该桁架的高跨比较大(4.3/43=1/10)，桁架的承载能力较强，在考虑结构初始缺陷，并叠加大震下跨中最

大侧向位移的情况下(初始缺陷为 $L/235$),其非线性屈曲因数也可以达到 10 以上,有良好的抗失稳能力。

通过对比有无网架侧向约束两种约束方式的计算结果可知,该钢桁架在有网架侧向约束时,其稳定承载力系数较无约束方式能提高 3 倍左右,故采用网架支座与桁架固定铰接的连接方式,通过网架较好的面内刚度,为桁架提供约束作用,增加结构安全冗余。

②多层钢网架设计要点

林芝站屋盖为四坡顶造型,屋面屋脊处最大厚度约为 11 m,檐口处仅为 1.0 m,厚度相差巨大;网架短向跨度 43.6 m,按下部柱网尺寸及跨度情况,如按常规合理的网架跨中高度约为 2.5～3.5 m,但距屋面完成面及吊顶仍有 2.5～3.5 m 的距离;如采用高支托及高吊顶,则需要采用大截面支托杆、吊杆及设置较为复杂的支撑约束系统,附加荷载偏大;如按造型情况增加网架厚度,则造成网架腹杆长度过长,无谓增大截面,同时使得杆件相交角度超出合理范围,极大增加球节点规格。因此,网架方案调整为多层网架结构(外圈悬挑部分为一层网架),对网架几何构造及用钢量进行优化。普通平板网架方案与多层网架方案的杆件数量、球节点数量及总用钢量对比见表 4.6。

表 4.6　网架工程量对比情况

项　　目	杆件数量	球节点数量	网架理论用钢量
普通平板网架	3 136	827	55 kg/m^2
多层网架	4 756	1 106	45 kg/m^2
变化率	+51.0%	+33.7%	−18.8%

相比普通平板网架方案,采用多层网架方案能充分利用空间高度来增加网架整体的抗弯截面高度,在荷载相同的情况下杆件内力更小,杆件长度更短,使用更小规格的杆件、螺栓及球节点即可满足受力要求,同时将网架的几何构成情况进行优化,将杆件交汇角度调整至合理范围,减小球节点构造尺寸。另一方面多层网架的主钢结构部分更贴近屋面及吊顶完成面,使用较短长度的支托及吊杆即可满足屋面、吊顶连接,较普通平板网架节约了高支托、长吊杆以及相应支撑系统(8～10 kg/m^2)的额外用钢量和荷载。

因此,林芝站房屋盖工程多层网架比普通平板网架在杆件数量及球节点数量上虽分别有所增加,但带来的是杆件及球节点规格的减小,从整体指标上降低了用钢量,节约了屋面吊顶附属构件用量,也对下部混凝土结构抗震有利。

4.1.3　站房工程结构地震易损性分析

1. 站房结构基本信息

林芝站位于西藏自治区林芝市,站房类型采用线侧式,规模为中型站房。站房结构竖向刚度不均匀，同时还存在着楼板局部不连续和单跨框架的情况。站房框架结构的最大柱距为 27 m，大于 18 m，屋盖的最大跨度为 106 m，大于 24 m，属于大跨度结构。该站房结构安全等级为二级，设计使用年限为 50 年，抗震设防设计参数见表 4.7。

表 4.7　结构抗震设防有关参数

抗震设防分类	抗震设防烈度	抗震等级		设计地震分组	场地类别
		混凝土框架	钢结构屋架		
丙类	8 度(0.3g)	一级	三级	第三组	Ⅱ类

采用 Midas Gen 建立了林芝站的数值模型，如图 4.14 所示。林芝站的站房结构由典型框架结构和钢结构屋架组成，框架结构构件选择梁单元进行建模，钢结构屋架构件选择桁架单元建模。框架结构在建模过程中，底部柱端边界条件选择固接，构件的滞回模型选用骨架滞回模型。

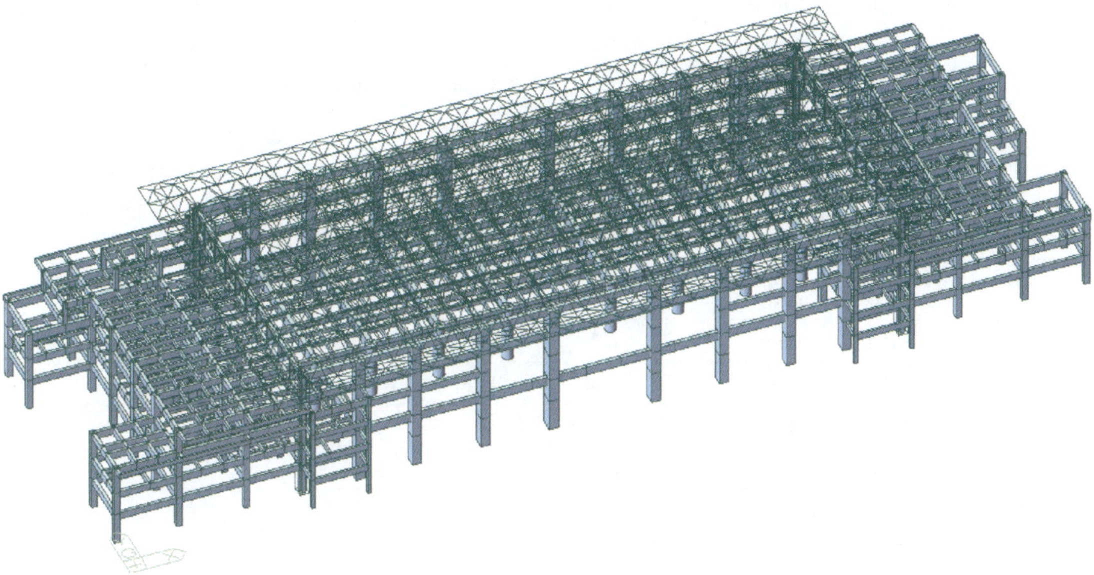

图 4.14　林芝站站房结构数值模型

2. 站房结构增量动力分析

(1)地震动的选取与调幅

结合林芝站的场地条件，依据《建筑抗震设计规范》(GB 50011—2010，2016 年版)中关于地震动选取的相关规定，从 PEER(Pacific Earthquake Engineering Research Center)地震数据库中选取了 24 组地震动，所选地震动参数见表 4.8，加速度反应谱如图 4.15 所示。

表 4.8 地震动记录参数

序号	地震名称	震级	NGA	发震时间	台站
GM1	Yountville	5	1 853	2000	Napa Fire Station ＃3
GM2	Westmorland	5.9	316	1981	Parachute Test Site
GM3	Whittier Narrows-01	5.99	668	1987	Norwalk-Imp Hwy_SGrnd
GM4	Parkfield-02_ CA	6	4 097	2004	Slack Canyon
GM5	Parkfield-02_ CA	6	4 103	2004	Parkfield-Cholame 4W
GM6	Chi-Chi_ Taiwan-04	6.2	2 734	1999	CHY074
GM7	Christchurch_ New Zealand	6.2	8 123	2011	ChristchurchResthaven
GM8	Chi-Chi_ Taiwan-06	6.3	3 473	1993	TCU078
GM9	Imperial Valley-06	6.53	170	1979	EC County Center FF
GM10	Imperial Valley-06	6.53	173	1979	ElCentro Array ＃10
GM11	Tottori_ Japan	6.61	3 965	2000	TTR008
GM12	Northridge-01	6.69	1 050	1994	PacoimaDam (downstr)
GM13	Chuetsu-oki_ Japan	6.8	4 889	2007	Joetsu Otemachi
GM14	Irpinia_ Italy-01	6.9	292	1980	Sturno (STN)
GM15	Kobe_ Japan	6.9	1 106	1995	KJMA
GM16	Darfield_New Zealand	7	6 959	2010	ChristchurchResthaven
GM17	Darfield_New Zealand	7	6 966	2010	Shirley Library
GM18	CapeMendocino	7.01	3 744	1992	Bunker Hill FAA
GM19	Duzce_ Turkey	7.14	1 605	1999	Duzce
GM20	Kocaeli_ Turkey	7.51	1 176	1999	Yarimca
GM21	Chi-Chi_ Taiwan	7.62	1 182	1999	CHY006
GM22	Chi-Chi_ Taiwan	7.62	1 481	1999	TCU038
GM23	Chi-Chi_ Taiwan	7.62	1 483	1999	TCU040
GM24	Chi-Chi_ Taiwan	7.62	1 485	1999	TCU045

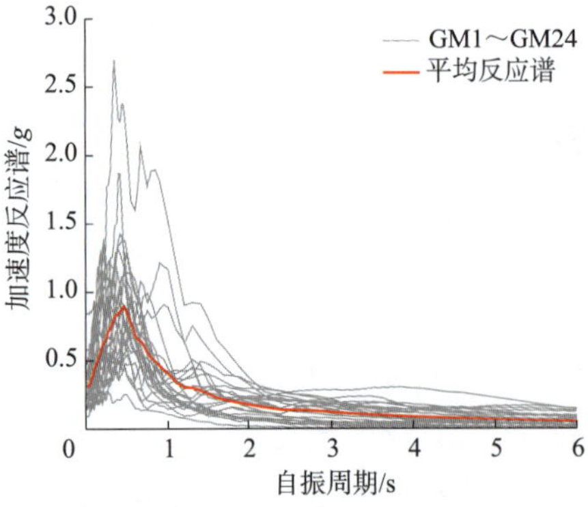

(a) 水平1方向

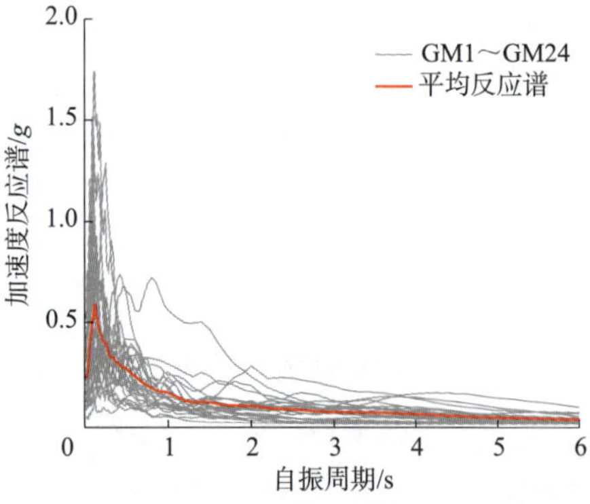

(b) 水平2方向

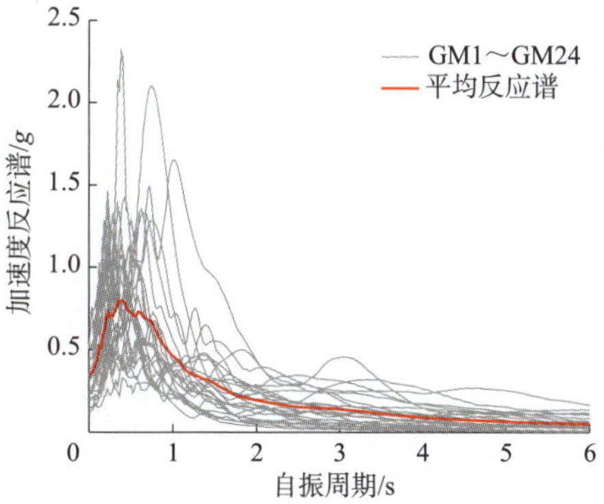

(c) 竖向

图 4.15　地震动反应谱

对林芝站进行增量动力分析(IDA)，选取峰值加速度 PGA(peak ground acceleration)作为地震动强度参数 IM(intensity measures)。采用等步长法将所选地震动分别调幅至 0.1g、0.2g、0.3g、0.4g、0.5g、0.6g、0.7g、0.8g。

(2)损伤指标与极限状态

对林芝站进行增量动力分析，选混凝土框架结构、钢结构屋架和非结构构件作为关键局部构件，并参考《高层建筑混凝土结构技术规程》(JGJ 3—2010)将结构构件的损伤程度划分为轻微破坏、中度破坏、严重破坏和毁坏 4 个等级。

参考《建筑抗震设计规范》(GB 50011—2010，2016 年版)和《高层建筑混凝土结构技术规程》(JGJ 3—2010)中对层间位移角限值的规定，对混凝土框架结构进行损伤状态划分，选取框架结构的最大层间位移角 θ_1 作为损伤指标。根据文献(潘毅，等，2020 年)选取铰支座预埋锚固端作为钢结构屋架的损伤部位，并定义铰支座预埋锚固端不同的损伤状态，选取其损伤因子 D 作为损伤指标。林芝站的结构形式为框架结构，填充墙是其主要的非结构构件。因此，选取砌体填充墙作为非结构构件中的典型损伤构件，并依据文献(杨伟、欧进萍，2010 年)选取最大层间位移角 θ_2 作为砌体填充墙损伤指标。站房各局部构件的损伤状态及其量化关系见表 4.9。

表 4.9　各局部构件的损伤状态及其量化

局部结构	损伤因子	损伤状态			
		轻微破坏	中度破坏	严重破坏	毁坏
混凝土框架结构	θ_1	1/550	1/200	1/100	1/50
钢结构屋架	D	0.50	0.65	0.80	1.00
非结构构件	θ_2	1/1 000	1/550	1/200	1/167

(3)增量动力分析(IDA)结果

①混凝土框架

采用增量动力分析(IDA)方法对林芝站模型进行分析，得出每条地震动的不同峰值加速度下，框架结构对应的最大层间位移角 θ_1，并汇总 24 条地震动的计算结果，得到混凝土框架结构的 IDA 曲线，如图 4.16 所示。当峰值加速度小于 0.3g 时，θ_1 呈线性变化，此时结构处于弹性阶段；当峰值加速度大于 0.3g 时，θ_1 出现非线性变化，结构开始进入弹塑性阶段。

由于地震动的不确定性，同一强度、不同地震动作用下的 θ_1 存在一定的离散性。因此，对 IDA 曲线簇的离散程度与均值水平进行统计分析，得到混凝土框架结构的 IDA 分位曲线，如图 4.17 所示。随着峰值加速度的增加，三条分位数曲线的偏差逐渐增加，其离散性逐渐增加。当峰值加速度为 0.5g 时，θ_1 的平均值为 1/104，小于《建筑抗震设计规范》(GB 50011—2010，2016 年版)中规定的弹塑性层间位移角限值 1/50。这表明在罕遇地震作用下，站房结构均具有较好的延性。当峰值加速度为 0.8g 时，θ_1 的平均值为 1/50，此时站房结构已经进入毁坏状态。

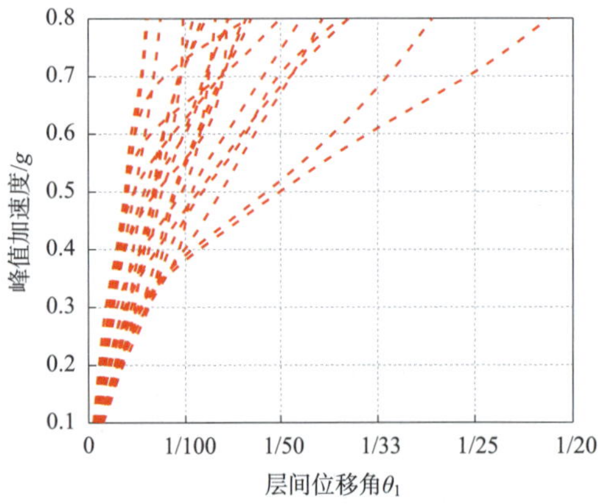

图 4.16　混凝土框架结构的 IDA 曲线

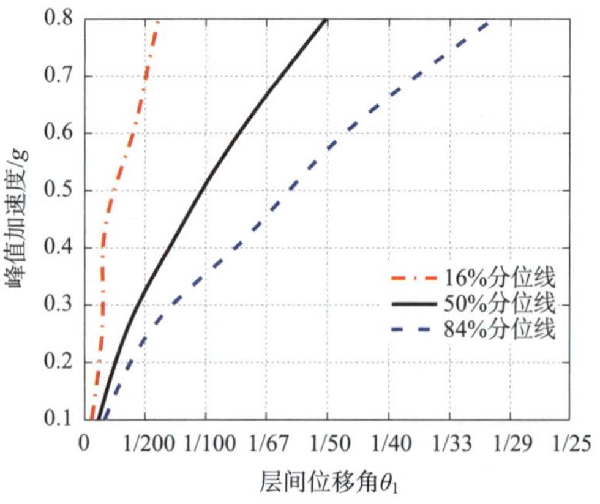

图 4.17　混凝土框架结构的 IDA 分位曲线

②钢结构屋架

钢结构屋架与混凝土框架之间采用铰支座预埋锚固件进行连接，根据每个支座的受荷面积和钢屋架的计算结果可知，J 点支座在地震作用下的压力、弯矩、剪力最大，因此选取 J 点支座进行增量动力分析(IDA)，如图 4.18 所示。

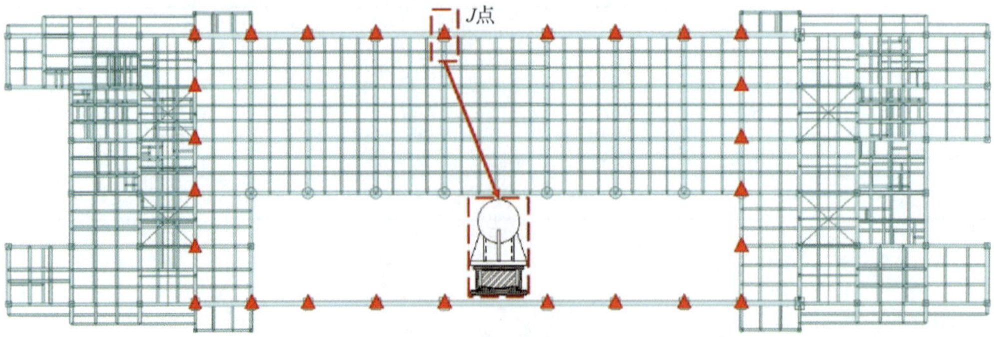

图 4.18　J 点位置示意

钢结构屋架铰支座预埋锚固端的 IDA 曲线如图 4.19 所示。当峰值加速度小于等于 0.3g 时，损伤因子 D 基本呈线性变化，且增长较快，结构状态基本完好，未出现轻微破坏。当峰值加速度大于 0.3g 时，由于铰支座预埋锚固端处于压弯剪受力状态，随着峰值加速度的增大，锚固端受到的压力增长速率基本保持不变，剪力和弯矩的增长速率逐渐变缓，导致钢结构屋架的 IDA 曲线的增长速率逐渐变缓。

考虑地震动的不确定性，对 IDA 曲线簇的离散程度与均值水平进行统计分析，得到钢结构屋架的 IDA 分位曲线，如图 4.20 所示。随着峰值加速度的增加，结构的三条分位数曲线偏差逐渐增大，其离散性逐渐增加。当峰值加速度为 0.5g 时，损伤因子 D 的均值为 0.47，远小于钢结构屋架定义的中等破坏等级的极限状态限值 0.65。这表明铰支座预埋锚固端在罕遇地震作用下不会发生严重破坏。

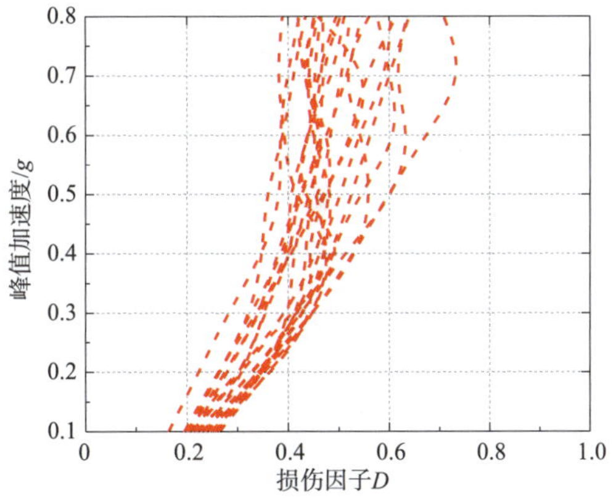

图 4.19　钢结构屋架的 IDA 曲线

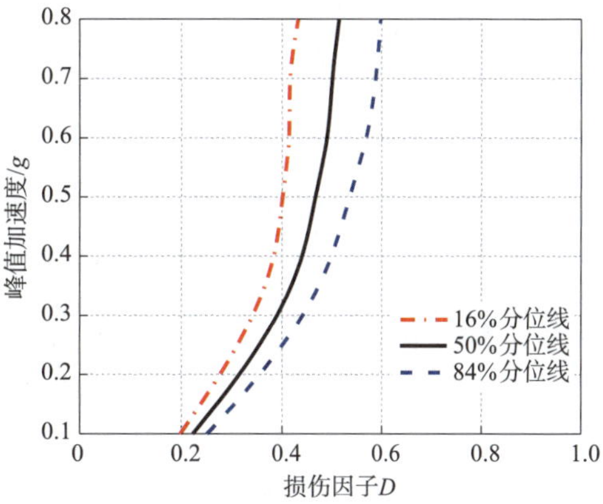

图 4.20　钢结构屋架的 IDA 分位曲线

③非结构构件

非结构构件 IDA 曲线如图 4.21 所示。当峰值加速度小于 0.3g 时，θ_1 呈线性变化，此时结构处于弹性阶段，当峰值加速度大于 0.3g 时，θ_1 出现非线性变化，结构开始进入弹塑性阶段。对 IDA 曲线簇的离散程度与均值水平进行统计分析，得到非结构构件的 IDA 分位曲线，如图 4.22 所示。当峰值加速度等于 0.1g 时，θ_2 的平均值为 1/881，达到轻微破坏的损伤状态限值 1/1 000。当峰值加速度等于 0.3g 时，θ_2 的平均值为 1/236，填充墙接近严重破坏。而当峰值加速度等于 0.5g 时，θ_2 的平均值为 1/104，此时填充墙已经进入危及生命的损伤状态。

通过以上分析结果可知，在同一峰值加速度强度下，非结构构件相较于混凝土框架结构更容易发生破坏。因此，建议在评估铁路站房整体损伤程度时，采用非结构构件作为关键局部构件。

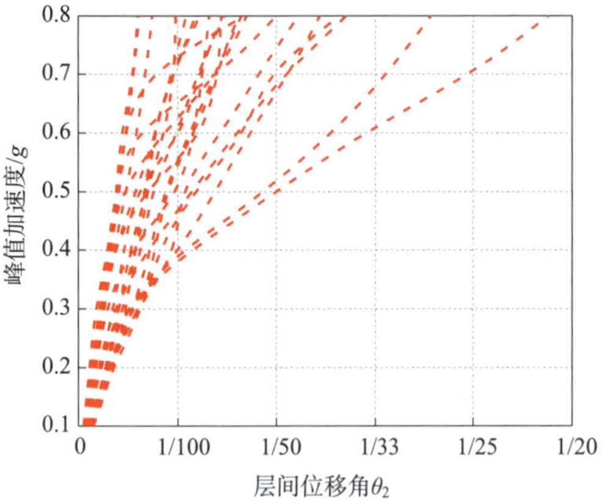

图 4.21　非结构构件的 IDA 曲线

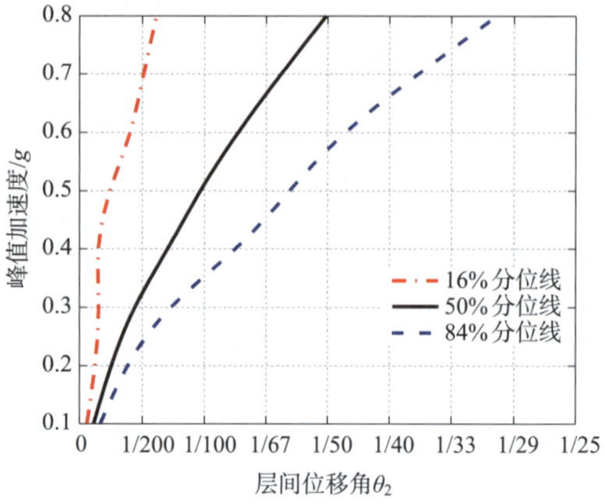

图 4.22　非结构构件的 IDA 分位曲线

3. 站房结构地震易损性分析

(1)地震易损性分析理论

结构地震易损性是指结构在不同强度的地震激励下，达到某个破坏程度或某个极限状态的概率，是一种基于概率的结构抗震性能评估方法。一般认为地震动强度参数 IM 与结构损伤指标 DM 满足幂指数回归关系，两者之间关系见式(4.1)。

$$\mathrm{DM}=\alpha\,(\mathrm{IM})^{\beta} \tag{4.1}$$

对式(4.1)两边同时取对数可得式(4.2)。

$$\ln(\mathrm{DM})=\ln(\alpha)+\beta\ln(\mathrm{IM})=A+B\ln(\mathrm{IM}) \tag{4.2}$$

式中　A,B——回归系数，可通过 IDA 计算结果进行回归分析得到，进而得出指数函数的分布系数 α 和 β。

结构的地震易损性为在不同峰值加速度(PGA)下结构地震响应 D 超越结构抗震能力参数 C 的概率值，服从对数正态分布，则结构超越某种极限状态的概率 P_f 可用公式(4.3)表示。

$$P_f=\varphi\left(-\frac{\ln\hat{C}-\ln\hat{D}}{\sqrt{\beta_{\mathrm{C}}^2+\beta_{\mathrm{D}}^2}}\right)=\varphi\left(\frac{\ln\alpha\dfrac{\mathrm{PGA}^{\beta}}{\hat{C}}}{\sqrt{\beta_{\mathrm{C}}^2+\beta_{\mathrm{D}}^2}}\right) \tag{4.3}$$

式中　$\varphi(\cdot)$——标准正态分布函数；

$\hat{C}$——结构抗震能力的均值；

$\hat{D}$——结构地震响应的均值；

β_{C}——结构抗震能力的对数标准差；

β_{D}——结构地震响应的对数标准差。

根据美国 HAZUSS99 规范中的相关规定，取 $\sqrt{\beta_{\mathrm{C}}^2+\beta_{\mathrm{D}}^2}=0.5$。

(2)地震易损性分析结果

根据各局部构件的地震概率需求参数,求得各局部构件在不同强度地震动下超越某一极限状态的概率值 P_f,并以各局部构件的超越概率 P_f 为纵坐标,峰值加速度为横坐标,得到各局部构件的地震易损性曲线,如图 4.23 所示。随着峰值加速度的增加,各局部构件的地震易损性曲线变得越来越平缓。同时,非结构构件的地震易损性明显大于混凝土框架与钢结构屋架的地震易损性,在相同的峰值加速度(PGA)下,钢结构屋架的易损性曲线增长速率最缓慢,破坏概率最低。

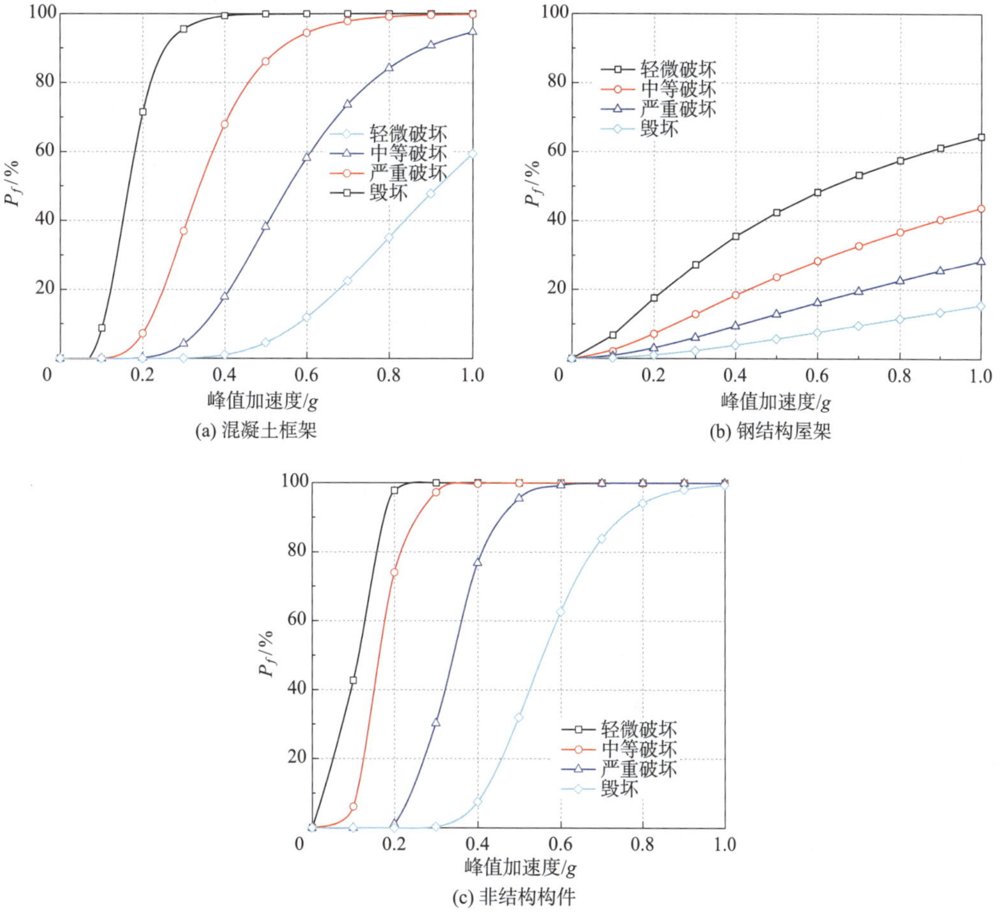

图 4.23　各局部构件地震易损性曲线

对比各局部结构的地震易损性矩阵,见表 4.10,在 8 度(0.3g)多遇地震作用下,混凝土框架、钢结构屋架及非结构构件达到中等破坏的超越概率值分别为 0.11%、1.74%、6.16%。在 8 度(0.3g)设防地震作用下,混凝土框架、钢结构屋架和非结构构件达到严重破坏的超越概率值分别为 4.20%、3.80%、16.40%。在 8 度(0.3g)罕遇地震作用下,混凝土框架、钢结构屋架和非结构构件达到毁坏的超越概率值分别为 5.75%、6.12%、87.06%。这表明混凝土框架与钢结构屋架发生中等破坏及以上破坏的破坏概率均较小，具有较好的抗震性能。站房结构中非结构构件的破坏概率明显大于混凝土框架和钢结构屋架的破坏概率，在地震作用下容易产生较大的损伤，影响铁路站房的正常运营。

表 4.10　各局部结构的地震易损性矩阵

局部结构	设防水准	损伤状态				
		基本完好	轻微破坏	中等破坏	严重破坏	毁坏
混凝土框架	8 度多遇	85.13%	14.76%	0.11%	0.00%	0.00%
	8 度设防	4.53%	58.43%	32.74%	4.20%	0.10%
	8 度罕遇	0.06%	11.52%	45.96%	36.71%	5.75%
钢结构屋架	8 度多遇	91.96%	5.34%	1.74%	0.70%	0.26%
	8 度设防	72.71%	14.34%	6.82%	3.80%	2.33%
	8 度罕遇	56.30%	18.98%	11.12%	7.48%	6.12%
非结构构件	8 度多遇	57.27%	36.57%	6.16%	0.00%	0.00%
	8 度设防	0.05%	2.67%	67.01%	16.40%	13.86%
	8 度罕遇	0.00%	0.02%	4.45%	8.48%	87.06%

4. 结　　论

以林芝站站房为研究对象，采用 IDA 分析方法对其进行地震易损性分析，得到以下主要结论：

（1）林芝站站房可以满足《建筑抗震设计规范》（GB 50011—2010，2016 年版）中的抗震设防目标，并在罕遇地震作用下，混凝土框架和钢屋架发生倒塌的超越概率较低，具有较好的延性。

（2）随着峰值加速度的增加，林芝站各局部构件的易损性曲线逐渐平缓，损伤程度由小到大依次为钢结构屋架、混凝土框架、非结构构件。因此，在铁路站房抗震易损性分析中，建议选取非结构构件作为关键局部构件。

（3）在 8 度（0.3g）罕遇地震作用下，混凝土框架结构达到严重破坏和毁坏的超越概率分别为 36.71% 和 5.75%，钢结构屋架达到严重破坏和毁坏的超越概率分别为 7.48% 和 6.12%，非结构构件达到严重破坏和毁坏的超越概率分别为 8.48% 和 87.06%。此时，站房的非结构构件基本无法使用，影响铁路站房的正常运营。因此，在站房抗震设计中，应加强站房结构的非结构构件抗震措施。

4.2　生产生活房屋减震隔震设计

4.2.1　高烈度房屋抗震挑战

地震是拉林铁路房屋工程面临的主要自然灾害之一，沿线地震频率高，引起的地震灾害及次生灾害频率高，社会影响大。

我国是世界上地震活动最强烈和地震灾害最严重的国家之一。我国占全球陆地面积的 7%，但 20 世纪全球大陆 35%的 7.0 级以上地震发生在我国；20 世纪全球因地震死亡 120 万人，我国占 59 万人，居各国之首。我国大部分地区位于地震烈度Ⅵ度以上区域；50%的国土面积位于Ⅶ度以上的地震高烈度区域，包括 23 个省会城市和 2/3 的百万人口以上的大城市。

青藏高原地震区是我国最大的一个地震区，也是地震活动最强烈、大地震频繁发生的地区。据统计，这里 8 级以上地震发生过 9 次；7～7.9 级地震发生过 78 次，均居全国之首。2008 年 5 月 12 日四川省汶川县发生 *Ms*8.0 级大地震。2010 年 4 月 14 日，玉树发生 *Ms*7.1 地震。2013 年 4 月 20 日，四川雅安芦山县发生 *Ms*7.0 级强震。2017 年 11 月 18 日 6 时 34 分在西藏林芝市米林附近发生 6.9 级地震，震源深度 10 km，造成 1.2 万人受灾，近 3 000 户房屋不同程度受损，地震也使得拉林铁路一度停工。

一些应用了减震、隔震技术的工程经受了汶川、芦山等地震的实际考验，保障了人民生命财产安全，取得了良好的社会效益。减震、隔震技术日渐成熟，已经成为减轻地震作用、提升房屋抗震设防能力的一种有效手段。

住房城乡建设部《关于房屋建筑工程推广应用减隔震技术的若干意见（暂行）》（建质〔2014〕25 号），根据意见要求，位于抗震设防烈度 8 度（含 8 度）以上地震高烈度区、地震重点监视防御区或地震灾后重建阶段的新建 3 层（含 3 层）以上学校、幼儿园、医院等人员密集公共建筑，应优先采用减震、隔震技术进行设计。鼓励重点设防类、特殊设防类建筑和位于抗震设防烈度 8 度（含 8 度）以上地震高烈度区的建筑采用减隔震技术，对抗震安全性或使用功能有较高需求的标准设防类建筑提倡采用减隔震技术。为高质量建设拉林铁路，保证房屋安全可靠，保障铁路安全运行，有必要研究引入抗震性能好的建筑结构形式，应用减隔震技术手段，从而提高预防和减轻地震灾害的综合能力。

4.2.2　减震、隔震对象选取

1. 铁路房屋工程减震、隔震技术应用情况

近年来，我国铁路工程高速发展，日新月异。中西部路网覆盖也不断完善，铁路工程不断向艰险山区延伸挺进，建设难度不断增大。铁路是国民经济大动脉、关键基础设施和重大民生工程，但受到线位等因素影响，减隔震技术应用受到限制，案例较少。为适应山区铁路地质情况复杂、地震烈度高、地震频发的特征，契合现代化铁路客站结构的新要求，引入减震、隔震技术对铁路房屋结构进行优化设计，提高房屋的抗震性能极为必要。

拉林铁路是铁路房屋结构工程领域较早采用减震、隔震技术的铁路工程，基于现

有规范，验证了减震、隔震方案引入铁路站房及生产生活房屋方案设计的可行性，为铁路房屋减震、隔震的结构方案比选提供依据。

2. 减震、隔震应用范围

拉林铁路在地震烈度 8 度以上地区，选用 2 层以上办公楼、公寓或单身宿舍、物品供应站、公安派出所等人员集中的场所，以及林芝通信站、信号楼等重点设防类房屋建筑做减震、隔震设计。

其中，选取 4 层以上单身宿舍、行车公寓做隔震设计，共 4 个。其余 4 层以下房屋采用减震设计方案，共 23 个单项，应用于 34 个工点。隔震设计面积 18 413 m^2，减震设计面积 38 805 m^2，减震、隔震设计总建筑面积 57 218 m^2，见表 4.11。占全线生产生活房屋面积的比例为 30%(不含站房)。

表 4.11　拉林铁路减震、隔震房屋

序号	房屋名称	总面积/m^2	栋数	拉萨西/m^2	拉萨/m^2	拉萨南/m^2	桑日/m^2	沃卡/m^2	巴玉/m^2	下觉/m^2	卧龙/m^2	康莎/m^2	米林/m^2	岗嘎/m^2	林芝/m^2	隔/减震
1	林芝通信站	1 002	1												1 002	减震
2	信号楼及会让站间休室	3 930	5					786	786	786	786	786				减震
3	拉萨西机务段办公楼	2 094	1	2 094												减震
4	运转整备综合楼	2 678	2	1 339											1 339	减震
5	检修设备综合楼	1 316	1	1 316												减震
6	拉萨西机务段单身宿舍	5 726	1	5 726												隔震
7	林芝救援办公楼	677	1												677	减震
8	林芝折返段单身宿舍及乘务员公寓	3 553	1												3 553	隔震
9	单身宿舍Ⅵ型	1 869	1		1 869											减震
10	林芝列检所	652	1												652	减震
11	米林公安派出所	558	1										558			减震
12	林芝公安派出所及刑警、乘警队	1 708	1												1 708	减震
13	拉萨行车公寓	5 789	1		5 789											隔震
14	林芝行车公寓	1 471	1												1 471	减震
15	物品供应站	1 781	1												1 781	减震

续上表

序号	房屋名称	总面积/m²	栋数	拉萨西/m²	拉萨/m²	拉萨南/m²	桑日/m²	沃卡/m²	巴玉/m²	下觉/m²	卧龙/m²	康莎/m²	米林/m²	岗嘎/m²	林芝/m²	隔/减震
16	维修工区集中办公楼Ⅲ型	1 100	2			550									550	减震
17	维修工区集中办公楼Ⅴ型	883	1				883									减震
18	维修工区集中办公楼Ⅶ型	2 646	2										1 323		1 323	减震
19	维修工区集中办公楼Ⅷ型	1 757	1				1 757									减震
20	沃卡、下觉、康莎线路工区	2 409	3					803		803		803				减震
21	单身宿舍Ⅰ型	1 606	2										803	803		减震
22	单身宿舍Ⅱ型	981	1												981	减震
23	单身宿舍Ⅲ型	1 087	1			1 087										减震
24	单身宿舍Ⅳ型	2 942	2										2 942			减震
25	单身宿舍Ⅴ型	1 630	1				1 630									减震
26	单身宿舍Ⅷ型	2 028	1				2 028									减震
27	单身宿舍Ⅹ型	3 345	1												3 345	隔震
	合计	57 218	38	10 475	7 658	1 637	6 298	1 589	786	1 589	786	1 589	5 626	803	18 382	

4.2.3　减震设计案例

1. 工程概况

以林芝站物品供应站为例，项目建筑平面如图 4.24 所示。

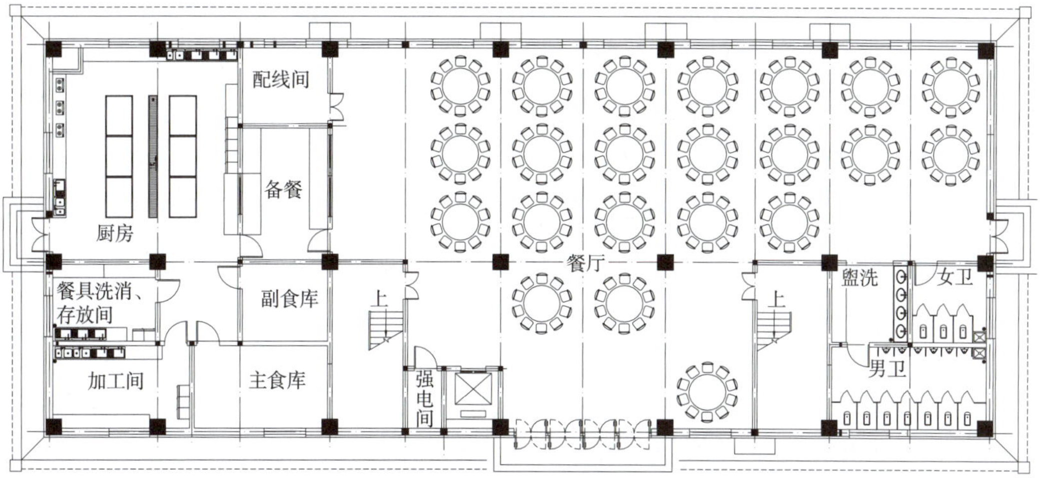

图 4.24　物品供应站建筑平面

项目位于西藏自治区林芝市。抗震设防烈度 8 度，设计基本地震动峰值加速度为 0.30g，设计地震分组第三组，Ⅱ类场地，场地特征周期 0.45 s。采用混凝土框架结构形式，楼层数为 3 层，建筑结构高度 13.65 m，长 41.9 m，宽 17.6 m，建筑面积 1 781 m^2，框架抗震等级为二级，结构周期折减系数为 0.75。为不影响使用功能，同时保持建筑效果，选用墙式金属屈服型阻尼器减震技术。

2. 结构抗震思路

(1)结构抗震设计

①构造方面：以强柱弱梁、强剪弱弯的原则贯穿设计及以后的施工图设计，提高结构抗震的性能。

②结构的不规则性，结构单元竖向几何形状均不规则，设计按《建筑抗震设计规范》(GB 50011—2010，2016 年版)第 3.4 节的要求，对位移采取较规范稍严格的要求，不满足规范楼层两端抗侧力构件弹性水平位移(或层间位移)的最大值与平均值的比值不宜大于 1.2 的要求，但没有超过不应大于 1.5 的限制。竖向规则，侧向刚度和楼层承载力不发生突变，无薄弱层出现。

③其他措施：由于工程为丙类建筑，钢筋混凝土框架结构采用消能减震设计，抗震等级框架为二级，其抗震构造措施均按规范要求执行，楼梯部分配筋和连接均按规范要求进行加强。采用悬臂墙型剪切阻尼器布置在填充墙的位置，所以只需要加强与之相连的框架梁、柱，不会影响和改变任何建筑功能。

(2)消能减震技术及阻尼器选择

在拉林铁路高烈度地震区的工程抗震中，通过在建筑物的抗侧力体系中设置消能部件，由消能部件的相对变形来抵抗地震作用，来消耗输入结构的地震能量，减小结构的地震响应，提高结构的抗震能力。

林芝站物品供应站减震设计采用悬臂墙型金属屈服型阻尼器作为消能减震部件，根据阻尼器的参数核算，采用阻尼器后，多遇地震下阻尼器提供刚度减小位移角，罕遇地震下屈服滞回耗能；对其结果进行分析可知，原来按常规传统方法直接进行抗震计算所遇到的种种问题均得到较好的解决。阻尼器耗能减震结构体系比传统的抗震体系能更加有效地减震，并具有技术简明、稳定可靠、适用性广等优点，且对建筑功能及外观影响相对较小，增强了工程的结构安全性，提升了建筑抗震能力，对建筑安全有着重大意义。

3. 设计原则

(1)林芝站物品供应站减震设计的要求：在多遇地震作用下，其建筑结构须完全保持弹性，且非结构构件无明显损坏；在罕遇地震作用下，其减震阻尼器系统的功能仍能正常发挥。

(2)林芝站物品供应站减震设计主要依据预期的水平向地震力和位移控制要求，

估算出减震结构所需附加刚度，据此选择合适的阻尼器型号，并配置在适当的位置。

(3)阻尼器通常配置在层间相对位移或相对速度较大的楼层，同时采用合理的连接形式增加消能器两端的相对变形或相对速度，提高消能器的减震效率。

(4)消能子结构梁、柱和墙截面的设计，应考虑消能器在极限位移或极限速度下的阻尼力作用。

(5)对含减震阻尼器的结构进行整体分析，包含不同地震作用下结构的弹性分析及弹塑性分析。

(6)消能阻尼器与主体结构之间的连接部件需适当设计使其在罕遇地震作用下仍维持弹性或不屈状态。

4. 结构的减震目标和性能目标

林芝站物品供应站在多遇地震和罕遇地震作用下的减震目标，以及与悬臂墙型金属屈服型阻尼器相连构件和节点的性能目标及其设计方法见表 4.12。

表 4.12　结构减震目标和性能目标

减震目标				
结构类别	项目	规范要求		减震目标
钢筋混凝土结构	层间位移角	多遇	1/550	1/620
		罕遇	1/50	1/100
性能目标				
名称	项目	性能目标	设计方法	
主体	多遇地震	全楼完全弹性	工况组合采用考虑各种系数的设计组合，材料强度采用设计值	
消能	阻尼器悬臂墙	大震弹性	以大震下构件的弹性内力进行截面设计和稳定性验算，材料强度采用设计值	
部件	周围框架及节点	满足极限要求	以大震下构件的弹性内力进行配筋，材料强度采用极限值；与之相邻的框架梁柱根据“强柱弱梁”原则进行设计；并验算节点	

5. 结构设计方案

消能减震结构主要是通过设置消能减震装置以控制结构在不同烈度地震作用下的预期变形，从而达到不同等级的抗震设防目标。

消能减震结构之所以能提高建筑抗震性能，消能减震器起了关键作用。如何比较准确地评估消能减震器的减震作用，是减震结构设计的首要问题。减震结构进行强度设计时，可以根据附加刚度来考虑消能减震器的作用，从而确定减震后的地震作用，减震效果可通过减震前后的结构位移、楼层剪力等来体现。

针对林芝站物品供应站，其具体设计内容主要包括：

(1)确定结构的减震目标，确定减震器参数和数量，以及消能减震器的安装位置及型式；

(2)计算附设减震器的减震结构在多遇地震作用下的结构响应;

(3)进行弹性时程分析,复核性能目标;

(4)罕遇地震作用下,进行弹塑性位移验算,承载力不足的构件进行相应调整,最后完成与减震器相连的连接构件和结构构件的设计。

减震器的布置位置:楼层平面内的布置遵循"均匀、分散、对称、周边"的原则,其详细布置位置如图 4.25 和图 4.26 所示。

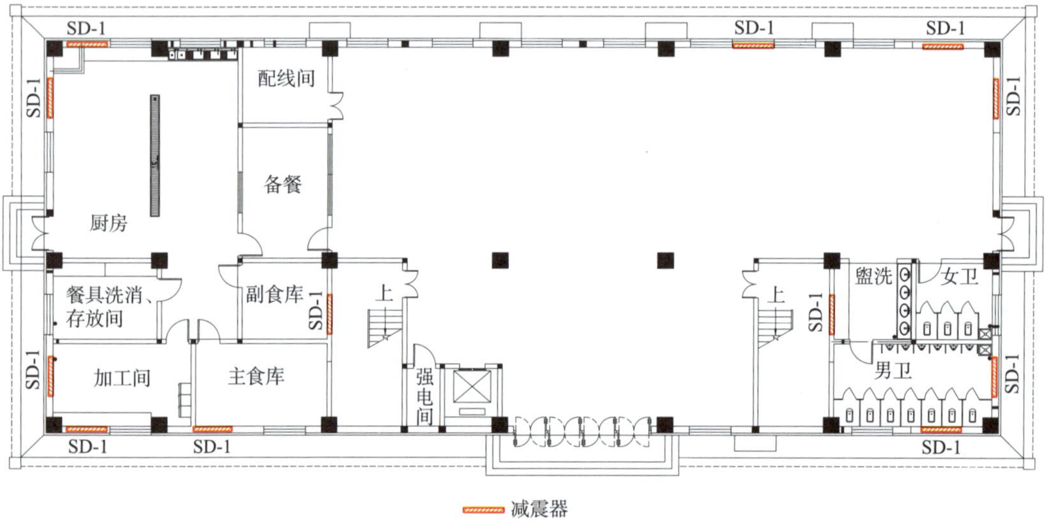

图 4.25　一层减震器平面布置

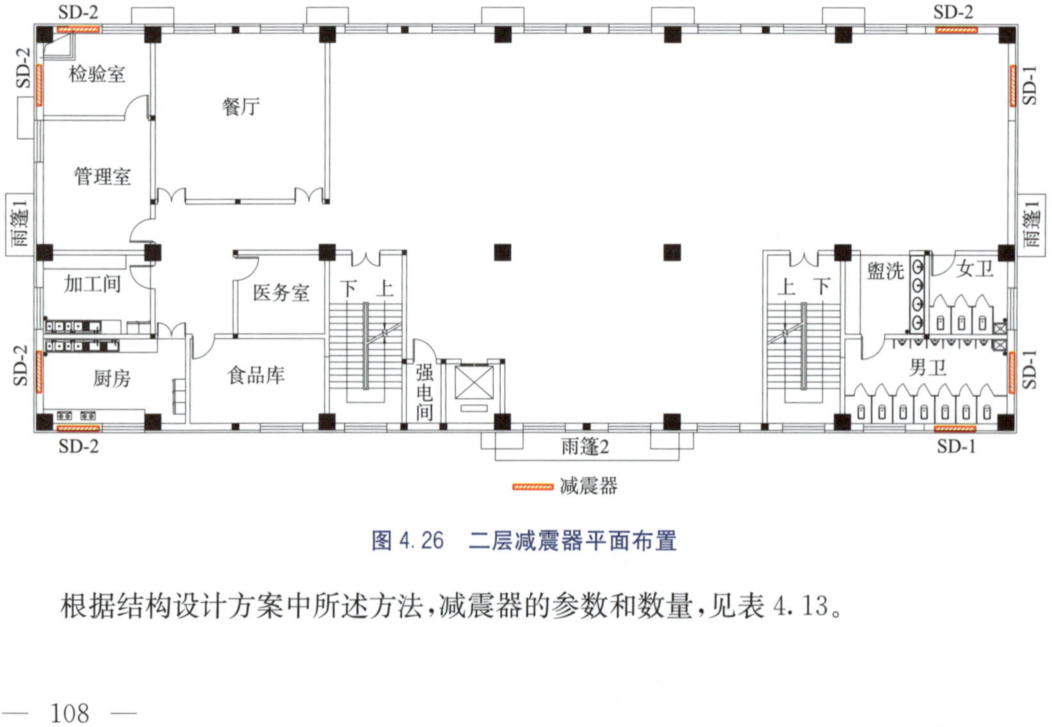

图 4.26　二层减震器平面布置

根据结构设计方案中所述方法,减震器的参数和数量,见表 4.13。

表4.13　阻尼器用量

方向	x方向	y方向	阻尼器型号
二层	4	4	ZA-SS×200×1.0
一层	6	6	ZA-SS×200×1.0
小计	10	10	ZA-SS×200×1.0
合计	共20个		

注：附加阻尼比为附加3%；连接方式为墙式连接。

6. 减震总结

设计对结构的整体模型进行了弹性和弹塑性时程分析，采用不同地震波分析了结构在x向单向和y向单向地震输入时结构的抗震性能，主要结果如下：

(1)小震地震作用下，结构主体弹性，金属屈服型阻尼器小震下未屈服耗能，为结构提供一定的刚度。

(2)罕遇地震作用下，构件开始进入塑性，框架梁优先出现梁铰，而后柱子出现柱铰，结构总体满足"强柱弱梁"的要求。

(3)罕遇地震作用下，各金属屈服型阻尼器均进入塑性滞回耗能，发挥了良好的耗能能力，为结构主体提供了良好的安全保障。

在地震作用下，消能减震结构通过设置的消能器产生摩擦、弯曲(或剪切、扭转)弹塑(或黏弹)性滞回变形来耗散或吸收地震输入结构中的能量，从而增加结构抗震能力，保护主体结构的安全。采用减震技术后，增加结构阻尼，减小地震作用，地震时起到结构保险丝作用。地震发生时减震器材先进入耗能，地震后仅需对减震器材及相应连接节点进行修复或更换，而传统抗震结构震后需对整栋建筑进行加固，故具有比传统抗震建筑更好的长期经济性，直接损失较低。

7. 减震构造

为保证减震支座发挥减震作用，应满足相关构造做法，如图4.27和图4.28所示。

4.2.4　隔震设计案例

传统建筑把上部结构和基础牢固地连接在一起，这样地震时地面运动的能量就经过基础传输到上部结构，使结构发生振动和变形，当结构受力超过其结构强度时，便发生破坏甚至倒塌。为了抵抗地震的破坏，传统建筑物抗震技术是通过增大梁柱截面的尺寸、增加梁柱配筋和提高建筑材料强度等方法来实现。但这种以刚克刚的办法会形成结构刚度越大，向上部结构传递的地震作用越强的结果。简单地说，传统建筑的抗震思想可以概括为"以刚制刚"。

建筑隔震技术不同于传统的抗震技术，其思想是"以柔克刚"。"基础隔震"技术是在建筑物上部结构与基础间设置隔震系统，使建筑物与地基隔开，因为隔震层很"柔"，地震时能产生很大的变形，地震能量很难传递到上部结构中，隔震系统起到减轻振动

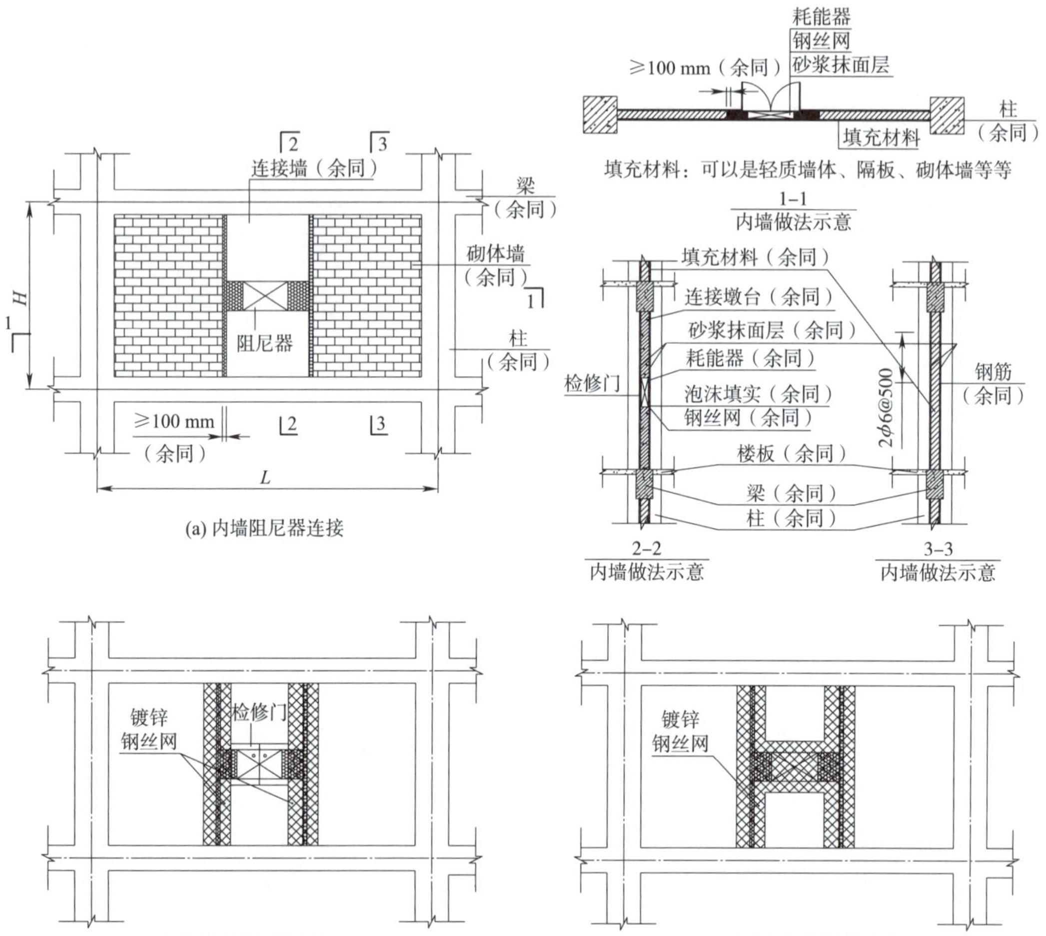

(a) 内墙阻尼器连接

(b) 有检修门阻尼器连接

(c) 无检修门阻尼器连接

图 4.27　内墙金属屈服型阻尼器连接大样

和耗散地震能量的作用，上部结构振动反应减轻，实现地震时建筑物只发生较轻微的运动和变形，从而保障建筑物的安全。

理论分析和实际地震观测都证明，建筑隔震上部结构遭受的地震力仅相当于不隔震房屋的 10%～20%。即使遭遇大地震，隔震建筑的振动和变形也相对较小。不仅可以使建筑结构本身不被破坏，还能使建筑物装修、室内家具、贵重物品和仪器设备等辅助设施免于破坏。地震后，隔震设备不需维修就可以立即运行。因此，建筑隔震技术被称为“建筑物地震防护技术的一次革命”。隔震技术是 20 世纪抗震技术最杰出的成果之一，从结构体系到科学思想都是对现行抗震技术的发展与突破。

1. 工程概况

以拉萨行车公寓为例，如图 4.29 所示，建筑面积 6 854.07 m^2，占地面积 966.54 m^2，建筑总高度 23.15 m。项目位于西藏自治区拉萨市，抗震设防烈度 8 度，设计基本地震动峰值加速度为 0.20g，设计地震分组第三组，Ⅱ类场地，场地特征周期

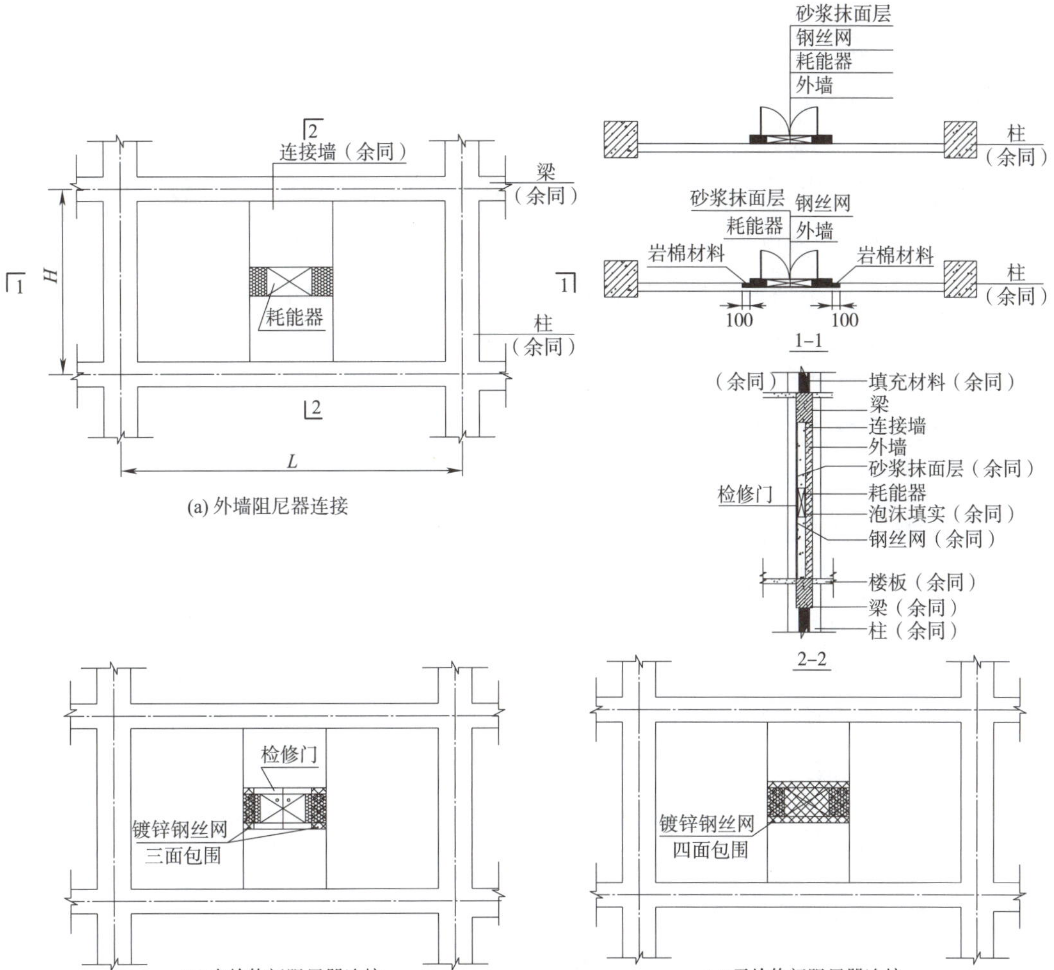

(a) 外墙阻尼器连接

(b) 有检修门阻尼器连接

(c) 无检修门阻尼器连接

图 4.28　外墙金属屈服型阻尼器连接大样

0.45 s。采用框架结构形式，楼层数为 6 层，高宽比 1.29。属于标准设防类，丙类建筑。

图 4.29　拉萨行车公寓实景

2. 隔震计算要点

(1)总体规定

隔震支座需要验算重力荷载代表值下的竖向承载力,以及罕遇地震下的水平位移,此两方面是隔震支座需要控制的重要内容。

隔震层以上结构,因为设置了隔震支座,其经受的水平地震作用要根据水平向减震系数确定,具体内容可见《建筑抗震设计规范》(GB 50011—2010,2016 年版)。

隔震支座在减小结构水平地震作用的同时,对结构的竖向地震作用没有降低,而且可能会把其放大。所以结构的竖向地震作用标准值,规范有一个最小数值的规定。以拉萨行车公寓工程所在地 8 度 0.20*g* 的抗震设防标准来说,其竖向地震作用不应小于隔震层以上结构总重力荷载代表值的 20%。

(2)隔震结构设计的主要计算分析内容

①隔震结构体系的计算简图是在一般多层多质点结构简图的基础上,增加了隔震支座、连接隔震上支墩的梁板组成的质点。此种结构大多变形为剪切型。模型中要计入包括隔震层在内的上下层质心、刚度中心不重合的影响,要考虑扭转效应。连接隔震层上支墩的梁板,在上部结构计算时要整体考虑进去,与上部结构共同计算和设计。

②要选取符合规定的地震波进行时程分析。地震波选取时,要注意反应谱特性与所在地区相符,选取的数量要符合规范要求,进行包络设计。考虑到结构距离发震断层的远近,需要输入大于 1 的近场地影响系数。如大于 5 km 小于 10 km,一般取不小于 1.25 的系数。如果比上述距离更近,可取 1.5 的系数。

(3)隔震层的橡胶隔震支座要求

①隔震支座在重力荷载代表值下的压应力限制,根据结构的抗震类别不同而不同,在压应力下,支座的极限水平变位应受到控制。应不大于 0.55 倍的支座有效直径以及 3 倍的支座内部橡胶总厚度,一般可取此二者的较大值。

②支座的耐久性方面,要求经过设计基准期的耐久试验后,其刚度、阻尼特性变化不能太大,不能超过初期值的±20%,徐变量要小于支座内部橡胶总厚度的 5%。

③如出现橡胶隔震的有效直径除以橡胶层总厚度的值小于 5 的情况,应适当对压应力限值进行降低。

3. 隔震计算分析

(1)ETABS 模型建立以及准确性验证

使用大型有限元软件 ETABS 建立隔震与非隔震结构模型,如图 4.30 所示,并进行计算与分析。本结构模型依据 SATWE 建模得到。

将 ETABS 和 SATWE 非隔震模型计算得到的质量、周期和层间剪力(振型分解反应谱法)进行对比,结果见表 4.14～表 4.16。表中差值为:(|ETABS－SATWE|/SATWE)·100%。

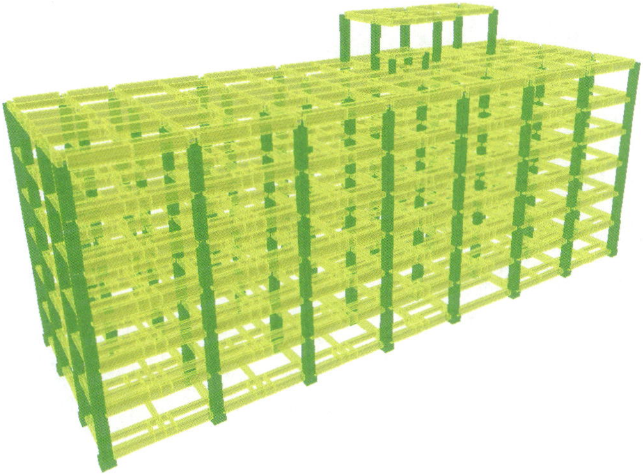

图 4.30 结构三维模型

表 4.14 非隔震结构质量对比

SATWE/t	ETABS/t	差 值
12 289	12 431	1.2%

表 4.15 非隔震结构周期对比

阶 数	SATWE/s	ETABS/s	差 值
1	1.091	1.094	0.2%
2	0.985	0.988	0.3%
3	0.915	0.918	0.3%

表 4.16 非隔震结构地震剪力对比

层数	SATWE/kN		ETABS/kN		差 值	
	x	y	x	y	x	y
9	1 163	1 219	1 112	1 189	4.4%	2.5%
8	1 297	1 348	1 267	1 340	2.4%	0.6%
7	8 419	7 960	8 310	7 937	1.3%	0.3%
6	14 334	13 233	14 335	13 378	0.0%	1.1%
5	19 151	17 418	19 242	17 703	0.5%	1.6%
4	23 058	20 794	23 215	21 180	0.7%	1.9%
3	26 003	23 357	26 216	23 815	0.8%	2.0%
2	27 834	24 950	28 075	25 435	0.9%	1.9%
1	28 176	25 388	28 583	25 918	1.4%	2.1%

注:行车公寓建筑层为 6 层(屋顶电梯机房未计入层数)。结构层上部结构电梯机房为 2 层结构,故上部结构层数为 6+2=8 层,非隔震结构下部基础梁为一层,隔震结构下部隔震层为一层,故以上模型结构层数均为 9 层。

由表 4.14～表 4.16 可知，ETABS 模型与 SATWE 模型的结构质量、周期和各层间剪力差异都很小。综上所述，用于工程隔震分析计算的 ETABS 模型与 SATWE 模型是一致的。

(2)地震动输入

《建筑抗震设计规范》(GB 50011—2010，2016 年版)第 5.1.2 条规定：采用时程分析法时，应按建筑场地类别和设计地震分组选用实际强震记录和人工模拟的加速度时程曲线，其中实际强震记录的数量不应少于总数的 2/3，多组时程曲线的平均地震影响系数曲线应与振型分解反应谱法所采用的地震影响系数曲线在统计意义上相符。弹性时程分析时，每条时程曲线计算所得结构底部剪力不应小于振型分解反应谱计算结果的 65%，多条时程曲线计算所得结构底部剪力的平均值不应小于振型分解反应谱法计算结果的 80%。

选取了实际 5 条强震记录和 2 条人工模拟加速度时程，7 条时程曲线见表 4.17 及图 4.31 所示。

表 4.17　时程信息

时程简称	时程全称	设防地震采用地震加速度最大值/(cm/s²)	罕遇地震采用地震加速度最大值/(cm/s²)	采集间隔	布点数量
REN1	1	200	400	0.02	1 501
REN2	Rz17	200	400	0.02	1 501
N11	taft21	200	400	0.005	25 856
N94	NGA_949NORTHR. ARL_FN	200	400	0.02	1 998
CAP	capemendeur000	200	400	0.02	2 200
N16	NGA_163IMPVALL. H-CAL_FP	200	400	0.005	7 905
N17	NGA_175IMPVALL. H-E12_FN	200	400	0.005	7 802

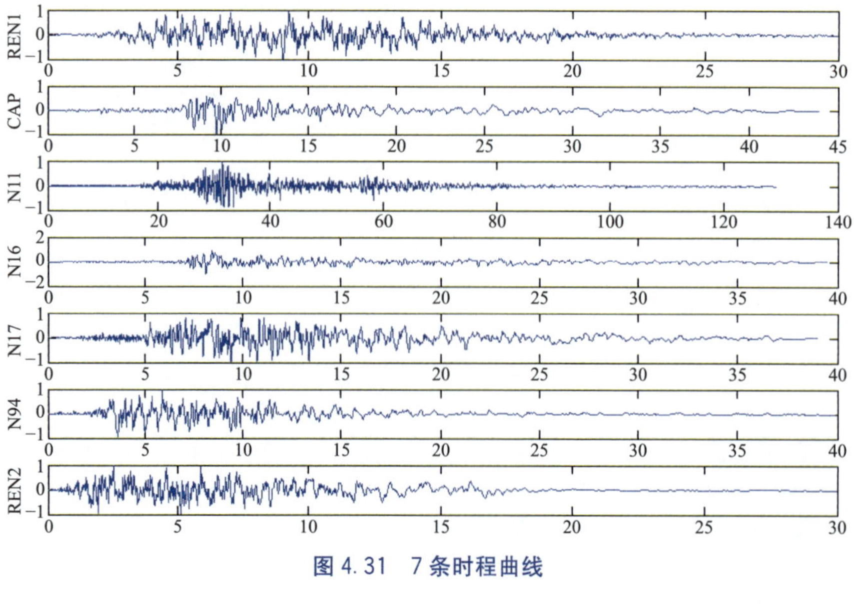

图 4.31　7 条时程曲线

7 条时程反应谱和规范反应谱曲线如图 4.32 所示，基底剪力对比结果见表 4.18。

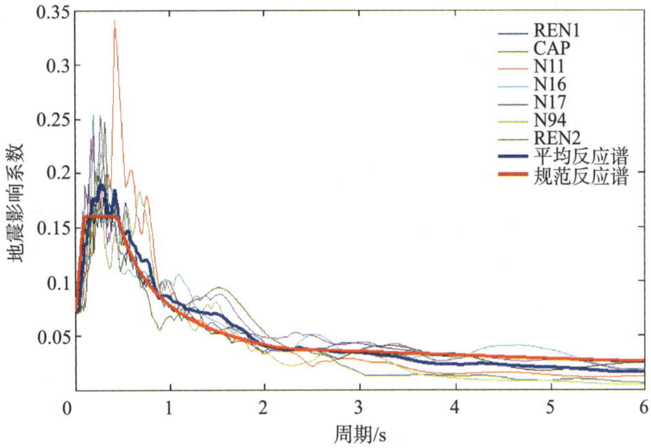

图 4.32　7 条时程反应谱与规范反应谱曲线

表 4.18　非隔震结构基底剪力

工　况		规范反应谱	REN1	REN2	N11	N94	CAP	N16	N17	时程平均
剪力/kN	x	28 583	20 981	22 032	23 077	25 028	23 311	26 528	25 729	23 812
	y	25 918	19 810	19 554	17 826	21 249	21 053	26 650	19 688	20 833
比例	x	100%	73%	77%	81%	88%	82%	93%	90%	83%
	y	100%	76%	75%	69%	82%	81%	103%	76%	80%

注：比例为各个时程分析与振型分解反应谱法得到的结构基底剪力之比。

表 4.18 表明各条时程曲线计算基底剪力均大于振型分解反应谱法计算结果的 65%，多条时程曲线计算基底剪力平均值大于振型分解反应谱法计算结果的 80%，满足规范要求。

《建筑抗震设计规范》(GB 50011—2010，2016 年版)规定：输入的地震加速度时程曲线的有效持续时间，一般从首次达到该时程曲线最大峰值的 10%那一刻算起，到最后一点达到最大峰值的 10%为止；无论是实际的强震记录还是人工模拟波形，有效持续时间一般为结构基本周期的 5～10 倍。

表 4.19 表明各时程曲线计算有效持续时间基本在 5～11 倍结构基本周期，选用基本合理。

表 4.19　7 条时程反应谱持续时间

时程名称	第一次达到该时程曲线最大峰值 10%对应的时间/s	最后一次达到该时程曲线最大峰值 10%对应的时间/s	有效持续时间/s	结构周期/s	比值
REN1	2.360	24.600	22.240	3.064	7.3
REN2	0.540	17.440	16.900	3.064	5.5
N11	19.110	81.980	62.870	3.064	20.5
N94	2.220	24.220	22.000	3.064	7.2

续上表

时程名称	第一次达到该时程曲线最大峰值 10%对应的时间/s	最后一次达到该时程曲线最大峰值 10%对应的时间/s	有效持续时间/s	结构周期/s	比值
CAP	3.100	37.000	33.900	3.064	11.1
N16	5.995	33.540	27.545	3.064	9.0
N17	2.380	36.815	34.435	3.064	11.2

《建筑抗震设计规范》(GB 50011—2010,2016 年版)规定:多组时程波的平均地震影响系数曲线与振型分解反应谱法所用的地震影响系数曲线相比,在对应于结构主要振型的周期点上相差不大于 20%。

表 4.20 和表 4.21 表明各时程反应谱平均地震影响系数与规范反应谱影响系数的差值均在 20%以内,满足规范要求。

表 4.20　7 条时程反应谱与规范反应谱曲线对比(非隔震)

振型	ETABS(非隔震)	时程平均影响系数	规范反应谱影响系数	差值
1	1.094	0.080	0.072	10.9%
2	0.988	0.087	0.079	9.7%
3	0.918	0.086	0.084	2.4%

表 4.21　7 条时程反应谱与规范反应谱曲线对比(隔震)

振型	ETABS(隔震后)	时程平均影响系数	规范反应谱影响系数	差值
1	3.064	0.033	0.035	−5.2%
2	3.034	0.033	0.035	−4.6%
3	2.570	0.037	0.037	0.7%

(3)隔震布置方案

结构采用隔震技术首先要确定隔震层的位置,这是隔震设计中至关重要的一环。根据工程的竖向布局,采用的隔震层位置在一层楼板底部,即基础顶。

工程采用的橡胶隔震支座,在选择其直径、个数和平面布置时,主要考虑了以下因素:

①根据《建筑抗震设计规范》(GB 50011—2010,2016 年版)第 12.2.3 条,同一隔震层内各个橡胶隔震支座的竖向压应力宜均匀,竖向平均应力不应超过丙类建筑的限值 15 MPa。

②在罕遇地震作用下,隔震支座不宜出现拉应力,当少数隔震支座出现拉应力时,其拉应力不应大于 1 MPa。

③在罕遇地震作用下,隔震支座的水平位移限值应小于其有效直径的 0.55 倍和各橡胶层总厚度 3 倍二者的较小值。

拉萨行车公寓采用在隔震层布置隔震支座,使用 14 个 LRB600-Ⅱ、8 个 LRB700-Ⅱ、8 个 LRB800-Ⅱ、4 个 LNR700-Ⅱ共 34 个,隔震支座编号及布置如图 4.33 所示。计算得到减震系数 0.306，满足上部结构地震力降低一度的目标。

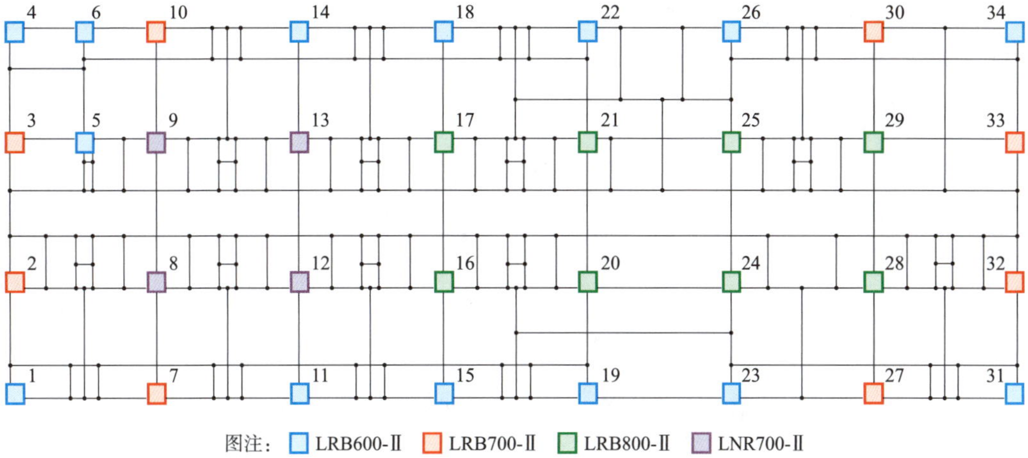

图 4.33　隔震支座编号及布置图

(4)验算隔震支座压应力

荷载组合为：1.0 恒载+0.5 活载，各个支座压应力见表 4.22，支座压应力较小，支座有足够的安全储备。

表 4.22　恒载和可变荷载组合下各支座压应力

支座编号	支座类型	1.0 恒载+0.5 活载	压应力/MPa	支座编号	支座类型	1.0 恒载+0.5 活载	压应力/MPa
		P/kN				P/kN	
1	LRB600-Ⅱ	−1 885	−6.67	18	LRB600-Ⅱ	−3 205	−11.34
2	LRB700-Ⅱ	−2 936	−7.63	19	LRB600-Ⅱ	−3 177	−11.24
3	LRB700-Ⅱ	−2 195	−5.71	20	LRB800-Ⅱ	−5 184	−10.32
4	LRB600-Ⅱ	−1 276	−4.51	21	LRB800-Ⅱ	−5 972	−11.89
5	LRB600-Ⅱ	−2 682	−9.49	22	LRB600-Ⅱ	−3 339	−11.82
6	LRB600-Ⅱ	−1 648	−5.83	23	LRB600-Ⅱ	−3 183	−11.26
7	LRB700-Ⅱ	−3 309	−8.60	24	LRB800-Ⅱ	−5 237	−10.42
8	LNR700-Ⅱ	−5 092	−13.24	25	LRB800-Ⅱ	−5 569	−11.08
9	LNR700-Ⅱ	−4 087	−10.63	26	LRB600-Ⅱ	−3 248	−11.49
10	LRB700-Ⅱ	−2 426	−6.31	27	LRB700-Ⅱ	−3 290	−8.55
11	LRB600-Ⅱ	−3 180	−11.25	28	LRB800-Ⅱ	−5 497	−10.94
12	LNR700-Ⅱ	−5 115	−13.30	29	LRB800-Ⅱ	−5 390	−10.73
13	LNR700-Ⅱ	−5 147	−13.38	30	LRB700-Ⅱ	−3 307	−8.60
14	LRB600-Ⅱ	−3 138	−11.10	31	LRB600-Ⅱ	−1 875	−6.63
15	LRB600-Ⅱ	−3 163	−11.19	32	LRB700-Ⅱ	−3 092	−8.04
16	LRB800-Ⅱ	−5 249	−10.45	33	LRB700-Ⅱ	−3 062	−7.96
17	LRB800-Ⅱ	−5 303	−10.55	34	LRB600-Ⅱ	−1 904	−6.74

(5)设防地震(中震)分析

设防地震(中震)作用下,隔震结构与非隔震结构的周期对比见表 4.23,《叠层橡胶支座隔震技术规程》(CECS 126—2001)规定:隔震房屋两个方向的基本周期相差不宜超过较小值的 30%。

表 4.23　隔震前后结构的周期

振型	ETABS 前/s	ETABS 后/s	两方向差值
1	1.094	3.064	1.0%
2	0.988	3.034	
3	0.918	2.570	

由表 4.23 可知,采用隔震技术后,结构的周期明显延长,且满足相关规定要求。层间剪力及其比值见表 4.24 和表 4.25。

表 4.24　x 向——隔震与非隔震结构层间剪力及层间剪力比

楼层	x 向							x 向
	REN1	REN2	N11	N94	CAP	N16	N17	平均值
9	0.135	0.087	0.081	0.064	0.074	0.108	0.088	0.091
8	0.152	0.097	0.091	0.07	0.081	0.123	0.097	0.101
7	0.171	0.162	0.17	0.122	0.127	0.198	0.146	0.157
6	0.204	0.193	0.209	0.142	0.164	0.221	0.199	0.19
5	0.257	0.209	0.248	0.157	0.235	0.256	0.213	0.225
4	0.31	0.213	0.251	0.176	0.275	0.289	0.234	0.249
3	0.347	0.231	0.259	0.195	0.275	0.321	0.267	0.271
2	0.395	0.252	0.293	0.226	0.259	0.357	0.296	0.297
1(隔震层)	0.438	0.283	0.354	0.254	0.287	0.4	0.342	0.337

表 4.25　y 向与 x、y 向最大值——隔震与非隔震结构层间剪力及层间剪力比

楼层	y 向							y 向	x,y 向
	REN1	REN2	N11	N94	CAP	N16	N17	平均值	最大值
9	0.105	0.071	0.092	0.093	0.075	0.093	0.09	0.089	0.091
8	0.121	0.081	0.099	0.103	0.082	0.106	0.103	0.099	0.101
7	0.202	0.158	0.142	0.178	0.159	0.166	0.178	0.169	0.169
6	0.256	0.194	0.177	0.209	0.2	0.189	0.205	0.204	0.204
5	0.284	0.224	0.219	0.238	0.266	0.211	0.241	0.24	0.24
4	0.306	0.252	0.282	0.249	0.281	0.236	0.288	0.271	0.271
3	0.35	0.266	0.354	0.264	0.273	0.276	0.333	0.302	0.302
2	0.408	0.293	0.418	0.291	0.296	0.311	0.38	0.343	0.343
1(隔震层)	0.441	0.33	0.47	0.329	0.347	0.356	0.43	0.386	0.386

分析得到隔震层以上结构隔震前后，结构层间剪力比值的平均值的最大值为 0.343，据《建筑抗震设计规范》(GB 50011—2010，2016 年版)第 12.2.5 条，确定隔震后水平地震影响系数最大值 $\alpha_{max1}=\beta\alpha_{max}/\psi=0.343\times0.16/0.85=0.064$；其中，$\alpha_{max1}$ 为隔震后的水平地震影响系数最大值，α_{max} 为非隔震的水平地震影响系数最大值，β 为水平减震系数，ψ 为调整系数；综合考虑后，上部结构设计隔震后水平地震影响系数最大值为 0.080。

(6)罕遇地震(大震)分析

根据《建筑抗震设计规范》(GB 50011—2010，2016 年版)第 12.2.9 条规定：隔震层的支墩、支柱及相连构件，应采用隔震结构罕遇地震下隔震支座底部的竖向力、水平力和力矩进行承载力验算；隔震层以下的结构中直接支承隔震层以上结构的相关构件，应满足嵌固刚度比和隔震后设防地震的抗震承载力要求，并按罕遇地震进行抗剪承载力验算。罕遇地震下验算隔震层的位移，同时得到轴力、剪力用于支墩设计。这里的竖向地震力取 0.2 倍的重力荷载代表值。

罕遇地震下各个支座最大剪力和最大轴力，见表 4.26。

表 4.26 罕遇地震时隔震结构各支座剪力、轴力

支座编号	支座型号	支座剪力平均值/kN		最大轴向力/kN
		x 向	y 向	
1	LRB600-Ⅱ	435	430	−3 897
2	LRB700-Ⅱ	523	520	−4 586
3	LRB700-Ⅱ	522	520	−4 682
4	LRB600-Ⅱ	432	430	−3 992
5	LRB600-Ⅱ	434	432	−4 204
6	LRB600-Ⅱ	433	431	−3 392
7	LRB700-Ⅱ	525	519	−5 869
8	LNR700-Ⅱ	417	414	−7 031
9	LNR700-Ⅱ	416	414	−6 288
10	LRB700-Ⅱ	521	519	−4 590
11	LRB600-Ⅱ	436	432	−5 688
12	LNR700-Ⅱ	417	415	−7 171
13	LNR700-Ⅱ	416	415	−7 194
14	LRB600-Ⅱ	433	432	−5 608
15	LRB600-Ⅱ	436	432	−5 717
16	LRB800-Ⅱ	602	600	−7 367
17	LRB800-Ⅱ	601	600	−7 426
18	LRB600-Ⅱ	433	432	−5 746
19	LRB600-Ⅱ	436	433	−5 720
20	LRB800-Ⅱ	603	601	−7 211
21	LRB800-Ⅱ	601	601	−8 110

续上表

支座编号	支座型号	支座剪力平均值/kN		最大轴向力/kN
		x 向	y 向	
22	LRB600-Ⅱ	433	433	−5 790
23	LRB600-Ⅱ	436	433	−5 732
24	LRB800-Ⅱ	602	602	−7 232
25	LRB800-Ⅱ	601	602	−7 617
26	LRB600-Ⅱ	432	433	−5 701
27	LRB700-Ⅱ	525	523	−6 146
28	LRB800-Ⅱ	602	603	−7 737
29	LRB800-Ⅱ	600	603	−7 605
30	LRB700-Ⅱ	521	523	−6 109
31	LRB600-Ⅱ	435	435	−4 020
32	LRB700-Ⅱ	523	527	−4 692
33	LRB700-Ⅱ	521	527	−4 632
34	LRB600-Ⅱ	432	436	−4 017

罕遇地震下隔震层水平位移计算采用的荷载组合：1.0×恒荷载+0.5×活荷载+1.0×水平地震；即 $1.0D+0.5L+1.0F_{ek}$；其中，D 为恒荷载，L 为活荷载，F_{ek} 为水平地震作用标准值。得到罕遇地震下各个支座最大水平位移，见表 4.27。

表 4.27　罕遇地震时隔震结构各支座最大位移

支座编号	支座型号	支座位移平均值/m		
		x 向	y 向	最值
1	LRB600-Ⅱ	0.275	0.272	0.275
2	LRB700-Ⅱ	0.274	0.272	0.274
3	LRB700-Ⅱ	0.273	0.272	0.273
4	LRB600-Ⅱ	0.273	0.272	0.273
5	LRB600-Ⅱ	0.274	0.272	0.274
6	LRB600-Ⅱ	0.273	0.272	0.273
7	LRB700-Ⅱ	0.275	0.272	0.275
8	LNR700-Ⅱ	0.274	0.272	0.274
9	LNR700-Ⅱ	0.273	0.272	0.273
10	LRB700-Ⅱ	0.272	0.272	0.272
11	LRB600-Ⅱ	0.275	0.273	0.275
12	LNR700-Ⅱ	0.274	0.273	0.274
13	LNR700-Ⅱ	0.273	0.273	0.273
14	LRB600-Ⅱ	0.273	0.273	0.273
15	LRB600-Ⅱ	0.275	0.273	0.275

续上表

支座编号	支座型号	支座位移平均值/m		
		x 向	y 向	最值
16	LRB800-Ⅱ	0.274	0.273	0.274
17	LRB800-Ⅱ	0.273	0.273	0.273
18	LRB600-Ⅱ	0.273	0.273	0.273
19	LRB600-Ⅱ	0.275	0.274	0.275
20	LRB800-Ⅱ	0.274	0.273	0.274
21	LRB800-Ⅱ	0.273	0.273	0.273
22	LRB600-Ⅱ	0.273	0.274	0.274
23	LRB600-Ⅱ	0.275	0.274	0.275
24	LRB800-Ⅱ	0.274	0.274	0.274
25	LRB800-Ⅱ	0.273	0.274	0.274
26	LRB600-Ⅱ	0.272	0.274	0.274
27	LRB700-Ⅱ	0.275	0.274	0.275
28	LRB800-Ⅱ	0.274	0.275	0.275
29	LRB800-Ⅱ	0.273	0.275	0.275
30	LRB700-Ⅱ	0.272	0.274	0.274
31	LRB600-Ⅱ	0.274	0.276	0.276
32	LRB700-Ⅱ	0.274	0.276	0.276
33	LRB700-Ⅱ	0.273	0.276	0.276
34	LRB600-Ⅱ	0.272	0.275	0.275

由表4.27可知，隔震层最大水平位移275 mm，小于$0.55d=330$ mm（d为最小隔震支座直径，本工程采用隔震支座最小直径为600 mm）及$3T_r \geqslant 336$ mm（T_r为最小隔震支座的橡胶层总厚度）中的较小值，满足要求。

根据《建筑抗震设计规范》(GB 50011—2010，2016年版)第12.2.7条规定：隔震结构应该采取不阻碍隔震层在罕遇地震下发生大变形的构造措施。上部结构的周边应设置竖向隔离缝，缝宽不宜小于各隔震支座在罕遇地震下的最大水平位移值的1.2倍且不宜小于200 mm。对于两相邻隔震结构，其缝宽取最大水平位移值之和，且不小于400 mm。对于相邻的高层隔震建筑，考虑到地震时上部结构顶部位移会大于隔震层处位移，因此隔震缝要留出罕遇地震时隔震缝的宽度加上防震缝的宽度，方才合适。

上部结构和下部结构之间，应设置完全贯通的水平隔离缝，缝高可取20 mm，并用柔性材料填充；当设置水平隔离缝确有困难时，应设置可靠的水平滑移垫层。

(7)隔震支座应力验算

根据《建筑抗震设计规范》(GB 50011—2010，2016年版)第12.2.4条规定：隔震橡胶支座在罕遇地震的水平和竖向地震同时作用下，拉应力不应大于1.0 MPa。

由表 4.28 可知，在罕遇地震作用下，当荷载组合为 $0.90D-0.05L+1.00F_{ek}$时，支座最大拉应力为 0.23 MPa，小于 1 MPa，出现在 4 号支座 LRB600-Ⅱ；当荷载组合为 $0.90D-0.05L-1.00F_{ek}$时，支座最大拉应力为 0.26 MPa，小于 1 MPa，出现在 4 号支座 LRB600-Ⅱ。罕遇地震下，隔震支座拉应力满足规范要求。

表 4.28　罕遇地震下隔震支座拉应力和压应力

支座编号	支座型号	$0.90D-0.05L+1.00F_{ek}$		$0.90D-0.05L-1.00F_{ek}$		$1.10D+0.55L+1.00F_{ek}$	
		最小轴向力/kN	支座拉应力/MPa	最小轴向力/kN	支座拉应力/MPa	最大轴向力/kN	支座压应力/MPa
1	LRB600-Ⅱ	−50	−0.18	−48	−0.17	−3 186	−11.27
2	LRB700-Ⅱ	−186	−0.48	−183	−0.48	−3 822	−9.94
3	LRB700-Ⅱ	−47	−0.12	−40	−0.1	−3 821	−9.93
4	LRB600-Ⅱ	64	0.23	73	0.26	−3 198	−11.32
5	LRB600-Ⅱ	−165	−0.59	−164	−0.58	−3 502	−12.39
6	LRB600-Ⅱ	−40	−0.14	−42	−0.15	−2 774	−9.82
7	LRB700-Ⅱ	−161	−0.42	−158	−0.41	−4 846	−12.6
8	LNR700-Ⅱ	−387	−1	−388	−1.01	−5 918	−15.39
9	LNR700-Ⅱ	−258	−0.67	−262	−0.68	−5 245	−13.64
10	LRB700-Ⅱ	−91	−0.24	−94	−0.25	−3 773	−9.81
11	LRB600-Ⅱ	−150	−0.53	−149	−0.53	−4 693	−16.61
12	LNR700-Ⅱ	−382	−0.99	−382	−0.99	−6 027	−15.67
13	LNR700-Ⅱ	−386	−1	−386	−1	−6 049	−15.72
14	LRB600-Ⅱ	−145	−0.51	−147	−0.52	−4 628	−16.38
15	LRB600-Ⅱ	−145	−0.51	−143	−0.51	−4 714	−16.68
16	LRB800-Ⅱ	−392	−0.78	−392	−0.78	−6 192	−12.32
17	LRB800-Ⅱ	−396	−0.79	−396	−0.79	−6 243	−12.43
18	LRB600-Ⅱ	−147	−0.52	−148	−0.52	−4 740	−16.77
19	LRB600-Ⅱ	−144	−0.51	−143	−0.51	−4 718	−16.69
20	LRB800-Ⅱ	−379	−0.75	−378	−0.75	−6 066	−12.07
21	LRB800-Ⅱ	−455	−0.91	−456	−0.91	−6 836	−13.61
22	LRB600-Ⅱ	−165	−0.58	−166	−0.59	−4 788	−16.94
23	LRB600-Ⅱ	−145	−0.51	−142	−0.5	−4 728	−16.73
24	LRB800-Ⅱ	−384	−0.76	−385	−0.77	−6 087	−12.12
25	LRB800-Ⅱ	−421	−0.84	−420	−0.84	−6 416	−12.77
26	LRB600-Ⅱ	−155	−0.55	−158	−0.56	−4 710	−16.67
27	LRB700-Ⅱ	−136	−0.35	−132	−0.34	−5 057	−13.15
28	LRB800-Ⅱ	−406	−0.81	−407	−0.81	−6 501	−12.94
29	LRB800-Ⅱ	−399	−0.79	−398	−0.79	−6 389	−12.72
30	LRB700-Ⅱ	−136	−0.35	−140	−0.36	−5 030	−13.08

续上表

支座编号	支座型号	$0.90D-0.05L+1.00F_{ek}$		$0.90D-0.05L-1.00F_{ek}$		$1.10D+0.55L+1.00F_{ek}$	
		最小轴向力/kN	支座拉应力/MPa	最小轴向力/kN	支座拉应力/MPa	最大轴向力/kN	支座压应力/MPa
31	LRB600-Ⅱ	−41	−0.15	−38	−0.14	−3 279	−11.6
32	LRB700-Ⅱ	−205	−0.53	−208	−0.54	−3 919	−10.19
33	LRB700-Ⅱ	−203	−0.53	−206	−0.54	−3 870	−10.06
34	LRB600-Ⅱ	−41	−0.14	−44	−0.16	−3 281	−11.61

隔震层抗风承载力验算。根据《建筑抗震设计规范》(GB 50011—2010,2016 年版)第 12.1.3 条,采用隔震结构风荷载产生的总水平力不宜超过结构总重力的 10%。结构风荷载产生的总水平力为 638.7 kN,总重力为 121 826.2 kN,符合要求。

4. 隔震计算结论

隔震方案可显著降低上部结构的水平地震作用效应,在多遇地震作用下,三水平地震影响系数最大值均低于 0.08,上部结构水平减震系数均小于 0.4,按《建筑抗震设计规范》(GB 50011—2010,2016 年版),隔震层上部结构的抗震措施可按降低一度考虑,隔震支座在重力荷载代表值作用下的压力满足规范要求。在罕遇地震作用下,隔震支座未出现拉力。

5. 隔震方案对比

隔震方案虽然在上部结构与基础之间增加了一个隔震层,但能大大降低地震作用;使上部结构地震力由传统结构的 8 度(0.2g)调整为按 7 度(0.1g)进行设计,梁柱截面普遍减小,框架抗震等级可按照三级进行取值,也大大减少了结构的配筋。

上部结构梁截面减小可以增加净空高度,柱截面减小可增大建筑使用面积,另外梁柱截面减小也同时减少了钢筋、混凝土用量。结构模型对比如图 4.34 所示。

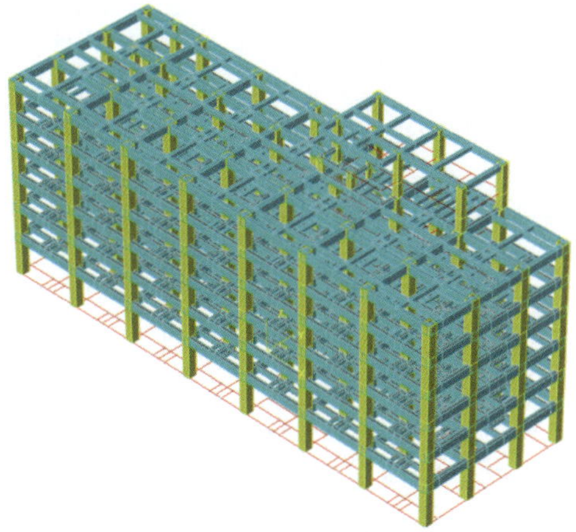

(a) 传统抗震结构

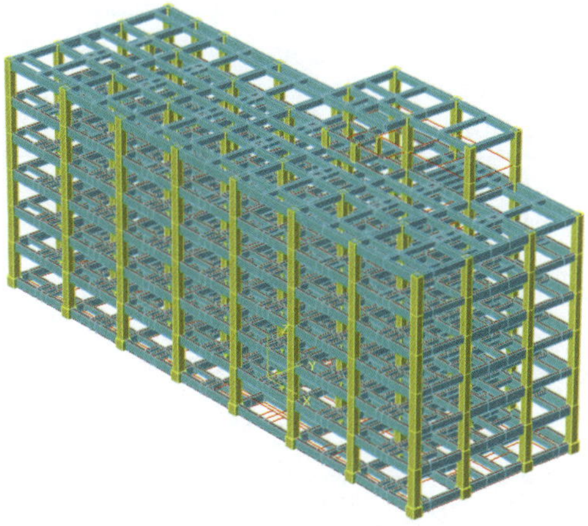

(b) 隔震结构

图 4.34　结构模型对比

(1)截面对比,见表 4.29。

表 4.29　主要楼层梁断面尺寸

传统抗震结构		隔震结构	
层号	尺寸/mm	层号	尺寸/mm
		隔震层	350×700,250×550
第 1 层	400×900,250×550	第 1 层	350×600,250×500
第 2 层	400×900,250×550	第 2 层	300×600,250×500
第 3 层	400×900,250×550	第 3 层	300×600,250×500
第 4 层	400×900,250×550	第 4 层	300×600,250×500
第 5 层	400×900,250×550	第 5 层	300×600,250×500
第 6 层	400×900,250×550	第 6 层	300×600,250×500
第 7 层(电梯机房层)	300×400,200×450	第 7 层(电梯机房层)	300×400,200×450
第 8 层(楼梯出屋面层)	300×600,250×500	第 8 层(楼梯出屋面层)	300×600,250×500

由表 4.29,每层梁截面对比可知,采用基础隔震后,梁截面尺寸显著减小,截面高度减小了 1/3 左右,提高了房屋室内有效净高,提升了室内空间使用体验。

(2)柱截面对比,见表 4.30。

表 4.30　主要楼层柱断面尺寸

传统抗震结构		隔震结构	
层号	尺寸/mm	层号	尺寸/mm
		隔震层	900×900,1 000×1000
第 1 层	800×900	第 1 层	700×700
第 2 层	800×900	第 2 层	700×600,600×600
第 3 层	800×900	第 3 层	700×600,600×600
第 4 层	800×900	第 4 层	700×600,600×600
第 5 层	800×900	第 5 层	700×600,600×600
第 6 层	800×900	第 6 层	700×600,600×600
第 7 层(电梯机房层)	600×600	第 7 层(电梯机房层)	600×600
第 8 层(楼梯出屋面层)	600×600,700×700	第 8 层(楼梯出屋面层)	600×600,700×600

由表 4.30 每层的柱截面对比可知,采用基础隔震后,柱截面尺寸减小了 1/3 左右,增加了室内建筑面积,内部更好使用。

(3)混凝土用量比较,见表 4.31。

表 4.31　结构混凝土用量对比

传统抗震结构			隔震结构		
层号	面积/m^2	合计/m^3	层号	面积/m^2	合计/m^3
			隔震层	901.17	275.76
第 1 层	901.17	322.71	第 1 层	901.17	236.65

续上表

传统抗震结构			隔震结构		
层号	面积/m²	合计/m³	层号	面积/m²	合计/m³
第 2 层	901.17	293.75	第 2 层	901.17	222.71
第 3 层	901.17	293.69	第 3 层	901.17	222.66
第 4 层	901.17	293.69	第 4 层	901.17	222.66
第 5 层	901.17	293.69	第 5 层	901.17	222.66
第 6 层	901.17	309.47	第 6 层	901.17	238.9
第 7 层	9.36	7.34	第 7 层	9.36	7.09
第 8 层	94.5	28.85	第 8 层	94.5	28.32
合计	5 510.88	1 843.19	合计	6 412.05	1 677.41

由表 4.31 可知，采用基础隔震技术后，由于梁柱截面变小，混凝土用量较少，室内使用面积增加，节约混凝土 165 m³。

(4)钢筋用量比较，见表 4.32。

表 4.32　钢筋用量对比

类别	传统抗震结构				隔震结构			
	层号	面积/m²	合计/kg	单位面积量/(kg/m²)	层号	面积/m²	合计/kg	单位面积量/(kg/m²)
梁					隔震层	901.17	20 339.9	22.57
	第 1 层	901.17	33 510.4	37.19	第 1 层	901.17	20 986.1	23.29
	第 2 层	901.17	32 545.6	36.11	第 2 层	901.17	21 425.4	23.78
	第 3 层	901.17	29 026.4	32.21	第 3 层	901.17	21 070.9	23.38
	第 4 层	901.17	29 026.4	32.21	第 4 层	901.17	21 070.9	23.38
	第 5 层	901.17	22 978.4	25.5	第 5 层	901.17	19 753.6	21.92
	第 6 层	901.17	22 068.4	24.49	第 6 层	901.17	20 141.1	22.35
	第 7 层	9.36	164.2	17.54	第 7 层	9.36	154.9	16.55
	第 8 层	94.5	1 773	18.76	第 8 层	94.5	1 582.1	16.74
	合计	5 510.88	171 093	31.05	合计	6 412.05	146 525	22.85
柱					隔震层	901.17	5 801.8	6.44
	第 1 层	901.17	33 338.2	36.99	第 1 层	901.17	8 423.6	9.35
	第 2 层	901.17	18 694.5	20.74	第 2 层	901.17	6 372.1	7.07
	第 3 层	901.17	14 699.1	16.31	第 3 层	901.17	6 405.3	7.11
	第 4 层	901.17	11 916.2	13.22	第 4 层	901.17	5 796.3	6.43
	第 5 层	901.17	11 401.2	12.65	第 5 层	901.17	5 639.7	6.26
	第 6 层	901.17	11 958.2	13.27	第 6 层	901.17	5 600	6.21
	第 7 层	9.36	1 752.4	187.22	第 7 层	9.36	1 414.1	151.08
	第 8 层	94.5	155.3	1.64	第 8 层	94.5	144.6	1.53

续上表

类别	传统抗震结构				隔震结构			
	层号	面积/m^2	合计/kg	单位面积量/(kg/m^2)	层号	面积/m^2	合计/kg	单位面积量/(kg/m^2)
柱	合计	5 510.88	103 915.1	18.86	合计	6 412.05	45 597.5	7.11
板					隔震层	901.17	12 334.3	13.69
	第1层	901.17	6 113.04	6.783	第1层	901.17	5 989.4	6.65
	第2层	901.17	6 139.09	6.812	第2层	901.17	6 014.7	6.67
	第3层	901.17	6 124.81	6.797	第3层	901.17	5 994.8	6.65
	第4层	901.17	6 124.81	6.797	第4层	901.17	5 994.8	6.65
	第5层	901.17	6 124.81	6.797	第5层	901.17	5 994.8	6.65
	第6层	901.17	8 210.38	9.111	第6层	901.17	8 112.4	9
	第7层	9.36	104.47	11.161	第7层	9.36	104.5	11.16
	第8层	94.5	893.95	9.46	第8层	94.5	920.3	9.74
	合计	5 510.88	39 835.365	7.228	合计	6 412.05	51 459.8	8.03
合计		5 510.88	314 843.465	57.138	合计	6 412.05	243 582.3	37.99

含钢量仅为主要结构构件的配筋，不包含其他构造配筋。由表4.32可知，采用基础隔震技术后，梁、柱截面变小，钢筋用量减少，含钢量从非隔震结构314 843.465 kg降低到243 582.3 kg，节省71 261.173 kg，约71 t。

(5)经济效益

①短期经济效益

从统计结果来看，相较于传统抗震结构，隔震结构上部钢筋用量节省约71 t，每吨按照5 000元计算，节约35万元，混凝土用量节省165 m^3，节约8万元，上部结构合计节约造价43万元。

②长期经济效益

传统的建筑遭遇地震时，其经济损失包括直接经济损失和间接经济损失两个方面。直接经济损失是指地震后建筑加固维修和重建的费用以及室内设备、物品维修和更换的费用。间接经济损失是指由地震造成的建筑、设备和物品等损坏导致的建筑物功能不能正常使用所带来的经济损失。

地震所带来的直接经济损失是显而易见的，间接经济损失也是巨大的。在遭遇较大地震时，室内设备损坏、墙体开裂、管道破裂、家具倾倒，也会造成人员伤亡，维修费用很高，间接经济损完全可能超过直接经济损失。而采用隔震技术后，在遭遇较大地震时，隔震建筑及室内设备、物品完好或轻微损坏即不维修或简单维修即可使用，震后可以确保建筑能够尽快正常投入使用，保护了人员和财产安全，提高了整个结构的地震安全性。可以说采用隔震技术从根本上避免或者大大降低了直接经济损失，从而有效地降低间接经济损失，隔震建筑具有传统抗震建筑无法比拟的长期经济效益。

6. 隔震构造措施

隔震层部分隔震沟、管道等应满足隔震建筑的有关要求，如图4.35～图4.40所示。

(1)穿过隔震层的竖向通道，包括楼梯、电梯、管井等在隔震沟处的构造应符合设计要求，水平缝隙应采用柔性材料填充。

(2)当门厅入口、室外踏步、室内楼梯节点、地下室坡道、车道入口、楼梯扶手等与隔震沟相邻时，其构造应符合设计要求。

(3)配管、配线在穿越隔震沟处的构造应符合设计要求。设计无要求时，应采用扰曲或柔性接头等构造措施，使其在隔震沟处的自由错动量不小于竖向隔震沟缝宽。

(4)有毒、有害、易燃、易爆等介质管道穿越隔震沟处的构造，应严格按设计要求进行施工。

(5)施工完成后应对隔震层及其周边环境进行清理，以保证上部结构在地震作用下的运动空间。

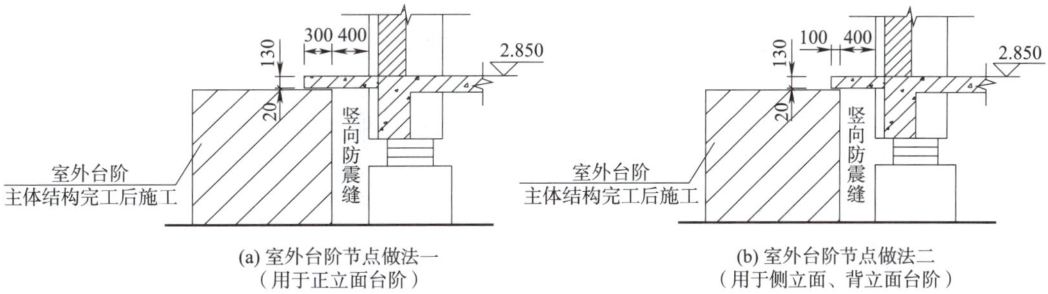

图4.35　室外台阶节点做法(单位:mm)

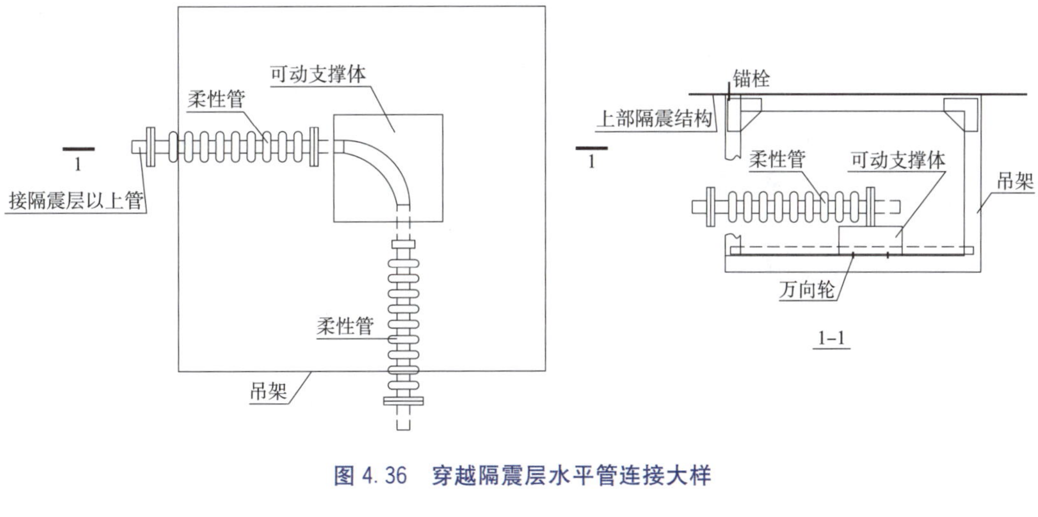

图4.36　穿越隔震层水平管连接大样

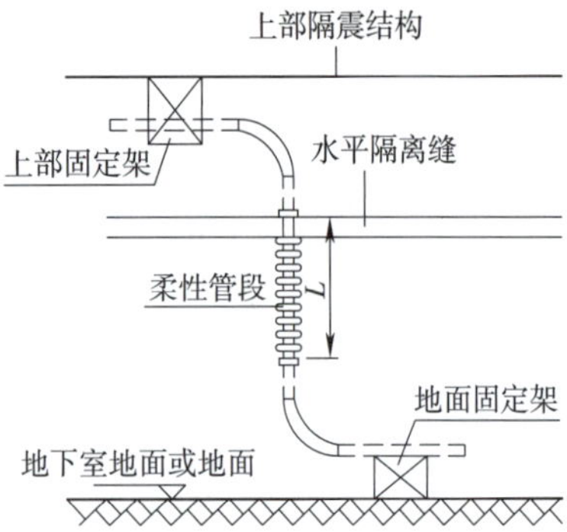

(a) 穿越隔震层立管连接大样

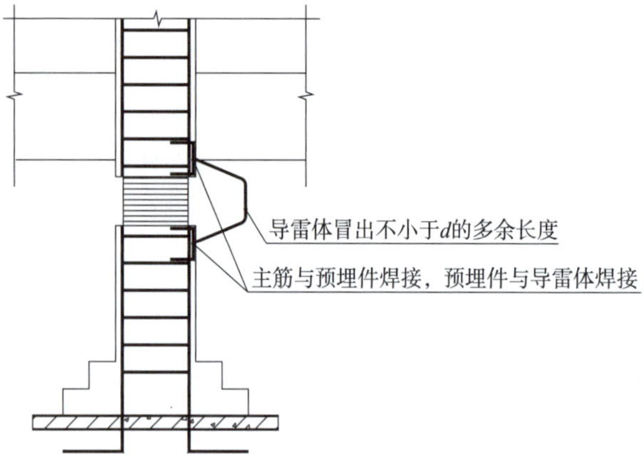

(b) 避雷线连接示意

图 4.37　穿越隔震层立管、避雷线连接大样

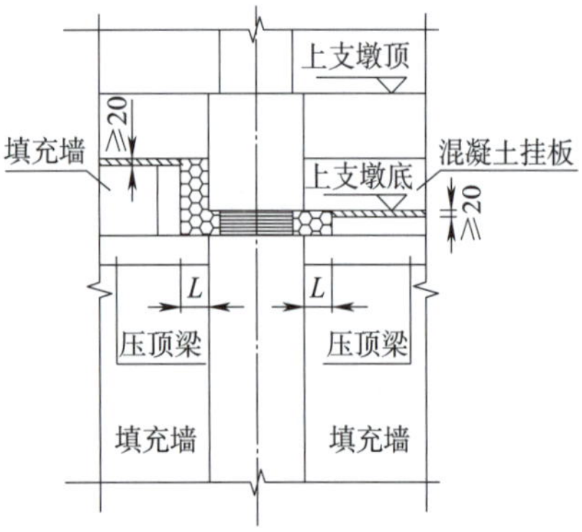

(a) 填充墙做法示意1

有混凝土挂板与无混凝土挂板隔震支座的填充墙示意，L为隔震缝宽度

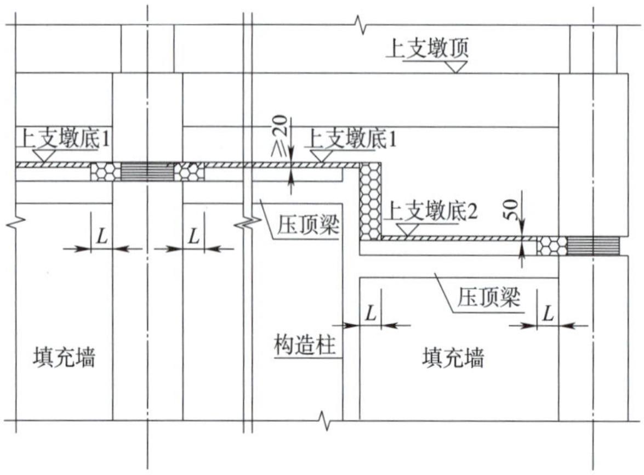

(b) 填充墙做法示意2

不同隔震支座的填充墙示意，L为隔震缝宽度

柔性填充材料或中空　脆性填充材料或中空

柔性填充材料或中空　脆性填充材料或中空

图 4.38　填充墙做法示意(单位：mm)

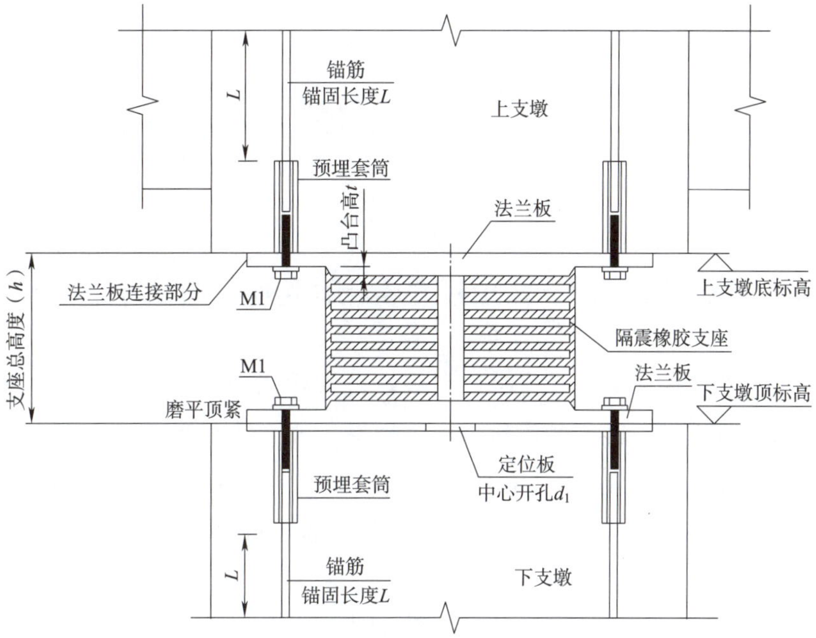

图 4.39　隔震支座连接示意

注：锚筋在套筒中连接长度不计入锚固长度。

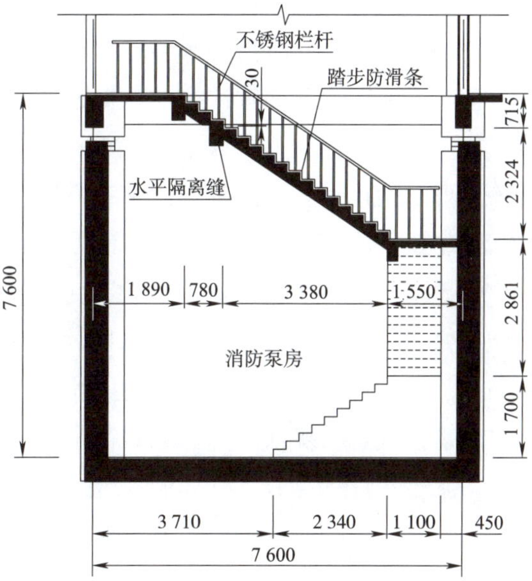

图 4.40　穿越隔震层楼梯做法（单位：mm）

第5章 室内建筑环境与设备

5.1 高寒铁路站房基于AI控制的建筑环境自适应节能管控平台

近年来，随着公共建筑规模的增长和终端能源需求（如空调等设备）的增加，公共建筑占建筑总能耗的33%，是各类建筑中占比最大的。铁路客运站作为一种常见的公共建筑，具有空间大、窗墙比大、人员流动变化大的特点，导致暖通空调系统能耗增加，占总能耗的60%～80%。暖通空调系统的控制和运行对建筑能耗有重要影响。因此，控制系统的设计和优化对节能至关重要。

目前，铁路客运站多采用基于终端反馈的串行控制。由于控制面积大、空调系统复杂、建筑热惯性等原因，上述传统数字控制等控制方式通常存在严重的滞后，导致区域内出现过热或过冷的问题。近年来，随着物联网、人工智能技术的快速发展，借助传感器技术、大数据处理、机器学习算法等有效感知交通建筑室内环境特征，获取影响环境舒适度和能耗的关键因素及隐性的影响关系，并制定智能的温控策略，能够实现舒适的室内环境同时又达到节能降耗的目标，具有重要的理论意义和应用价值。

针对上述问题，可以通过能源环境管理解决方案，建设信息化平台（对能源、配电、租户能源收费的综合管理，统称能源管理平台），一方面精准、高频采集数据，另一方面嵌入智能化辅助分析和辅助管理的功能，提升管理效率和质量。

为落实碳达峰、碳中和政策方针，提高能源资源利用效率，降低铁路站房碳排放强度，挖掘站房运行能耗的最低成本、最大效益，同时解决高寒铁路站房地面辐射供暖与全空气供暖混合空调系统的供热控制难题，设置一套建筑环境自适应节能管控平台。该平台采用模型预测控制方法，以能源费用最小、人员舒适度最高为原则制定整体运行策略，达到高效、统一的运维管理模式。高寒铁路站房通常为中小型站房，集中空调系统控制点位相对较少，数据处理与分析效率更高，可以真正做到提前预判、主动调控、模型在线优化。该控制系统可提高控制精度、降低运行能耗，年节能率可达20%以上。

5.1.1 平台概述

建筑环境自适应节能管控平台自下而上包含以下四层：设施与感知层、网络传输层、数据平台层、智慧应用层。设施与感知层主要包括传感器、控制器、执行器以及各项受监控设备等。网络传输层主要指用于数据传递的有线网络、无线网络、边缘节点、数据中心等。数据平台层主要提供智能计算、智能预判、数据集成、分析开发等服务。智慧应用层提供用户与智慧能环系统的交互平台。节能管控平台拓扑如图 5.1 所示。

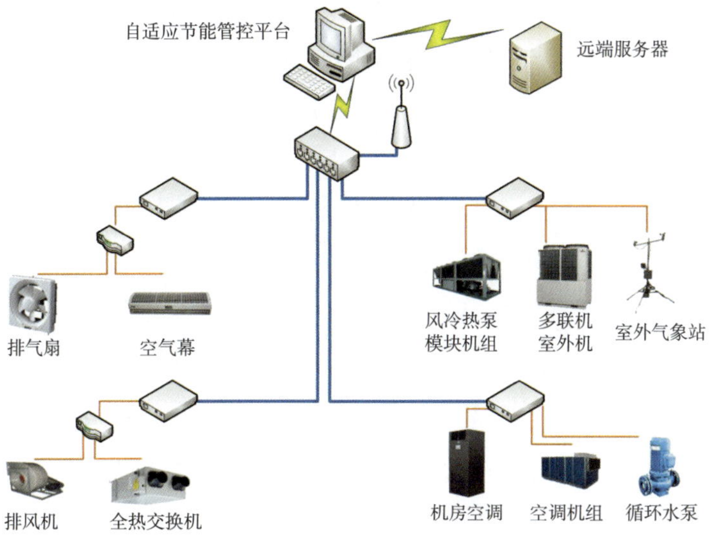

图 5.1　节能管控平台拓扑

5.1.2　平台特点

建筑环境自适应节能管控平台是基于负荷预测技术、BIM 技术、大数据技术、自学习神经网络等技术打造的，关联人员密度、舒适度等指标，最大限度匹配冷热源与负荷间对应关系的较为先进的人工智能平台。与传统的数字控制（proportional integral derivative，PID）系统相比，自适应节能管控平台可以基于系统性能进行综合优化，使室内温度满足要求的前提下，系统能耗达到最低，两种方法对比详如图 5.2 所示。

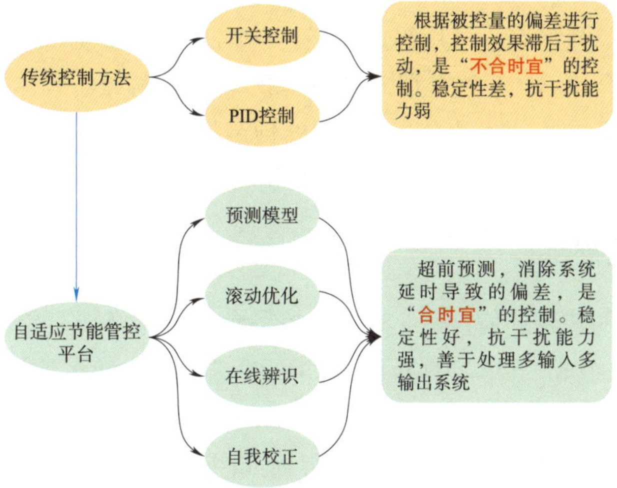

图 5.2　控制方法对比分析

自适应节能管控平台具备更专业的网络测点设计，可以根据建筑设计结构和项目情况，周期性地在某区域内采集监测数据，如全面的暖通设备状态、当地气象参数、公共区域环境参数、人员密度、暖通设备用电量等，保障系统达到功能目的，运行稳定可靠。从图 5.3 中可以看出，与 PID 系统相比，自适应节能管控的温控精确率高，抗干扰能力强，更趋近于控制温度。

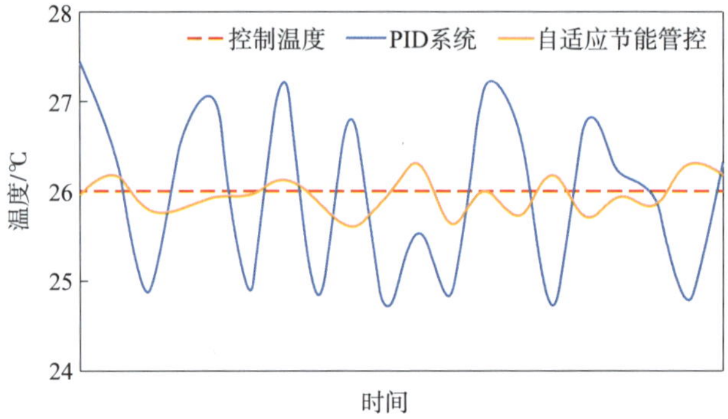

图 5.3　室内温度控制效果对比

5.1.3　节能运行控制策略

(1)建筑负荷及设备运行状态模拟。根据实际建筑参数，采用模拟软件构建建筑模型，模拟建筑负荷及设备运行状态。

(2)现场数据采集。加装部署各类传感器，采集与建筑能耗、室外环境、室内环境及受控设备的相关参数。

(3)数据分析及模型校准。对收集到的数据进行分析，并利用实际数据对之前建立的模型进行校准。

(4)建立预测控制策略。采用深度神经网络构建建筑负荷及设备模型，采用模型预测控制算法，结合建立的建筑负荷及设备模型，构建空调系统预测控制策略。

(5)模型应用及现场自动寻优。将建立的预测控制策略应用于空调系统的实际控制中，实现系统自动化寻优及调控，达到最佳的节能效率。

5.1.4　平台界面展示

基于 AI 控制的建筑环境自适应节能管控平台，由首页总览、数据看板、数据分析、系统管理五大板块组成。可实现项目设备运行管理、能耗统计与分析、空气品质数据采集、项目全局报警及推送、项目报表、项目人工填报、项目月度能耗统计定制化报表管理、登录日志管理报表等功能，控制平台界面如图 5.4 所示。

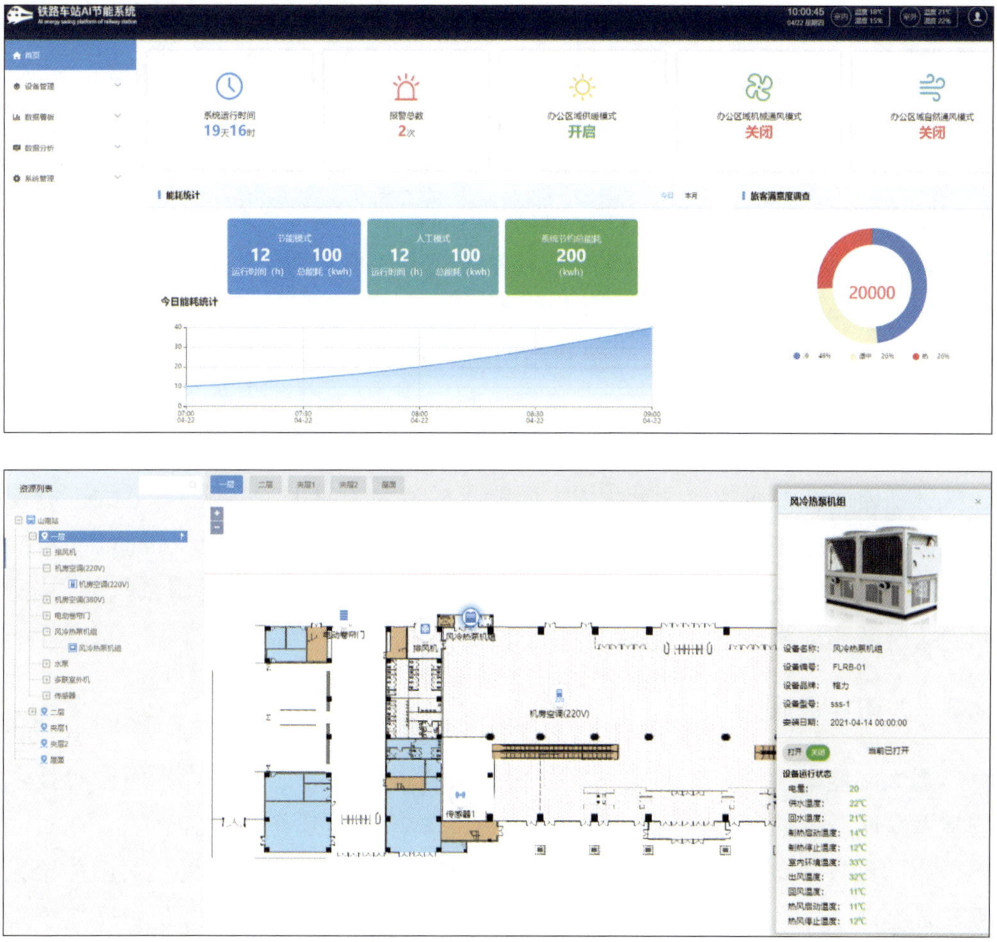

图 5.4　控制平台界面

5.2　聚焦型槽式太阳能板在高寒地区铁路工程的应用

5.2.1　沿线气候特点

拉林铁路位于寒冷地区，所在地区拉萨冬季采暖温度为−5.2 ℃，林芝冬季采暖温度为−2 ℃，按照规范中日平均温度≤5 ℃的天数要求，拉林铁路全线应设置集中采暖；而沿线各站点海拔在 2 800～3 700 m 之间，为典型的高寒地区。

5.2.2　采暖形式选择

对于拉林线所在的高原寒冷地区来说，其气候特点为海拔高、气温低、冻土常年不化等，由此决定了拉林沿线房屋只需冬季供暖，无须夏季空调。目前我国严寒及寒冷地区的建筑采暖系统热源通常优先采用市政热网，其次为空气源热泵机组、地源热泵机组、燃气锅炉、燃油锅炉等形式。而拉林线所在高原寒冷地区铁路房屋供暖具有特殊性，各建筑均无区域或集中热源可供利用；常规空气源热泵受高海拔环境影响，效率较低；浅层地源热泵系统则由于长期从土壤吸热而无放热工况，将导致土壤温度持续降低，影响地源热泵系统的正常运行；燃煤系统受高原环境保护要求限制不能采用；高原地区常规能源缺乏，采用燃气及燃油费用高昂，同时受高原气候条件限制，燃烧效率偏低，这使得供暖成本及费用大大增加；且冬季交通的不便利，无法保证常规能源的稳定供给。

综上所述，对于常规能源供应受到限制的高原寒冷地区铁路建筑，如何使其既满足系统功能的使用要求，又经济合理，运营便利，其采暖热源形式成为建筑采暖系统技术性难题。

拉林铁路所在的西藏地区是我国太阳能资源最为丰富的地区之一，其大部分均是气候寒冷、常规能源缺乏的偏远地区；既有实际的采暖需求，又有充足的资源条件，是应用太阳能供热采暖条件最优越的地区。因此，铁路房屋应优先利用太阳能，从而节约供热采暖系统的能耗、提高采暖系统能效。

5.2.3 太阳能采暖形式

常规太阳能集热系统的形式主要分为平板式、槽式、塔式及碟式。而针对技术的成熟度及采暖系统的中低运行温度来说，平板式及槽式集热系统较为适宜。在对太阳能热效率的比较中，槽式抛物面太阳能聚光集热系统的热效率比平板式太阳能聚光集热系统高20%左右，且设置有逐日追踪系统的槽式集热系统其日均效率远高于平板式，所以拉铁铁路选择了槽式抛物面太阳能聚光集热系统。系统主要由图5.5～图5.7几部分组件组成。

图5.5 聚光器及集热管

图5.6 高位槽组件

槽式抛物面太阳能聚光集热系统由多个太阳能集热器组合组成，其由聚光器、集热管、逐日追踪机构三个部分。槽式抛物面太阳能聚光集热系统的原理是利用串/并联列阵的槽式抛物面反光镜将太阳光聚焦成高能量密度的光束聚焦到放置在焦线上的集热管上，集热管吸收太阳辐射能后，将热管内的传热工质(导热油)加热后，通过板式换热器等加热供暖热水，输送至室内进行采暖。由于设置了太阳方位追踪机构，系统能逐时计算并跟踪太阳能的方位角，以利于太阳能的最大化利用。当有日照的情况下，槽式抛物面太阳能聚光集热系统在追踪机构的帮助下进行太阳能的采集；当夜间或者阴雨等不利情况下，槽式抛物面太阳能聚光集热系统会将太阳能集热器进行偏转，以保护太阳能集热器。

图 5.7　逐日追踪机构

太阳能采暖系统除了集热系统外包括板式换热器设备、末端采暖设备。如果考虑天气等对采暖系统的影响，还包括蓄能设备及备用热源设备。

在采暖期中，白天槽式抛物面太阳能聚光集热系统自动跟踪定位太阳方位，收集太阳能，加热真空管中的导热油，导热油将热量带至板式换热器设备制备采暖用热水，通过末端采暖设备进行采暖。放热后的导热油则回到太阳能聚光集热系统中继续加热。当太阳能集热器的采热量大于室内热负荷时，则将多余的热量通过蓄热装置进行蓄热，以备部分时间段的热量不足。同时太阳能采暖系统为了预防天气对太阳能采暖系统的影响，需设置备用热源。

5.2.4　太阳能采暖技术在拉林工程中的应用

拉萨整备基地设置有槽式太阳能采暖系统。拉萨整备基地内新建建筑共 7 栋，总建筑面积 20 157 m^2，计算采暖负荷为 3 928.87 kW。拉萨整备基地为既有青藏铁路机车车辆整备基地，工程为新建扩容，增加拉林铁路的机车车辆整备能力。根据现场地形及房屋布局情况，拉林铁路新建房屋的太阳能集热系统选择在整备库的屋面进行布置。聚焦型槽式太阳能集热板单组集热面积 15 m^2，整备库屋面设置 254 组集热板，总集热面积 3 810 m^2。

根据国家建筑标准设计图集《太阳能集中热水系统选用与安装》(06SS128)，则其气象参数见表 5.1。

表 5.1　拉萨太阳能辐射值

位置	纬度 29°40′,经度 91°08′,海拔高度 3 648.7 m											
月份	1	2	3	4	5	6	7	8	9	10	11	12
月平均室外气温/℃	−2.2	1	4.4	8.3	12.3	15.3	15.1	14.3	12.7	8.3	2.3	−1.7
水平面月平均日太阳总辐照量/[MJ/(m²·d)]	16.556	18.809	21.328	23.137	26.188	26.623	24.628	22.695	21.285	20.713	17.803	15.725
倾斜表面月平均日太阳总辐照量/[MJ/(m²·d)]	24.871	24.650	24.015	22.649	23.786	22.963	21.747	21.478	22.732	26.260	26.023	25.025
月日照小时数/h	262.4	237.5	258.4	261.8	289.9	269.3	237.8	229.1	240	294.3	279.4	270.5

聚焦型槽式太阳能集热器采用逐时跟踪采集太阳能，故槽式集热器的太阳能采集量远远大于水平面获得太阳能辐照量。按照总图，整备库为南北向布置，屋面的聚焦型槽式集热板受其影响，为东西向安装，东西跟踪，根据太阳与地球追日的几何关系，特对聚焦型槽式抛物面板太阳能采集量修正，修正系数见表 5.2。

表 5.2　逐日追踪集热器修正系数

跟踪形式	月　份											
	1	2	3	4	5	6	7	8	9	10	11	12
东西跟踪	1.40	1.39	1.37	1.35	1.32	1.31	1.32	1.34	1.36	1.38	1.40	1.41
南北跟踪	1.71	1.43	1.18	1.05	1.02	1.03	1.02	1.04	1.13	1.35	1.64	1.81

注:月平均日集热器太阳能采集量为水平面获得太阳辐照量的倍数。

从表 5.1 和表 5.2 计算得知，根据拉林线建筑仅需设置采暖的气候特点，结合现场聚焦型槽式太阳能板采用东西向安装，东西跟踪可获得的平均日太阳总辐照量计算，见表 5.3。

表 5.3　槽式聚焦型太阳能板辐照量

月份	1	2	3	4	5	6	7	8	9	10	11	12
水平面月平均日太阳辐照总量/[MJ/(m²·d)]	16.556	18.809	21.328	23.337	26.188	26.623	24.628	22.695	21.285	20.713	17.803	15.725
修正系数	1.40	1.39	1.37	1.35	1.32	1.31	1.32	1.34	1.36	1.38	1.40	1.41
采暖季槽式集热器南北跟踪获得的日平均辐照量/[MJ/(m²·d)]	23.18	26.14	29.22	31.50	34.57	34.88	32.51	30.41	28.95	28.58	24.92	22.17

根据《民用建筑供暖通风与空气调节设计规范》(GB 50736—2012)，拉萨的采暖季

为 11 月 1 日至第二年的 3 月 12 日。从表 5.3 可得在采暖期间的日平均辐照量为 25.13 MJ/(m^2 · d)。

按照《太阳能供热采暖工程技术规范》(GB 50495)中太阳能系统集热器面积的计算公式推导出太阳能保证率的计算：

$$f=\frac{A_H J_C \eta_s \eta_{cop}(1-\eta_L)}{3.6tQ_H}$$

式中　f——太阳能保证率；

A_H——太阳能采暖系统槽式集热器总面积，m^2；

J_C——当地纬度槽式集热器跟踪面上的平均日太阳辐照量，取 $J_C=25.13$ MJ/(m^2 · d)；

η_s——槽式集热器综合转换效率，取 $\eta_s=0.6$；

η_{cop}——蓄能型换热器制热效率(cop)，取 $\eta_{cop}=1$；

η_L——管路及系统热损失率，取 $\eta_L=10\%$；

t——采暖系统平均日运行时间，取 $t=12$ h；

Q_H——采暖总热负荷，kW。

带入数据，拉萨整备基地太阳能采暖保证率计算结果见表 5.4。

表 5.4　太阳能保证率

热负荷/kW	太阳能采暖系统槽式集热器面积/m²	太阳能采暖保证率
3 928.87	3 810	38.1%

在进行拉萨整备基地太阳能采暖系统设计中，着重对槽式太阳能采暖系统以下重点和难点进行了处理：

1. 槽式太阳能集热器布置

由于整备基地内条件限制，槽式太阳能集热系统仅能安装于整备库屋面。整备库屋面总面积约为 15 200 m^2，扣除屋面放置的风机、消防高位水箱等设备设施及整备库通风天窗外，实际可供布置槽式太阳能集热板的面积约为 8 960 m^2。如何布置集热板，既减轻结构负担，又减少天窗等高大结构对集热板的影响，需要进行妥善处理。经与结构专业商议，共布置了 254 组共计 3 810 m^2 槽式太阳能集热板。槽式太阳能集热板工作状况下呈展开状况，当停运或大风、冰雹等极端天气时将集热板翻转，可避免集热板损坏。

2. 蓄能设备

按照建筑的逐时负荷计算，建筑物的热负荷峰值与太阳能集热器的集热峰值出现的时间不匹配，因此太阳能采暖系统应设置蓄能系统。

常规的太阳能蓄能技术分为机械蓄能、电化学蓄能、电磁蓄能及储热蓄能四种，其技术性能比较见表 5.5。

表 5.5　蓄能技术参数对照

类　型	形　式	功率/kW	转换时间	应　　用
机械能	抽水蓄能	100～300	小时级	日负荷调节、调频、系统备用
	势能蓄能	0.1～1.5	分级	短时间负荷调节
	压缩空气	10～300	分级	负荷调节、系统备用
	飞轮蓄能	0.1～1.5	秒级	调频、电能质量调节
电化学能	各类电池	0.001～50	秒级	电能质量调节、可靠性调节、调频、备用
电磁蓄能	超级电容	0.001～0.1	毫秒级	电能质量调节、稳定性调节
	超导蓄能	0.01～1	毫秒级	电能质量调节、稳定性调节
储热蓄能	介质蓄能	≥1	分级	日负荷调节、系统备用

根据 5.5 中各蓄能技术的比较，拉萨整备基地太阳能采暖的蓄能方式采用储热蓄能较为合理。

储热蓄能又分水介质蓄能、熔融盐蓄能等方式。相对来说熔融盐蓄能量较大，体积较小，但其造价较高，而水蓄能造价便宜，但单位蓄能量相对熔融盐为小，体积较大。工程选用 8 m^3 熔融盐蓄热罐进行蓄热，在一定程度上，缓解了峰值的匹配问题。蓄热罐在系统工程中位于热源侧，白天高温导热油将多余的热量储存于熔融盐蓄热罐中，夜间通过导热油，将热量从蓄热罐中提出。

3. 辅助热源的选择

太阳能与常规能源相比较，虽然具有利用经济性、能源清洁安全等优点，但是其自身的能源密度低及其强度受季节、气候地点的影响等缺点大大限制了其有效利用。同时，由于槽式太阳能集热系统的布置数量限制，太阳能的保证率仅 38.1%，工程必须设置辅助供暖系统。

针对太阳能供暖系统，其辅助热源的选择多种多样，常用的有电辅助加热，燃气、燃油锅炉，热泵加热等。这些辅助热源并没有具体的优劣之分，比如电辅助直接加热的优点是设备简单，造价低，用电热管直接加热即可，缺点是耗电量大，适宜在阳光充足、日照时间长、用辅助加热较少且电力充足的地区使用；燃气、燃油锅炉技术成熟，设备产热稳定可靠，缺点是高寒地区燃烧效率降低，需可靠稳定的油料、燃气供应；常规空气源热泵的优点是利用的经济性、能源清洁安全，缺点是高寒地区热泵的能效比会大大降低，散热器会结霜严重，造成热泵不能正常工作。综上，选用二氧化碳低温型空气源热泵作为辅助热源，该热泵在室外极端低温情况下能效比都在 2.0 以上，这就是说消耗 1 kW 的电能至少可得到 2 kW 的热能，比直接用电加热或燃油、燃气锅炉至少节省一半的电能。

二氧化碳低温型空气源热泵机组在无辅助电加热的情况下其出水温度可达 65 ℃，其末端可采用散热器，与太阳能采暖系统的末端可充分融合。因此，采用二氧化碳低温型空气源热泵机组的水系统与太阳能采暖的二次换热水系统并联，在热源备用的情况下直接进入采暖系统末端设备进行采暖，以提高效率及增加备用系统的稳定性。

4. 太阳能采暖系统的控制

太阳能供热采暖系统的热源是不稳定的太阳能，系统中又设有低温空气源热泵等能源辅助加热设备，为保证系统的节能效益，系统运行最重要的原则是优先使用太阳能，这就需要通过相应的控制手段来实现。太阳辐照和天气条件在短时间内发生的剧烈变化，几乎不可能通过手动控制来实现调节；因此，应设置自动控制系统，保证系统的安全、稳定运行，以达到预期的节能效益。

系统的运行自动控制模式优先使用太阳能，太阳能有富余时，将多余的太阳能储存至熔融盐蓄热罐中；当太阳能不足时，利用热源侧的导热油将熔融盐蓄热罐的热量提取出来。当熔融盐蓄热罐中的热量已无法提取，造成负荷侧采暖系统供水温度低于正常的采暖热水供水温度时，就需自动启动二氧化碳低温型空气源热泵机组。如此控制逻辑，才能提高采暖系统的经济性及可靠性，同时满足节能要求。

5.2.5　太阳能采暖技术在高寒地区的发展方向

通过以上的论述可见，聚焦型槽式太阳能板采暖技术在高寒地区铁路工程中的应用是可行的，且具有良好的发展形势。但由于太阳能资源的不稳定性，未来应着重对太阳能蓄能技术及与辅助热源的耦合技术进行详细研究，以期在满足使用要求的前提下，能更好地满足节能、环保等要求。

5.3　铁路客站智慧消防技术应用分析

5.3.1　智慧消防的背景

1. 近年来火灾发生情况

根据应急管理部消防救援局发布的 2012 年至 2021 年全国居住场所火灾情况，全国共发生居住场所火灾 132.4 万起，造成 11 634 人遇难、6 738 人受伤，直接财产损失 77.7 亿元；其中较大火灾 429 起，造成 1 579 人遇难、329 人受伤；重大火灾 2 起，造成 26 人遇难；未发生特别重大火灾。

2021 年全国消防救援队伍共接报处置各类警情 195.6 万起，出动消防救援人员 2 040.8 万人次、消防车 363.6 万辆次，累计从灾害现场营救被困人员 19.5 万人，疏散遇险人员 46.7 万人；共接报火灾 74.8 万起，死亡 1 987 人，受伤 2 225 人，直接财产损失 67.5 亿元，与 2020 年相比，起数和伤人、损失分别上升 9.7%、24.1%和 28.4%，亡人下降 4.8%。

2022 年全国消防救援队伍共接报处置各类警情 209.2 万起，共计出动消防救援人员 2 247.2 万人次、消防车 401.3 万辆次，营救被困人员 16.8 万人，疏散遇险人员

26.7万人。共接报火灾82.5万起，死亡2 053人、受伤2 122人，直接财产损失71.6亿元，与2021年相比，起数、亡人数分别上升7.8%和1.2%，伤人数和财产损失分别下降8.8%和0.9%。

火灾就在我们身边，加强火灾防范势在必行，而作为消防设施设备设计、安装、使用、维护中的一环，在设计阶段通过采取一些消防加强措施，在源头上为防范火灾，保障人民财产生命安全。

2. 各地政策支持智慧消防

近年来，国家对于消防问题也愈加重视，同时出台了一系列政策，不断完善消防事业布局和体系。综合运用物联网、云计算、大数据、移动互联网等新兴信息技术，提出了“智慧消防”概念，全面提升社会火灾防控能力、灭火应急救援能力和队伍管理水平，实现“传统消防”向“现代消防”的转变。

从国家层面出台了一系列政策(表5.6)，以支持“智慧消防”系统建设。

表5.6　部分出台政策汇总

颁布时间	颁布主体	政策名称	主要内容
2017年	公安部消防局	消防信息化“十三五”总体规划	要加强消防信息化建设，全面促进信息化与消防业务工作的深度融合，为构建立体化、全覆盖的社会火灾防控体系，打造符合实战要求的现代消防警务勤务机制提供有力支撑
	公安部消防局	《关于全面推进“智慧消防”建设的指导意见》	由“传统消防”向“现代消防”转型升级的具体发展目标，在政策的带动下，各地消防部门和行业企业开始积极探索综合运用物联网、云计算、大数据等新信息技术，推进“智慧消防”建设，促进信息化与消防业务的深度融合
2019年5月	应急管理部消防救援局	《消防救援队伍信息化发展规划(2019—2022)》	利用多源数据融合、大数据关联分析、机器学习、案例推演、知识图谱、灾情组合运算等技术，整合标准规范、作战预案、处置要点、实战案例、资源需求、专业知识、社会单位等信息，建立灾情模拟、分析研判、灾情演化、次生灾害研判等算法模型，打造交互式、学习型、能分析的消防AI助手，推动作战指挥模式由“传统经验型”向“科学智能型”转变
2020年4月	国务院安全生产委员会	《全国安全生产专项整治三年行动计划》	积极推广应用消防安全联网监测、消防大数据分析研判等信息技术，推动建设基层消防网格信息化管理平台，2021年底前地级以上城市建成消防物联网监控系统，2022年底前分级建成城市消防大数据库
2022年4月	国务院安全生产委员会	《“十四五”国家消防工作规划》	积极融入“智慧城市”“智慧社区”、应急管理信息化体系、住房和城乡建设信息化体系，建立互联共享机制，构建和深度运用消防安全大数据系统，加强火灾风险分析研判、早期识别和监测预警

同时，各行各业也出台了各类政策支持“智慧消防”建设。如铁路公安局印发《关于推进铁路“智慧消防”建设的指导意见》(公消〔2018〕39号)，上海市2021年的《上海市建筑消防设施管理规定》，云南省2022年的《关于加强城市消防安全工作的实施建议》，贵州省2021年的《关于推进我省智慧消防建设的建议》，四川省2021年的《四川省“十四五”消防事业发展规范》，江苏省2021年的《江苏省“十四五”社会救援事业发展规划》等。

为了降低火灾发生概率，减少火灾危害，保护人员生命财产安全，便于火灾发生时及时救援等，结合国家及各省市关于推进“智慧消防”的建议，建立智慧消防平台，希望能够帮助火灾救援，加强消防管理，有助于减少火灾发生和危害。

5.3.2 智慧消防的设计思路

根据相关描述，“智慧消防”是利用物联网、人工智能、虚拟现实、移动“互联网＋”等最新技术，配合大数据云计算平台、火警智能研判等专业应用，实现城市消防的智能化，提高信息传递的效率、保障消防设施的完好率、改善执法及管理效果、增强救援能力、降低火灾发生及损失。

那么“智慧消防”的重点是什么，分析了一系列火灾案件，可以清晰看见在消防维护管理中，运营单位不能依法落实消防安全职责未按规定严格落实巡查制度，事后有关人员补填部分消防器材检查记录表，不规范不严格的巡查制度给火灾救援带来了隐患。

同时，公用消防设施维护保养不当，消防给水和灭火设备、消防车道、安全疏散、防排烟、火灾报警、消防控制设备等消防设施未能确保完整好用；火灾发生时，水泵房的消火栓泵控制开关未处于自动状态；室内消火栓箱门用大理石装饰包裹，部分开启不便；使用的消火栓水泵接合器锈死，消防车无法通过接合器向大楼管网供水，仅依靠屋顶水箱，无法满足长时间持续供水灭火需要，水枪压力不足。消防设施运行不正常给灭火行动带来了影响。

不知建筑的耐火极限，不清楚建筑内部是否还有受灾人员，不清楚火灾现场的情况，给消防救援带来了影响。

通过对火灾发生的前因后果进行分析，以实现“事前预警、事发报警、事中救援、事后复盘”功能为主要目的，搭建了智慧消防的设计思路：

1. 研发远程监控功能，实现设施监控无盲区

利用物联网技术，采集火灾报警、消防给水、防排烟等七类消防设施的报警、故障、屏蔽及水压、供电等信息，建设消防物联网监控平台，实时查看消防系统状态，全方位监管消防设施设备运行情况。

2. 研发视频显示功能，实现区域动态全显示

设置重点部位视频探头及火灾环境探测器，将站区视频系统接入智慧消防系统联动控制，可提供火灾附件的监控视频及火灾厂家环境参数，辅助消防人员进行救援。

3. 研发消防管理功能，实现消防管理无死角

通过手机 App 客户端每天向一线工作人员下达消防工作任务，部署责任人员开展巡查、隐患整改、消防维保等工作，并盯控和任务完成情况；一线巡查人员用 App 扫码自动记录巡查轨迹，了解检查要点、上传隐患情况、记录整改结果，实现任务自动下达、

巡察自动记录、整改自动跟踪。

4. 研发安全评估功能，实现风险管控无漏洞

系统自动收集汇总消防安全管理、火灾隐患情况和物联网监控采集的消防设施状态等数据，建立信息数据库、进行大数据分析，及时分析消防管理、设备状态、隐患整改等情况，查找管理漏洞，为制定相应措施提供科学依据。

5.3.3 智慧消防设计方案

基于“智慧消防”的设计思路，“智慧消防”设计方案如下：

1. 搭建智慧消防云平台

(1)平台能够融入三维模型，能够直观体现建筑平面布局和建筑内消防设施设备布置。

(2)平台具有数据整合显示功能，能够将各类消防数据简洁有效地展示。

(3)具有影像、图像、音像等数据传输及处理功能，能够利用传输线，收集处理各类传感器及摄像头传输的数据。

(4)具有消防预警功能，当消防设备设施参数不满足要求时，能够向消防管理人员预警。

(5)具有数据收集、整理，对消防安全进行评估。

2. 搭建建筑物三维模型

针对消防系统保护的建筑，建立对应的三维模型，在三维模型中显示有各类消防设备设施(如加压送风风机、排烟风机、消火栓泵、消火栓箱)等的位置，将此模型融入智慧消防平台中，相比于二维的平面图纸或模型，消防指挥人员能够对建筑平面的情况一目了然，那里有消防电梯、那里有疏散楼梯、那里有灭火设施等，便于指挥人员能够快速熟悉火灾场所情况，制定合理的救援方案。

3. 消防系统静态关键参数监测系统

对消防系统的关键参数进行检测，主要包括：

(1)消防水池与消防水箱设远传温度仪与液位仪，监测水池与水箱的温度与水位。

(2)消火栓供水管网最不利处及试验消火栓设远传压力表，监测消防栓供水管网的压力。

(3)自动喷水灭火系统末端试水阀前设远传压力表，监测自动喷水系统供水管网的压力。

(4)消防炮系统供水管网最不利处设远传压力表，监测消防炮供水管网的压力。

(5)灭火器有效使用日期的监测。

通过对关键消防参数的监测，能够保证消防设备处于良好的工作状态。将消防系统静态关键参数融入智慧消防平台，使数据可视化，能够对消防设备设施的状态一目了然。

4. 消防系统动态关键参数监测系统

在上述静态数据监控之上，加入了消防设施的准工作状态监测，避免火灾时出现类似于消防泵无法启动等情况，结合智慧消防平台，定期对消防设施实施消防演练。主要包括：

(1)对风机出口风量及风压、排烟管道末端风量及风压进行系统可靠性测试。

(2)对各类消防水系统的试验水量及水压进行系统可靠性测试。

(3)利用摄像头和视频对比技术对防火卷帘的开闭进行日常可靠性测试。

(4)防排烟窗的可靠性测试。

通过定期的消防演练，将演练结果显示于智慧消防平台，能够对消防设备设施是否能够启动做出检验。

5. 基于人流量统计与火灾现场参数监测的火灾应急辅助救援功能

(1)人流统计功能

基于摄像机视觉与无线电波探测，识别各个区域内人员，实时追踪关键出入口的人员进出情况。一旦有火情发生，便于消防指挥人员掌握各个区域的人员密度，合理调配救援资源并进行人员疏散。人员分布更为准确地定位，能辅助消防员每次进入火场时都能有效救援。

(2)火灾现场还原功能

布置于建筑内的温度、烟雾、CO 浓度和 CO_2 浓度传感器的数据实时反馈至后台，通过可视化显示能实时了解到各区域的温度、烟雾、CO 浓度和 CO_2 浓度的分布情况；同时，结合布置的高温摄像仪，提供现场的实时视频，辅助消防人员制定最佳的救援路径，降低了因不断变化的火场环境而带来的人员伤亡风险。

5.3.4　智慧消防的应用与实施

根据上述的智慧消防方案，在山南站应用了智慧消防系统。

1. 山南站概况

山南站为拉林铁路中间站，位于西藏自治区山南市泽当。山南站为线侧下式站房，建筑层数为地上二层(局部地下一层)，其中一层为进站口、售票大厅和出站口，二层为候车大厅以及饮水处、卫生间等附属设施。车站一层二层均设有检票口。站房与站台通过地道连接，地道与站台通过楼梯和自动扶梯连接。最高聚集人数 2 000 人，建筑耐火等级为二级，站房总建筑面积 14 970.18 m^2。

2. 消防系统设计概况

站房内设计有如下消防系统：

(1)消火栓、自动喷水灭火、消防炮等水消防系统，其均采用临时高压系统。消防泵房及消防水池设置于地下一层，高位消防水箱设置于屋面消防水箱间。

(2)机械排烟系统，区内部分旅服由于无法设置外窗，因此设置了机械排烟系统，排烟风机布置于专用机房内，站房内共计2套机械排烟系统。

(3)自然排烟系统：候车厅采用自然排烟系统，大厅内设置有自然排烟窗，火灾时开启。

(4)站房内楼梯间均采用自然通风，未设置机械加压送风系统。

3. 智慧消防实施方案

(1)智慧消防平台

智慧消防平台主要由操作器终端(包括数据处理单元、显示器、存储器、操作器)与智慧消防云平台软件组成，其中操作器终端设于山南站消防控制室内，智慧消防云平台软件与西南交通大学合作研发，其软件具有的功能如下：

①基于山南站的施工图纸已进行了BIM的建模，将BIM融入了智慧消防云平台，在平台的主要界面中能够结合BIM模型，在三维视图中显示建筑信息，如消火栓泵位置、消防炮泵位置、自喷泵位置、消防水池位置、消防水箱位置、消防水泵接合器位置、排烟风机位置，灭火器规格、有效期限及位置布置等各类消防设备设施信息，如图5.8～图5.10所示。

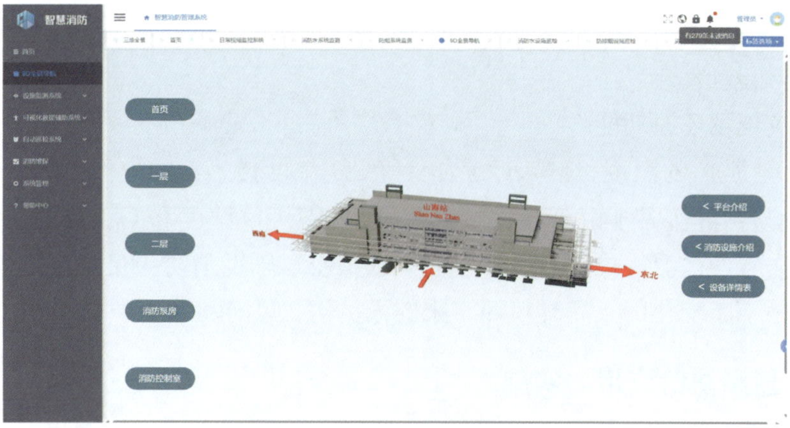

图5.8　智慧消防三维模型

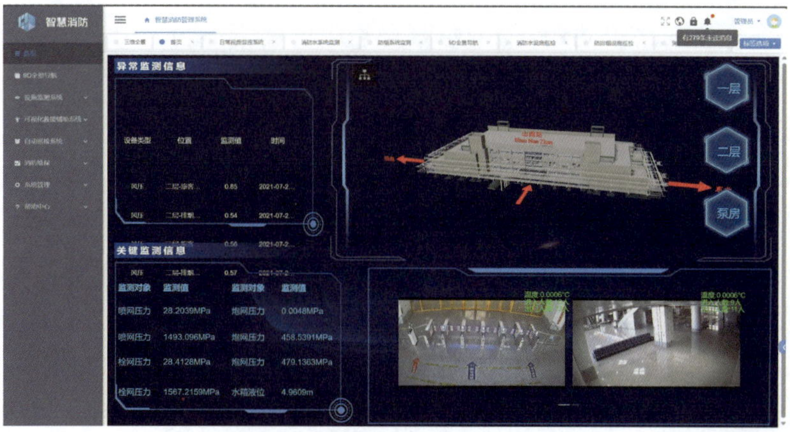

图5.9　静态参数可视化展示

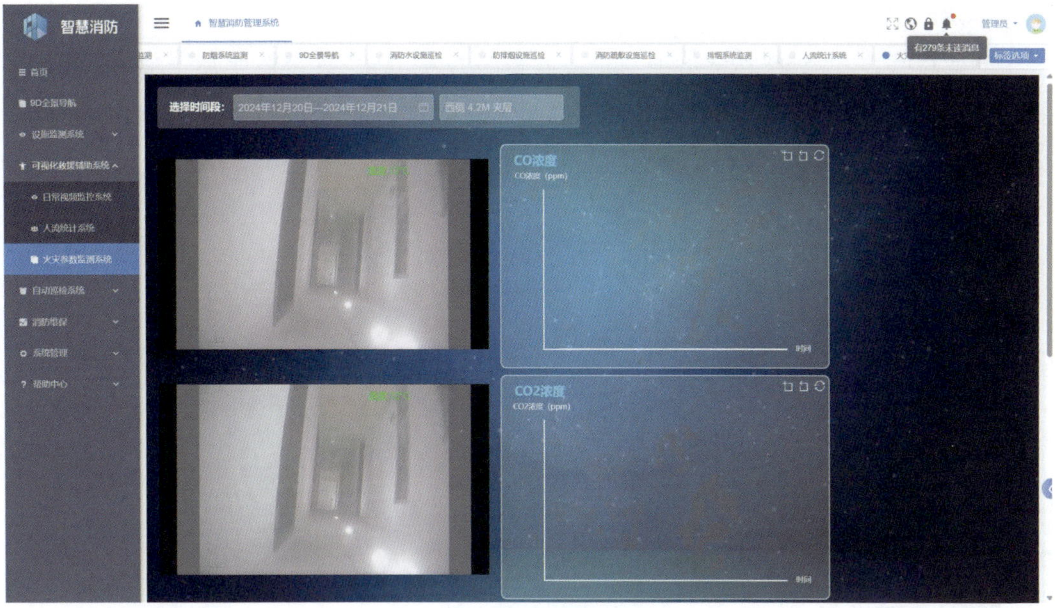

图 5.10　火灾参数可视化展示

②可视化数据展示。

平台能够接收各类消防数据，经过集中处理后形成可视化数据，将结果清晰直观地展示，同时可显示实时数据和历史数据等。

③具有消防预警功能。

平台可对于各类消防报警信息进行分级展示，数据超过阈值时，通过手机 App 等方式通知消防值班人员、消防管理负责人和主管安全的负责人，如图 5.11 所示。

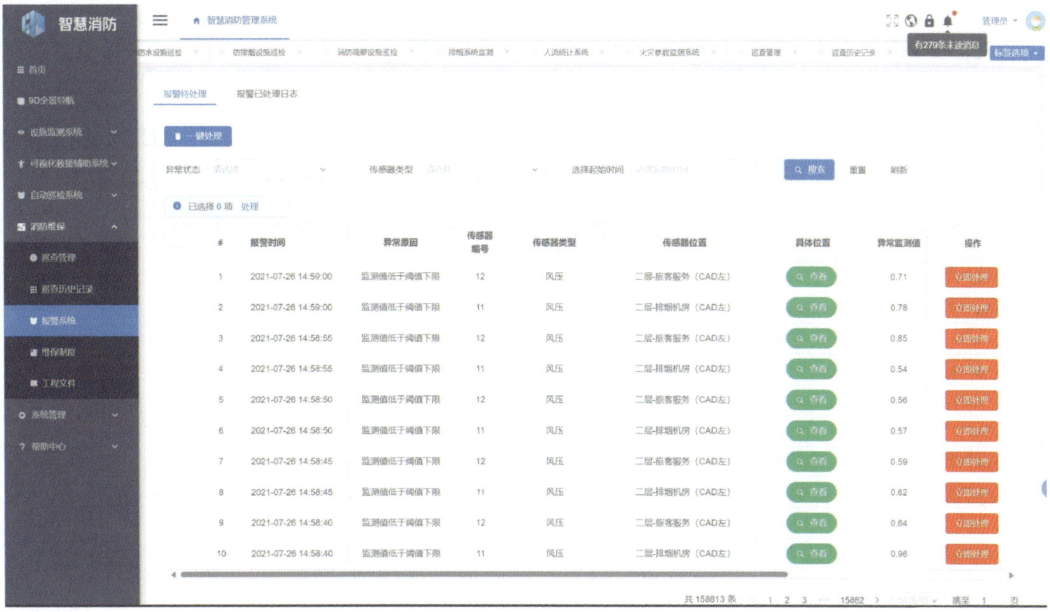

图 5.11　历史预警数据展示

④巡查管理。

能够结合三维模型，在模型上显示巡查点位及相关状态信息，并显示巡查线路；同时根据巡查需求，管理人员制订巡查计划；对于过往巡查记录进行筛选查询，并可调取记录中的相关图片，如图 5.12 所示。

图 5.12 巡查管理功能展示

⑤智慧消防云平台具有日常数据异常率、演练数据异常率、巡检完成率、设备故障率、预警信息处理率、人流量、喷淋系统、消火栓管网、消防水池、消防水箱、巡查完成率等数据统计功能，完成整个区域消防安全评估。

(2)通信网络布置

系统主干通信网络基于以太网传输，在消防控制室设置一台通信传输单元，用于智慧消防云平台设备与现场设备通信。站房中部为候车厅，不易于走硬线，因此在站房左右两侧，分别设置有两台无线 AP 用于数据传输。数据传输时，两侧分别收集数据，各类传感器均带有 RS485 通信接口，满足 Modbus-RTU 通信协议，以有线连接为主，部分有线连接难以实施的，采用带无线通信模块的传感器，两侧数据汇总后，经由设置的无线 AP，传至位于综控室的设备终端。

(3)消防系统关键参数监控末端布置

①液位计及温度计

消防水池设置于地下一层，高位消防水箱设置于屋面消防水箱间。为监测水位，在消防水池及水箱中布置了超声液位仪；由于山南地区冬季室外温度较低，可能出现消防水冻结情况，为保证消防水池供水稳定，在水池及水箱中布置了温度计。

②消火栓系统压力监测

为监测消火栓系统管网是否处于正常工作状态，并在消防演练时，反馈消火栓泵开启系统是否能正常使用。在消防环网共设置 8 个远传压力表，其中候车厅入口消火栓前设置两个，两侧站房办公区消防环网上各两个，左侧消防环网最不利处一个，试验消火栓前一个。

③自动喷水灭火系统压力监测

为监测自动喷水灭火系统管网平时是否处于正常工作状态，并在消防演练时，反馈自动喷水灭火泵开启时系统是否能正常使用，在系统管网中共设置了5处压力表，均位于末端试水阀或末端试水装置前。

④消防炮系统压力监测

为监测消防炮系统管网平时是否处于正常工作状态，并在消防演练时，反馈消防炮泵开启时系统是否能正常使用，在系统管网中共设置了1处压力表，位于末端试水装置前。

⑤机械排烟系统风量及风压监测

站房左侧旅服设置有机械排烟系统，风机布置于二层专用机房，为监测在消防演练时机械排烟系统能否正常使用，风管内风压及风量是否满足消防排烟要求，在排烟风机出口处及末端排烟阀前，分别设置有风量计及风压仪。

⑥防排烟窗的可靠性测试监测

候车厅采用自然排烟窗进行自然排烟，为监测在消防演练时自然排烟能否开启，在候车厅内右下角设置有摄像头，能够通过录制视频的方式，向智慧消防平台反馈测试结果。

⑦防火卷帘的可靠性测试监测

候车厅右下角设置有防火卷帘，为监测在消防演练时消防卷帘能否落下，在候车厅内右下角设置有摄像头，能够通过录制视频的方式，向智慧消防平台反馈测试结果。

⑧火灾现场场景反馈末端布置

针对火灾现场反馈，选取站房两侧办公区夹层作为试点，办公夹层两侧均为办公用房，走道基本为直线，连接两端疏散楼梯间，在走道中设置高温摄像仪器，摄像仪能够在火灾时反馈该区域内的影像资料；在该走道中，按距离等分布置了三组四合一传感器（CO/CO_2/烟气温度/烟气浓度），能够反馈火灾时现场环境参数，利于消防人员选择区域内火灾危险性较弱点作为救援突破口，安排疏散路径等；在两端的疏散楼梯间，设置带有计数功能的摄像头，能够辅助指挥人员做出救援决策，了解现场人员数量等。

在实施过程中，由于山南站智慧消防系统仅作为试点，对山南站房中各类消防系统做到设备设施兼顾，但在范围上，并未涉及整个站房，如在火灾现场场景反馈中，仅选取一个有代表性的场所为试点。其次，对于部分消防设施，如防火卷帘、电动排烟窗、水消防系统自检、防排烟系统自检等，均采用通过智慧消防平台制定消防演练计划，需要消防管理人员到现场启动各类消防设施设备，平台远传采集设备运行结果、状态来判定消防系统是否处于良好的工作状态,无法做到消防人员在消控室内,远程一键检测系统工作状态。最后,通过在山南站的智慧消防应用,相比于常规设计,更加有效地保证了消防安全,但在后续的工作中,希望能够将整个站房纳入智慧消防系统。

5.4 高寒地区环保型泡沫微生物技术

5.4.1 设计难点

拉林铁路各站点海拔均在 2 800 m 以上,为世界海拔最高的电气化铁路。沿线气候多变,生态环境脆弱,基础设施匮乏,除贡嘎、扎囊、山南、加查、林芝等 9 座客运站室外供水、排水条件相对较好外,其余大部分越行站条件恶劣,有供排水需求,却无供排水条件。如何在满足铁路运营需求的前提下,减少对环境带来的影响,最大程度保护好西藏的绿水青山,提出了巨大的难题及挑战。

传统铁路的给排水设计中,给水由市政供水、自建水池或打井来保障站区供水;排水则接入市政排水或将各建筑的污水经化粪池处理后,接入站区污水处理站进行处理排放。化粪池定期清掏,以保障化粪池功能的延续性。所以,给水所、污水处理站、化粪池为铁路有人站区的房屋及构筑物标配,既增加了铁路建设投资,也增加了使用成本。

拉林铁路条件恶劣,沿线巴玉、拜真等越行站设置在隧道群露天处,场地狭小,工作人员少,站场区域不是常规的污水处理站无位置摆放,污水处理站处理能力过大造成菌群菌种无法有效繁殖的状况,如何选用适宜的方案,成了拉林线设计难题。

5.4.2 环保型泡沫微生物厕所

针对拉林铁路的这一难点,设计采用了环保型泡沫微生物技术来满足铁路运行及环保的要求。

拉林铁路巴玉、拜真等越行站采用环保型泡沫微生物厕所,利用特定微生物对粪便中的有机物进行分解;同时,通过环保型泡沫微生物厕所自有的降解、过滤、杀菌系统,将排放水的指标控制在《城镇污水处理厂污染物排放标准》(GB 18918—2002)的一级标准范围内,通过散排或者管道统一收集后中水回用,也可以进行植被灌溉,有利于环境的保护和节约水源。采用了环保型泡沫微生物厕所,可以取消污水处理站的设置,同时减少给水所的供水能力。

1. 环保型泡沫微生物厕所设计

传统厕所蹲便器及小便器利用供水水压进行冲厕,压力要求为 0.05～0.1 MPa,耗水量 6 L/次、3 L/次。泡沫微生物厕所则通过对便器结构的优化设计,采用定制化便器,在便器表面采用疏水层,利于排泄物的滑落;同时增设一个多功能拦截板,将便器下滑口与下方储粪箱通过翻板器进行隔断,当粪便滑落到拦截板上时,拦截板由于重力作用瞬时将排泄物倒进储粪箱中，起到隔绝气体和美观的效果。通过增加一套泡沫液封堵系统，利用增压泵将适合菌种生存的有机物制作成泡沫液，喷涂于便器表面，一方面加速排泄物的冲刷效果，另一方面封堵住储粪池与便器的连接口，有效减少臭气味道。通过两种方式的有机结合，专用蹲便器仅耗水量 0.06 L/次，产生的泡沫液即可达到传统厕所的冲洗效果。而 0.06 L/次的耗水量也可以通过厕所的排放水进行回用解决，极大地减轻了给水所的供水量压力。环保型泡沫微生物厕所工作原理如图 5.13 所示。

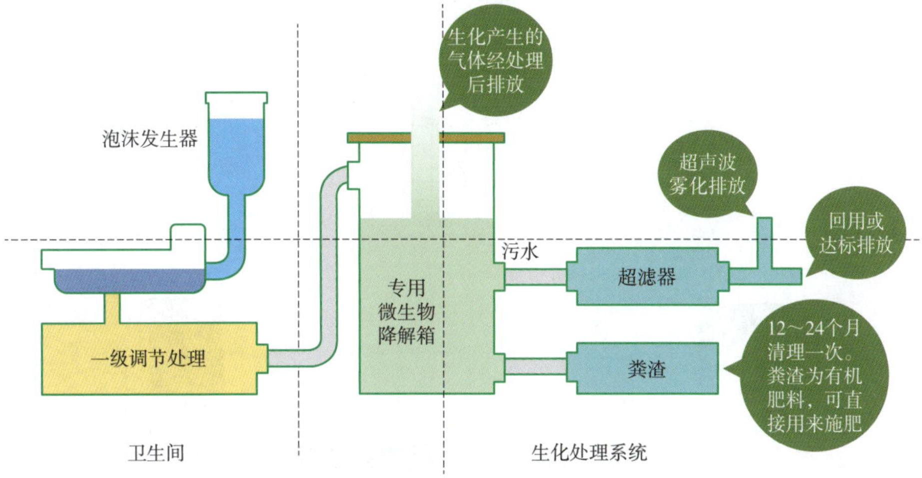

图 5.13　环保型泡沫微生物厕所工作原理

每座环保型泡沫微生物厕所泡沫冲洗装置及微生物降解设备每天的耗电量约为 0.8 kW · h，该用电目前为照明电供给，同时考虑后期太阳能供电条件。

2. 智能控制设计

发泡系统由控制系统、发泡液、气泵、泡沫液自动添加设备、红外线传感器、专用洁具、多功能拦截板、空气分散装置等部分组成。泡沫液与清水（或再生水）通过适当比例搅拌均匀后加入混合液箱，在泡沫液自动添加设备控制下适量流入泡沫发生器内，使泡沫混合液始终保持在最佳液位。通过红外线传感器接收信号，经由信号传输线控制气泵启闭，气泵产生压缩空气通过气管进入空气分散装置将压缩空气分散成均匀的气条呈辐射状散发，泡沫混合液在分散后压缩空气的作用下迅速产生大量均匀的泡沫，泡沫在发泡箱内大量堆积通过便器冲厕孔挤压进便器斗，利用便盆自身坡度进行冲厕，通过红外线传感器控制泡沫在便器斗里堆积的高度。系统工作时，便盆内一直保持适量泡沫用于封堵落粪口的外溢臭气。

系统可就地设置控制屏，通过控制屏可以监测男女卫生间的使用情况，为维护保洁提供定向引导。该数据除就地进行管理外，还可通过 App 在手机上进行操控。

3. 环保厕所中黑水处理

黑水指包括人类粪便、尿液、冲厕以及洗手用水的污水，未经处理的黑水直接排放不仅会引起土壤和水资源污染，还会滋生传染病。元素分析表明，黑水占生活污水80%～90%的氮和50%～57%的磷，传统的A/O工艺脱氮除磷效率不高，并不适用于高浓度污染物的黑水处理；所以选择合适的工艺并设置正确的系统运行模式，对于黑水处理具有重要意义。采用以A/O+MBR工艺为主体的污水处理设备，产泥量少、运行简单、易于实现自动化管理等优点，A/O+MBR工艺试验系统如图5.14所示。

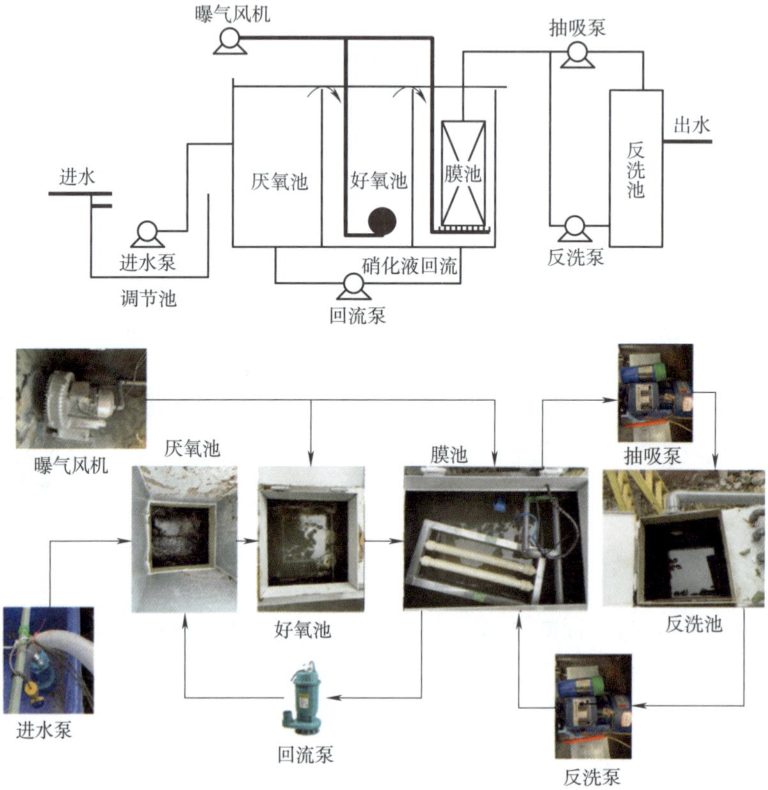

图5.14 A/O-MBR工艺试验系统

曝气模式采用间歇曝气，间歇曝气对污泥的扰动更小，会使微生物表面变得更加疏水，从而更容易吸附与聚集，形成更大的微生物菌团和群落，因此，间歇曝气具有更高的有机物和氮磷去除率。回流模式采用间歇回流，间歇回流即在一个回流周期内，回流一段时间，实现缺氧，剩下时间停止回流，实现厌氧状态；通过内部控制程序调整回流泵启停，保证回流时间的有效控制。通过检测，系统废水出水指标见表5.7。

表5.7 系统废水出水指标

单位：mg/L

控制参数	出　水	一级B标准
COD	26	60
TN	18.2	20
NH_3-N	0.73	8
悬浮物	13	20

续上表

控制参数	出　水	一级 B 标准
TP	0.94	1
粪大肠菌群(MPN/L)	790	1 000

在高寒地区进行铁路建设,脆弱的生态环境、匮乏的基础设施是摆在面前的现实问题。泡沫微生物技术的使用,既满足了使用的功能,又达到了环保的要求,是一项值得推广的技术。

5.5　高原铁路站区制氧供氧设计

5.5.1　制供氧需求

拉林铁路全长 400 余公里,位于冈底斯山与念青唐古拉山、喜马拉雅山之间的藏南谷地。其中,贡嘎站、扎囊站、山南站、桑日站、加查站、朗县站,六处车站均处于海拔高于 3 000 m 的高寒地区。在高原环境下,随着海拔的升高,空气中的氧分压不断降低,人如果长时间处在这种缺氧环境中,轻者会发生头痛、头晕及呕吐等高原病症状,严重者可出现低氧血症。由于人的神经组织对内外环境变化最为敏感,因此在缺氧条件下,脑功能损害发生最早,损害程度也比较严重,且暴露时间越长,损害越严重,特别是对感觉、记忆、思维和注意力等认知功能的影响显著而持久。研究人员发现,高原缺氧对人体感觉机能的影响出现较早,其中视觉对缺氧最为敏感。在海拔 4 300 m 以上高度时,夜间视力明显受损,并且这种损害不会因机体的代偿反应或降低海拔高度而有所改善。人体的听觉机能也会随着海拔的增加而受到影响,大约在海拔 5 000 m,人的高频范围听力下降,5 000～6 000 m 时,人的中频和低频范围听力显著减退,而且听觉的定向力也受到了明显的影响,这可能也是高寒地区缺氧条件下容易发生事故的重要原因。此外人体的触觉和痛觉等也会在严重缺氧时逐渐变得迟钝,在极端高度时还可能出现错觉和幻觉。

青藏铁路建设和运营期间,有关单位开展了部分制供氧技术研究与应用。在青藏铁路沿线拉萨、那曲、沱沱河等站区建设了制氧、供氧系统,主要供给站区铁路职工,每日定时供氧(12:00～16:00,20:00～8:00),缓减因缺氧引起的不适和疲惫,改善高原作业的工作和生活环境,降低低气压低氧对人体带来的危害,减少急慢性高原病发病率。

实践证明,集中供氧、个体吸氧是改善高原缺氧的有效方法,其投资少、能耗低、使用便捷、安全。拉林铁路为代表的新时期高寒铁路,需要在研究降低减少职工高原病发病率的同时,进一步探索职工健康促进的有效途径,使得后勤医疗卫生得到及时保障,解决高原作业职工防控急慢性高原病,从而达到“运营期急性高原病零死亡”的要求，保证铁路职工身体健康和行车安全的工作目标，保障运输生产安全的重要措施，产生较好的社会效益和经济效益。

5.5.2 氧气获取方法选择

常规氧气的获取分为液氧供应及空气分离两种方式。两种方式各有其优缺点：

(1)液氧供氧系统主要由液氧储罐(或钢瓶)、汽化器等设备组成，其优点是无氧气制备投入，初期投资低，减轻了电网压力，避免了制氧设备运行噪声对周围建筑的影响；缺点是使用受限，用氧点的周围必须有可靠稳定的市场供应，而钢瓶供氧量小，对于铁路站区大规模供氧受限。

(2)空气分离制氧系统主要由空压机、制氧间、氧气储罐等设备组成，通过电力驱动制氧设备分离空气中的氧气进行供应。其优点是制氧自由度高、氧气供应稳定，可大规模供氧；缺点是初投资高，增加了专用机房及电网需求，制氧设备运行时噪声较大。

拉林铁路共设 9 座客运站，其中 6 座车站位于海拔 3 000 m 以上，按照要求设置供氧条件。6 座车站点沿 409 国道、302 县道及 306 省道依次布置，全线交通不便，运输不利，周边也无空分厂等氧气供应场所，故液氧供应存在不足，无法满足铁路站区供氧需求。

经比较后，沿线朗县、加查、桑日、山南、扎囊、贡嘎 6 站点适用于自建制氧站提供氧源。

5.5.3 制氧技术的分类及选择

目前，空气分离方式制氧技术应用较为成熟的有深冷法制氧、膜分离法制氧以及变压吸附法制氧三种方式。

1. 深 冷 法

深冷法制氧采用气体液化技术。通常采用机械方法，如用节流膨胀或绝热膨胀等方法，把气体压缩、冷却后，利用不同气体沸点上的差异进行蒸馏，使不同气体得到分离。特点是产品为液态氧，浓度高，但压缩、冷却的能耗很大。该法一般为大规模气体分离方法，适用于空分厂，其主产品为氩气、氮气等稀有气体，氧气反而为副产品。

2. 膜分离法

膜分离法制氧采用气体膜分离技术。其原理是在压力驱动下，借助气体中各组分在高分子膜表面上的吸附能力以及在膜内溶解—扩散上的差异来进行分离的。现已成为比较成熟的工艺技术，并广泛用于许多气体的分离、提浓工艺。

气体膜分离法的主要特点是无相变，能耗相对低，装置规模根据处理量的要求可大可小，而且设备简单，操作方便安全，启动快，运行可靠性高，不污染环境等优点。但膜分离法制氧，其氧气浓度一般为30%～40%，同时膜为耗材，增加了使用成本，大多数高分子材料均存在PO_2和$\alpha O_2/N_2$相互制约的关系，且不耐高温、易腐蚀等缺点。

3. 变压吸附法

变压吸附气体分离＋提纯是利用分子筛、依靠压力的变化来实现吸附和再生，其再生速度快、能耗低，属于节能型气体分离技术，特别适合能源短缺的情况下低品质资源的开发利用。分子筛变压吸附原理的制氧机利用空气可生产纯度在90%～95%的氧气，满足使用要求，并且其制氧机工艺流程简单、安全、投资少、能耗比较低，因此特别适用于中小规模有供氧需求的地方。近年来各级医院的中心供氧系统的氧气气源越来越多地选用采用变压吸附法的制氧机进行供氧。

根据铁路的运营特点及市场调查，拉林铁路采用变压吸附制供氧设备系统。变压吸附法技术成熟，规模灵活，投资约为深冷法的1/2，可直接制取医用氧；同时系统自动化程度高、再生速度快、工艺流程简单、操作便捷、易于维护等，此类优点，更适宜高寒铁路站区生活与生产场所采用。其制备的氧气浓度符合《铁路高原站区供氧技术要求》(Q/CR 754—2020)的要求，适用于集中式管道供氧。

5.5.4　制氧设备选型

根据调研并结合相关要求，拉林铁路的供氧范围为6个站区的单身宿舍、乘务员公寓等居住建筑，办公楼预留供氧条件。

考虑使用人员吸氧的便利性，宿舍同时设置鼻吸式供氧终端及弥散式供氧终端。

1. 鼻吸用氧

按照《西藏自治区民用供氧工程设计标准》(DBJ 54004—2018)，鼻吸式供氧的吸氧浓度不应高于35%。同时参照医用规范标准，铁路职工的用氧量采用2 L/(min・人)。

2. 弥散式用氧

按照《西藏自治区民用供氧工程设计标准》(DBJ 54004—2018)，弥散式供氧量可按式(5.1)进行计算(以单身宿舍1个标间为例)。

(1)富氧房间需氧量：

$$Q_1=\frac{V_F a}{R_\theta}\times K_1 \tag{5.1}$$

式中　Q_1——房间氧含量每小时提升a所需氧气流量，m^3/h；

V_F——富氧房间容积，m^3，按照拉林铁路单身宿舍设计，房间容积为51.1 m^3；

a——富氧房间每小时氧含量提升的体积百分比，根据工程实际，取$a=1\%$；

R_θ——供氧管道出口氧气浓度，变压吸附法管道出口为90%；

K_1——房间密封性修正系数，按表5.8确定，取$K_1=2.5$。

表 5.8 房间密封性修正系数

气密性等级	严寒地区	寒冷地区	
		1～6 层建筑	7 层及以上建筑
	6 级	4 级	6 级
修正系数	1.67	2.5	1.67

经计算，富氧房间需氧量 Q_1 为 1.42 m^3/h。

(2)人员消耗氧量：

$$Q_2=\frac{Q_R n_R}{R_\theta}$$

式中 Q_2——富氧室内人员每小时总耗氧量，m^3/h；

n_R——富氧室内最大活动人数，单身宿舍标间按 2 人设计；

Q_R——富氧室内单人每小时耗氧流速，m^3/h，按表 5.9 确定，取 Q_R＝0.34 m^3/h。

表 5.9 富氧室内单人每小时耗氧流速

活动情况	睡眠	卧位	办公或者坐着休息	站位、放松	散步(5 km/h)	跑步(10 km/h)
总耗氧量/(NL/min)	0.24	0.26	0.34	0.36	0.85	2.8

经计算，富氧房间人员消耗氧量 Q_2 为 0.046 m^3/h。

(3)综上，富氧室内每小时提升 1%氧含量所需氧气总流量 $Q_3=Q_1+Q_2=1.42+0.046=1.466$ m^3/h。

(4)在高原弥散供氧区域内每增加 1%的氧浓度，相当于海拔降低 300 m。比如，在海拔 4 500 m 将氧浓度提高 5%，对应供氧生理等效高度相当于海拔 3 000 m 左右。氧气含量为 26%，氧分压达到 15 kPa，相当于海拔 2 800～3 000 m 高度，适合于高原职工工作生活，在富氧室工作人员感受舒适，缺氧症状得到明显改善。高原供氧按照《铁路高原站区供氧技术要求》(Q/CR 754—2020)，富氧房间供氧达到表 5.10 中序号 2 氧气浓度即可。

表 5.10 富氧房间供氧浓度推荐

序号	海拔 H/m	大气压力 P/kPa	氧浓度 N			等效海拔高度 H_d	
			限值	推荐值	允许最大值	限值等效	推荐值等效
1	2 500	74.6	21.6%	22.1%	25.2%	2 200 m	2 000 m
2	3 000	70.2	22.3%	23.2%	25.7%	2 400 m	2 200 m
3	3 500	66.0	22.3%	23.4%	26.3%	2 600 m	2 500 m
4	4 000	62.1	22.5%	24.0%	26.8%	3 400 m	2 850 m
5	4 500	58.4	24.0%	25.5%	27.5%	3 400 m	2 900 m
6	5 000	55.0	25.5%	27.0%	28.1%	3 500 m	3 000 m

注：1. 海拔 H(km)与大气压 P(kPa)的关系：$H=(RT/gM)\times\ln(P_0/P)$，常数 $R=8.51$，温度 $T=273.15$ K，重力加速度 $g=9.8$ m/s^2，空气分子量 $M=29$，标准大气压 $P_0=101.325$ kPa。

2. 高原供氧安全浓度值 N(%)与海拔 H(km)的关系：$N=8.28\%\times\exp(H/10.41)+14.69\%$。

3. 等效海拔 H_a(km)与海拔 H(km)和氧浓度 N 的关系：$H_a=(H-11.879)\times N\div20.95\%+11.879$。

(5)根据以上的计算示例，按照要求，沿线贡嘎、扎囊、山南、桑日、加查、朗县的单身宿舍设置供氧设施，办公楼预留供氧条件，则全线的制氧站配置见表5.11。

表5.11　全线制氧站配置

站名	名　称	规　格	单位	数量
贡嘎站	制氧机	30 m^3/min(含配电箱、空压机、空气罐、储氧罐、缓冲罐、冷冻干燥机、调压阀、控制系统等)	套	2
	鼻吸式供氧终端	含鼻吸式供氧终端、阀门及装饰带等	套	138
	弥散式供氧终端	含弥散式供氧终端、阀门及装饰带等	套	69
扎囊站	制氧机	30 m^3/min(含配电箱、空压机、空气罐、储氧罐、缓冲罐、冷冻干燥机、调压阀、控制系统等)	套	2
	鼻吸式供氧终端	含鼻吸式供氧终端、阀门及装饰带等	套	164
	弥散式供氧终端	含弥散式供氧终端、阀门及装饰带等	套	82
山南站	制氧机	30 m^3/min(含配电箱、空压机、空气罐、储氧罐、缓冲罐、冷冻干燥机、调压阀、控制系统等)	套	2
	鼻吸式供氧终端	含鼻吸式供氧终端、阀门及装饰带等	套	106
	弥散式供氧终端	含弥散式供氧终端、阀门及装饰带等	套	53
桑日站	制氧机	60 m^3/min(含配电箱、空压机、空气罐、储氧罐、缓冲罐、冷冻干燥机、调压阀、控制系统等)	套	2
	鼻吸式供氧终端	含鼻吸式供氧终端、阀门及装饰带等	套	308
	弥散式供氧终端	含弥散式供氧终端、阀门及装饰带等	套	154
加查站	制氧机	30 m^3/min(含配电箱、空压机、空气罐、储氧罐、缓冲罐、冷冻干燥机、调压阀、控制系统等)	套	2
	鼻吸式供氧终端	含鼻吸式供氧终端、阀门及装饰带等	套	158
	弥散式供氧终端	含弥散式供氧终端、阀门及装饰带等	套	79
朗县站	制氧机	40 m^3/min(含配电箱、空压机、空气罐、储氧罐、缓冲罐、冷冻干燥机、调压阀、控制系统等)	套	2
	鼻吸式供氧终端	含鼻吸式供氧终端、阀门及装饰带等	套	232
	弥散式供氧终端	含弥散式供氧终端、阀门及装饰带等	套	116

(6)制氧机房如图5.15所示。

图5.15　贡嘎站制氧机房

第6章 建筑电气与智能化

6.1 铁路电力高可靠供电系统

6.1.1 房屋建筑外部电源情况分析

拉林铁路位于青藏高原东南部，属于冈底斯山与念青唐古拉山、喜马拉雅山之间的藏南谷地，雅鲁藏布江中游，沿线海拔 2 800～3 700 m。沿线地形、地质复杂，电网薄弱，极大考验房屋建筑供电系统的安全性和稳定性，合理的供电方案显得至关重要。

由于地方电网存在电源点分布不均衡、地区差异较大的客观原因，结合以下因素统筹考虑房屋建筑外部电源选择：

(1)充分掌握地方电网的分布及可靠性情况，10 kV 配电所的布点尽量避开地方电网薄弱地区。

(2)10 kV 电源优先考虑由地方 110 kV 变电站接取，尽量避免由 35 kV 变电站或地方小水电站接取，从源头开始保证供电质量。

(3)保证 10 kV 配电所两路 10 kV 电源的独立性，当一路 10 kV 电源停电时，另一路 10 kV 电源仍能维持供电。

(4)过林区尽量采用电缆避让敷设，减少林区砍伐。

(5)前期与规划、林业等部门充分沟通，避免后期引起电源线路径变更。

(6)对于大山区铁路，电源线路尽量采用架空敷设方式，沿峡谷或临江的国道采用电缆敷设方式时，应征求相关部门意见。

拉林铁路沿线采用双路 10 kV 电力贯通线，并采用环网接线，在电力调度系统的控制下，实现两座 10 kV 配电所之间，出现一处故障，不影响供电可靠性。出现两处故障，只降低两处故障之间区域供电可靠性，但仍能支持列车运行。当 10 kV 配电所外部电源出现故障时，即使一座 10 kV 配电所全所出现故障中断运行，仍能保证铁路正常行车。

结合拉林铁路全线 10 kV 配电所的设置情况统筹考虑建筑房屋的外部电源，除岗嘎站房综合变电所自地方接取一路 10 kV 电源，另一路 10 kV 电源自铁路 10 kV 综合贯通线接取外，其余站房综合变电所自各车站铁路 10 kV 配电所接取两路独立 10 kV 电源，为房屋建筑提供高可靠的外部供电电源。

6.1.2　保证电力供电可靠性的措施

1. 负荷等级

(1)应急照明、通信、客运信息系统、自动售检票系统、参与消防用的潜污泵、环境与设备监控系统、消防用电设备、电动排烟窗等按一级负荷标准供电。

(2)公共区照明、不参与消防用的污水处理设备、机房空调及正常照明等按二级负荷供电。

(3)广告照明预留、商业预留、普通空调、电热设备、室外充电桩等按三级负荷供电。

2. 供电原则

为保证铁路各用电设备的可靠安全供电，铁路电力设计保证各级供配电系统的相互匹配，除发生大面积自然灾害(如地震、战争、电网崩溃等)或故意损坏外，其可靠性满足以上要求：

(1)当供电网络中的一条外部电源线路故障停电时，不能导致一级负荷停电。

(2)当供电网络中的一条供电线路停电时，不能导致一级负荷停电。

(3)当供电网络中的一台供电设备停电时，不能导致一级负荷停电。

(4)电力供电与铁路行车和运输安全密切相关，所有各个等级负荷的电源均自电力供电系统接引。

(5)与行车直接相关的一级负荷至少从供电网络接取2路独立电源。

(6)电力供电遵循国家强制性标准，认真贯彻执行国家能源政策，保护环境，节约土地，积极采取节能措施，降低电能消耗。

3. 不同负荷的电源选择

(1)一级负荷配电从双电源10/0.4 kV变电所两段0.4 kV母线各引一路电源至设备(组)附近，两路电源在线路末端设电源自动切换装置。

(2)对于机房空调等二级负荷，从10/0.4 kV变电所两段0.4 kV母线各引一路电源至设备(组)附近，两路电源在线路末端设电源自动切换装置。其余二级负荷从设置低压母联的双电源10/0.4 kV变电所一段0.4 kV母线馈出单回电源线路至设备的电源箱。站厅与站台公共区照明(含出入口)配电采用变电所两段0.4 kV母线各带约50%的照明灯具交叉布置的配电方式。

(3)三级负荷配电从10/0.4 kV变电所一段0.4 kV母线馈出单回电源线路至设备的电源箱。当供电系统为非正常运行方式时，允许将其切除。

4. 供电电源及电压等级

(1)各车站站房内分别设置一座站房综合变电所，供站房及附属设施的动力、照明设备用电。

(2)林芝和山南车站室外停车场单独设置室外充电箱式变压器，为室外停车场室外照明、门卫及充电桩供电。室外充电箱式变压器高压电源引自站房高压环网馈出回路。其余7个站房室外充电桩电源引自站房动照变压器低压馈出回路。

(3)室外铁路安检房不单独设置变压器，电源引自站房动照变压器低压馈出回路。

(4)站区生产生活用房自就近变电所或箱变接取低压电源。

5. 继电保护及信号装置

10/0.4 kV 变电所内的变压器保护采用断路器保护，变压器设温度保护，高温报警，超温跳闸；信号上传至调度端。

所有高压回路、低压进线、母联及重要低压出线回路纳入电力远动系统。纳入远动的低压回路均设置微型RTU。RTU柜内设置1套UPS电源装置，分别从两台变压器低压侧各引一路电源经双电源切换装置，置切换后给UPS电源装置供电。

6. 计　　量

采用高低压分别计量，在车站配电所每路10 kV电源出线处设置计量装置。在低压母线段对照明、商业分别集中计费，在末端根据不同的经济核算部门和单位分别设表用于内部计量。

7. 功率因数补偿

在10/0.4 kV变电所低压侧设功率因数自动补偿装置，要求补偿后的变压器低压侧功率因数在0.95以上。

8. 低压配电系统

(1)低压带电导体配电系统的型式采用三相四线制，接地型式采用TN-S系统。

(2)动照变压器低压侧采用单母线分段方式运行，设置母联断路器，母联断路器设自投自复/手动转换开关。母联断路器自投前应先利用三级负荷回路的分励脱扣器断开三级负荷，然后母联断路器自动投入，以保证变压器正常工作；两路低压总进线断路器与母联断路器设电气联锁，任何情况下最多只允许其中的两个开关同时合闸。

9. 主要设备配电方式

(1)对于通信、火灾报警系统、环境与设备监控等系统、设备，自变电所两段母线各引一回电源至设备(组)附近，两回电源在线路末端自动切换。同一防火分区内的消防负荷可共用双电源切换箱。

(2)通信、信息等影响行车安全和人员疏散的用电负荷为特别重要负荷，除两路交流电源现场切换外，还设置UPS(由相关专业设置)作为第三电源，充分保证用电可靠性。

(3)对于单台容量较大的负荷或重要负荷采用放射式配电；对一般设备采用放射式与树干式相结合的混合方式配电。

(4)消防泵、排烟风机等消防设备附近设置配电箱，采用现场手动和消防控制室控制。现场设置手动/自动转换开关，设置与消防控制室联动装置的通信接口。正常情况下转换开关设在“自动”状态，接到消防控制室火灾信号后自动启动。消防设备的过负荷保护只作用于报警信号，不作用于切断电源。

(5)低压配电线路及用电设备根据使用要求设置相应的保护装置，一般均设短路保护、过负载保护、接地故障保护，配电线路采用的上下级保护电器，其动作应具有选择，各级之间应能协调配合。对于手握式和移动式用电设备及插座回路均增设漏电保护。

(6)空调机组、风机等设备均设有现场及综合监控室控制，现场设置配电箱或控制箱，采用现场手动控制，综合监控室通过 BAS 系统集中控制。

(7)除信息等与行车相关的负荷外，其余非消防负荷的低压断路器设有分离脱扣器(或接触器)，在本防火分区发生火灾时，由 FAS 系统切除非消防负荷。

(8)为了防止电气火灾，在各站房变电所低压馈出回路设置防火剩余电流动作报警系统，同时在高度大于 12 m 的大空间照明线路设置具有探测故障电弧功能的电气火灾监控探测器，用于监测配电系统漏电状况，有效防止漏电火灾的发生。漏电报警信号线送至一层消防控制室内显示，在消防控制室内设置报警系统集中控制器。在各低压配电柜出线回路设置报警探测器，漏电信号仅作用于报警，不切断电路。

(9)消防设备的控制箱(柜)作“消防”标志，并符合消防规范要求。

6.2　建筑照明设计

建筑照明是指利用人工照明或自然采光等手段，给人们提供足够照度、良好识别、特征强调、创造舒适的光环境、营造特殊氛围。建筑照明应设计以人为本，同时要考虑安全性和实用性，以及照度要求、安装方式、维修方式等因素，最后再结合人性化的创意，最终达到良好的照明效果。

拉林铁路房屋建筑照明种类主要为正常照明、应急照明和景观照明。

6.2.1　正常照明设计

1. 照度标准

正常照明指在正常情况下使用的室内外照明，拉林铁路房屋建筑正常照明照度标准参考《建筑照明设计标准》(GB 50034—2013)。拉林铁路房屋建筑正常照明照度标准参照见表 6.1。

表 6.1　拉林铁路房屋建筑正常照明照度标准

场所名称	照度标准值(平均)/lx		参考平面及其高度	统一眩光值(UGR)	一般显色指数 R_a
	水平	垂直			
进出站大厅、售票厅	200	—	地面	19	80

续上表

场所名称	照度标准值(平均)/lx		参考平面及其高度	统一眩光值(UGR)	一般显色指数 R_a
	水平	垂直			
集散厅	200	—	地面	19	80
普通候车厅、通道、连接区、扶梯、进出站地道	150	—	地面	19	80
办公室、监控室	300	—	0.7 m水平面	19	80
售票台	500	—	台面	19	80
变电所	200	—	地面	—	80
通信、信息设备用房	200	—	地面	19	80
风机、水泵、空调设备用房	100	—	地面	—	60
有棚站台,有棚天桥	75	—	地面	—	80

2. 光源选择及照度计算

(1)光源选择

所有建筑房屋均采用LED光源。设备用房根据房间装修方案采用条形LED灯或者面板灯,走道、卫生间采用LED筒灯,无吊顶的楼梯间采用LED吸顶灯,对于高大空间,由于层高及面积都较大,因此一般的低光强照明灯具不适宜使用。目前,在高大空间照明工程应用中大多采用LED筒灯或高天棚灯,但由于大功率光源容易造成眩光,从舒适度和功能性角度来说,大空间照明要结合空间高度和装修风格合理选择照明光源,高大空间照明灯具功率型式可参照《关于铁路站房LED照明设计研讨会会议纪要》(鉴电函〔2018〕151号),主要公共区域灯具选型如下:

①公共区域空间高度6 m以下,选用筒灯、透镜条形灯。筒灯功率一般选用26 W,根据建筑净空及装修方案也可选择13 W、18 W和36 W。透镜条形灯一般选用27 W,根据建筑净空及装修方案也可选择20 W、35 W和42 W 。

②公共区域空间高度6~12 m时,选用筒灯。筒灯功率一般选用50 W,根据建筑净空及装修方案也可选择30 W和70 W。

③公共区域高度12 m以上时,一般选用筒灯和高天棚灯。筒灯功率一般选用70 W,根据建筑净空及装修方案也可选择50 W、80 W。高天棚灯功率一般选用110 W,根据建筑净空及装修方案也可选择70 W和150 W。

④旅客地道选用条形灯。条形灯功率一般选用20 W,根据建筑净空及装修方案也可选择13 W和27 W。

⑤站台雨棚选用筒灯。筒灯功率一般选36 W,根据建筑净空及装修方案也可选择26 W和42 W。

⑥一般光源色温为3 300~5 300 K,其中办公室、消防控制室、综合指挥中心等长期有人工作位置的色温采用3 500~4 000 K,站台区域4 200~5 300 K,站台所采用的光源

不应与站内黄色信号灯颜色相混。除有特殊要求外，同一空间区域内一般照明光源采用的色温应一致。

(2)照度计算

①照度计算的目的是根据工作面所需要的照度值及其他已知条件(灯具布置和灯具形式、房间各个方向的反射条件和房间的污染情况等)，来确定灯具的用电容量和数量；照度计算需要考虑确定的照度值、照度分布以及质量和经济性。其计算方法包括逐点法、单位容量法、利用系数法、概算曲线法等。其中，利用系数法照度计算适用于室内灯具均匀布置，墙和顶棚反射系数较高，空间无大设备遮挡的室内正常照明；拉林铁路房屋建筑照明计算方法主要采用利用系数法。

②利用系数法平均照度的基本公式如下：

$$E_{av}=N\Phi uK/A$$

式中　E_{av}——工作面上的平均照度，lx；

Φ——光源光通量，lm；

u——利用系数；

K——灯具的维护系数，室内一般取 $K=0.7$；

A——工作面面积，m^2。

③通过填写原始数据，选择合适的灯具功率，即可得出高大空间的计算照度值，同时基于 DIALux 专业软件平台，开展重点空间照明专项设计。拉林铁路房屋建筑海拔从 2 950～3 600 m，所处地区气候寒冷、昼夜温差大、日照率高、太阳辐射强度大，针对室内外高强度差异的情况，采用 DIALux 专业软件平台，开展重点空间灯具光源选择、灯具布置、照度、功率密度限值等相关内容的专项设计，提供站房舒适、绿色、节能环保的照明环境。

3. 灯具布置

拉林铁路房屋建筑如站房等用房结构较为复杂，要考虑高大空间的特点，既要满足功能性的要求，又要与房屋建筑装修紧密结合。满足功能性需求的照明一般采用直接照明方式，与装饰相结合的区域根据需要采用间接照明方式，增强对建筑风格的表现。

拉林线站房照明在保证安全性、功能性和经济性的基础上，重点针对站房藏式建筑风格、浓郁人文特色和优美自然风景等特点，进行了针对性研究，实现站房照明与建筑风格的完美融合，增加站房室内空间层次、增强装修艺术效果和增添旅客舒适体验，起到画龙点睛的效果。

(1)林芝站

充分考虑林芝工布文化独特的建筑风格，结合林芝优美的自然风光，提炼出“生态林芝”特色，在林芝站一二层候车厅内除设置主要功能照明筒灯外，在候车厅藻井造型吊顶内的四周暗藏灯带作为辅助照明，利用其柔和光线，将藻井显得更加明亮，站房功能照明和辅助照明相互协调，烘托出候车厅空间层次感，也给旅客营造一种舒适的氛围感。林芝站房室内正常照明如图 6.1 所示。

图 6.1　林芝站房室内正常照明

(2)山南站

山南站房在建筑色彩上运用雪白、藏红和金黄三种，简洁明快，充分考虑山南雅砻文化和山南浓郁的人文特色，站房候车厅内利用大量带有雪莲花图案的方形装饰面板组合成一个个独具特色的中国结。站房照明结合其特有的装修方案，将装饰面板点亮，将中国结图案在候车厅内点亮，营造一种让高原雪莲花在中国结图案中闪闪发光的效果。山南站房室内正常照明如图 6.2 所示。

图 6.2　山南站房室内正常照明

4. 照明配电

站房内人流密集，工艺设备重要，高大空间多，一旦发生停电故障，容易引起混乱和恐慌，合理设置公共区及设备区照明供电方案更加重要。正常照明从变电所引出380/220 V电源供电，人口密集的出入通道等处的正常照明电源引自变配电所两段不同母线，采用两个专用回路各带50%灯具，交叉供电。照明灯具额定电压为交流220 V。变电所所内照明采用双电源切换供电；办公区域分区域设置正常照明配电箱，采用单回路供电。设备区按楼层及防火分区设置照明总箱，根据功能需求设置一般照明分箱，并对通信、公安等不同使用单位单独计费。

值班照明利用正常照明中能单独控制的一部分或全部回路作为值班照明，在夜间非工作时间需要值守或巡视的站台、候车区、出站厅等公共场所，利用正常照明的一部分兼作值班照明，单独控制，值班照明照度不低于正常照明照度的10%。

5. 灯具安装

照明灯具主要采用嵌入式、管吊式、吸顶式安装。在站房集散厅、候车厅、出站厅、办公用房等区域，结合装修方案，灯具采用嵌入式安装；在变电所、消防水泵房、空调机房等设备用房区域，结合设备布置方案，灯具采用管吊式安装；在站台雨棚、连廊等区域，灯具采用吸顶安装。

6. 照明控制

站房公共区照明实施集中控制和管理，采用智能照明控制系统实现现场及远端控制、时序控制、室内照度控制等功能，达到科学管理、节能优化的目的，并将智能照明控制系统纳入BAS系统；办公或设备房屋照明采用就地控制。

6.2.2 消防应急照明和疏散指示系统设计

应急照明作为铁路站房安全保证体系的重要组成部分之一，对保证人员安全和工作持续具有极为重要的作用。

根据《铁路照明设计规范》(TB 10089—2015)的相关规定，将铁路建筑的应急照明分为疏散照明和备用照明。当正常照明因故障熄灭后，对需要确保人员安全疏散的出口和通道，应装设疏散照明；当正常照明因故障熄灭后，对需要确保正常工作或活动继续进行的场所，应装设备用照明。

1. 设置疏散照明的场所及要求

(1)铁路站房的候车区(室)、售票厅(室)、集散厅、综合服务区、旅客换乘区、城市通廊；各出入口、楼梯、走道、天桥、地道等通道，旅客站台根据需要设置。

(2)站房内的疏散楼梯间，防烟楼梯间及其前室，消防电梯间的前室或合用前室，疏散走道；配电室、消防控制室、消防水泵房、自备发电机房等发生火灾时仍需有人工作、值守的区域。

(3)气体消防房间防护区内的疏散通道及出口。

(4)散照明的地面最低水平照度应符合:对于楼梯间前室或合用前室,不应低于10 lx;对于人员密集场所,不应低于3 lx;对于其他疏散走道等场所,不应低于1.0 lx。

(5)疏散照明电源的连续供电时间不少于90 min;并在安全出口处和疏散走道,分别设置安全出口标志和疏散走道指示标志。

2. 设置备用照明的场所及要求

(1)消防控制室、消防水泵房、自备发电机房、变电所及区域总配电装置室、防排烟机房以及发生火灾时仍需有人正常工作、值守的消防设备房。

(2)中型及以上站房的进站厅、出站厅、候车室;大型及以上站房的售票厅、售票室;旅客站台根据需要设置。

(3)A级、B级电子计算机房,信息网络机房,建筑设备管理系统机房,安防监控中心等重要机房。

(4)用照明其作业面最低照度不应低于该场所正常照明照度值的10%。

3. 应急照明的消防要求

铁路站房的疏散照明和消防备用照明属于消防负荷,采用消防电源供电,线缆应具备耐火性能。火灾期间不需要坚持工作的应急照明,不属于消防负荷。例如:针对非火灾停电工况,为保证工作或活动持续、避免人员潜在危险而设置的备用照明。需要注意的是,部分重要设备房间的非消防备用照明,火灾期间需要持续供电,其供电线路均需耐火,满足火灾工况。例如:与铁路行车密切相关的通信、信号、信息等重要设备机房,其备用照明属于非消防负荷,但只要不是设备机房发生火灾,都需要备用照明维持工作,选用具备耐火性能的供电线缆。

4. 疏散照明优化

针对高原上旅客走行困难,一旦发生火灾疏散时间较短等情况,结合建筑疏散方案,疏散照明设计从灯具设置位置、疏散指示方向等方面进行了全面优化,达到人员快速、安全疏散的目的。

6.2.3 景观照明设计

为满足后期资源开发和旅游业及其他产业的发展,认真贯彻落实国铁集团对于拉林铁路站房及站区一体化建设指示要求,落实客站建设"畅通融合、绿色温馨、经济艺术、智能便捷"的十六字方针和"一站一景"理念,以及更好彰显高原地区藏式建筑特色以及全线站房独特风格,按需设置景观照明。

全线站房景观照明采用投光和内透光两种方式的巧妙结合,依托站房整体空间环境，全局布置灯光氛围，针对重要节点进行更加细腻的灯光效果营造，让旅客车站夜景空间更有层次感，同时，利用不同颜色的灯光营造不同主题空间氛围，带给旅客精神上的愉悦和满足。林芝和加查站房景观照明效果如图6.3和图6.4所示。

图6.3　林芝站房室外景观照明

图6.4　加查站房室外景观照明

6.2.4　典型设计输入资料及接口设计

1. 典型设计输入资料

(1)装修专业提供的各区域装修方案及灯具位置。

(2)信息专业提供的信息机房、信息配线间照度要求。

(3)通信专业提供的通信机房照度要求。

2. 接口设计

(1)与装修专业接口

装修专业提供各区域装修方案及灯具位置，灯具位置以装修图为准，灯具功率及数量以专业设计为准。

装修专业提供的装饰性照明，如大型吊灯及花灯等，灯具位置及数量由装修专业计列。

(2)建筑

站房雨棚设置有综合桥架的混凝土雨棚，以综合桥架分界，综合桥架和由综合桥架至末端灯具的预埋管位置及数量由建筑专业实施。灯具、电铃及线缆由电力专业实施。

6.2.5 建筑照明关键技术及创新点

建筑照明是照明、艺术和灯光的完美结合，通过精心设计的灯光，照射在建筑房屋上更能增添文化艺术气息。建筑房屋如铁路站房具有价值性、思想性和艺术性，放在最核心的地带，用来代替大面积的灯光，更能为城市增色。

（1）与建筑、装饰、环境、人文巧妙融合，彰显站房艺术魅力。

建筑照明在室内装饰中起着不可替代的作用，通过巧妙照明设计，充分与室内外装修方案协调融合，在站房内尽可能地实现了见光不见灯的效果。

（2）智慧照明。

站房景观照明具备纳入各地区城市景观照明统一控制的条件，智慧照明作为收集大数据载体，将站房的景观照明数据通过物联网的形式纳入城市夜景控制。

（3）坚持环保、低碳、科技、人性的照明理念，选用低耗能的照明产品，灯具采用LED光源。

①通过对站房构造及幕墙的剖析，灯具安装位置的合理选择，亮度及色温的控制，形成站房、地面、空中三维统一协调的夜景照明效果。

②所有照明产品均与站房相融合，除了景观灯柱，其他灯具均与环境相融合，同时保证了白天和夜间站房呈现的效果。

③在光的方向和控制上，选用合适的灯具配光曲线，对光的控制更加高效。

6.3 电力设计节能及能源管理

就铁路电力工程而言，节能减排主要体现节能减排降耗方面，通过节能降耗可以减少发电企业煤炭等能源的消耗和输电线路上的电能损耗，从而降低供电成本。电力网络的节能降耗主要指降低电能在输送环节中的损耗，有资料表明，配电网中的电能损耗占到整个电力系统电能损耗的60%以上。一般情况下，配电网中的电能损耗分为固定损耗和可变损耗。固定损耗也称为空载损耗，不随负载的增减而变化，固定损耗主要包括配电变压器的铁损、电容器和电缆介质产生的损失。可变损耗是随负荷增减而变化的，他与负荷电流的平方成正比，负荷电流越大，损失越大，可变损耗主要包括配电变压器的铜损以及线路损耗。各种电力配电网络的能耗损失，可采取措施和管理措施进行节能降耗。

6.3.1 房屋建筑电力工程的能耗分析

拉林铁路房屋建筑电力工程的内耗主要包括外部电源引入铁路电力变（配）电所

的线路损耗、变压器有功功率损耗和无功功率损耗、功率因素较低的用电设备产生的无功损耗、机电设备的耗能以及电气照明耗能等，主要影响能耗的因素有：

(1)外部电源引入铁路电力变(配)电所的线路损耗，包括通过导线负荷电流引起的铜损以及容性电流和谐波电流引起的损耗。

(2)变压器有功功率损耗和无功功率损耗。变压器容量和台数依据各用电专业所提供的用电要求、负荷大小、无功补偿方案等经计算确定，并对供电方案进行优化。

变压器的有功功率损耗又分为铁损和铜损两部分，铁损又称空载损耗，是变压器主磁通在铁芯中产生的有功功率损耗，因为主磁通只与外加电压和频率有关，所以当外加电压和频率恒定时，铁损为一常数，即铁损值与铁芯材质等有关，与负荷大小无关。变压器的无功损耗包含励磁电流产生的损耗和变压器无功漏磁损耗两部分。

(3)机电设备的耗能。若选用的机电设备效率较低，能耗就会增大。(体现在设备选用专业的设计中)

(4)电气照明的耗能。电气照明的布置和控制对能耗影响主要包括以下两部分：

①不同布置方式对能耗的影响

灯具均匀布置一般采用正方形、菱形、矩形等形式，布置方式是否合理，主要取决于灯具间距 L 和计算高度 H 的比值。L/H 比值小，照度均匀度好，但费用高；L/H 比值过大，保证不了规定的照明均匀度。所以，灯具的间距可以根据 L/H 比值来确定，以站房照明为例，为减小电能损耗且保证照度均匀度，一般照明的照度均匀度不应低于 0.8，对于受到建筑、结构限制，而无法均匀布置灯具或可布置的灯具数量受到限制时，可放宽至 0.6。

②不同分组控制对能耗的影响

《铁路客站站房照明设计细则》中规定：大面积公共场所的每个控制区至少分 2 个控制单元，任一控制单元的划分，应使照度保持相对均匀。采用这种分组控制，大面积公共场所至少有一般照明能实现一定倍数递增，能耗也同样以一定倍数递增。从实际情况看，这基本满足使用需求，基本建设投资亦能合理控制。

(5)其他电力设备能耗。电力设备的开关元器件、仪器仪表、信号灯等元器件、谐波损耗等也是影响电力工程能耗分析的制约因素。

6.3.2 电力设计节能措施

针对雪域高原地区气压低、空气稀薄、气温日变化大等特点，主要房屋建筑采取以下节能措施，有效提高车站管理水平以及充分节约能源。

1. 供配电系统节能

(1)合理布置变配电所位置，尽量靠近负荷中心，能有效降低电能损耗、减少电压损失、提高供电质量。

(2)合理确定变压器装机容量,负荷密度不超出当地用电规划要求,并符合国家及地方相关规定。

(3)选用高效节能型变配电设备,设置无功功率自动补偿装置并串联适当参数的电抗器,提高供电系统的功率因数,抑制谐波,降低损耗。

(4)对空调系统主设备,可在非空调季节停运,降低变压器损耗。

2. 照明节能

(1)建筑室内照度、统一眩光值、一般显色指数等指标满足《建筑照明设计标准》(GB 50034—2013)中的有关要求,各房间或场所的照明功率密度值达到该标准规定的目标值。

(2)照明灯具采用高效 LED 光源、高效灯具。

(3)公共区照明、广告照明场所采用智能照明控制系统。通过分布式控制网络对灯具进行自动化管理,既可就地在服务员室控制,也可在综合控制室自动控制,按照不同模式编程,自动控制投入灯具的数量。

3. 用电设备节能

(1)变压器采用低损耗、低噪声的 SCB13 节能型干式变压器,并达到国家标准《三相配电变压器能效限定值及能效等级》(GB 20052—2013)中规定的 1 级能效要求。使用气体绝缘柜、无油化断路器和干式变压器等变配电设备,可以加强绝缘性能,降低设备故障率,大幅减少维护工作量,大大提高供电安全性。

(2)空调机房新风换气机组、空调机组等长期运行电动机采用变频调速控制。

(3)选用交流接触器的吸持功率能效限定值不低于 2 级。

4. 计量与智能化设计

采用进行独立分项计量,同时设置能源管理系统,根据使用功能合理划分回路,并在各出线回路设置带数据远传功能的数字综合仪表,可对上述各类能耗进行独立分项计量。

6.3.3 环境保护措施

(1)变压器选用低损耗、低噪声满足 1 级能效的节能型干式变压器。高低压开关柜等配电设备元器件选用低噪声环保型,降低用配电设备的噪声及电磁污染。

(2)采用低烟无卤清洁型电缆和导线,火灾时可以避免释放大量含氯的有毒烟雾,以保证人员在紧急情况时的安全疏散。

(3)火灾自动报警系统的感烟探测器选用光电感烟型产品,不选用离子感烟型产品。

6.3.4　机电设备监控和能源管理系统

林芝和山南站房建筑面积均为 15 000 m^2，按相关规范及标准设置机电设备监控和能源管理系统。

1. 机电设备监控系统

(1)机电设备监控系统的监控内容和功能要求：

①中央空调及节能控制。

②变配电系统监控。

③能量管理、远程自动抄表和负荷管理。

④新风系统控制。

⑤送排风系统控制。

⑥给排水系统控制。

⑦车站照明控制。

⑧电扶梯控制。

⑨系统预留与火灾自动报警系统联网的网关接口及与客运服务信息系统的接口。

(2)系统由中央监控工作站、现场控制器、其他监控系统(变配电监控)、通信网络构成。能对建筑内的各类先进的计算机及机电设备，如应急电源、暖通空调等设备或系统，采用控制技术和通信技术进行自动监视、控制和管理，以达到节能、安全、提高管理水平的目的。机电设备监控系统组成如图 6.5 所示。

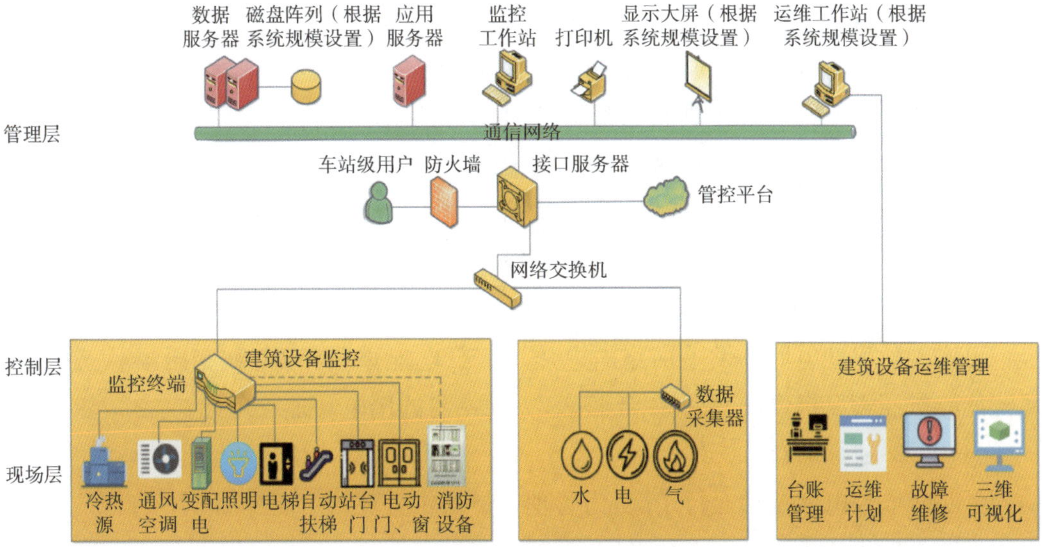

图 6.5　机电设备监控系统组成

(3)中央监控站设于机电设备监控室内，由监控主机、BAS 服务器、打印机等设备组成。中央监控站提供与站房 FAS 等系统的数据接口。

(4)在机电设备相对集中的现场设置现场控制器,完成对扶梯、潜污泵、照明等设备的监控。对低压变电所采用设置智能仪表,进行变配电监控的一体化系统设计,通过通信管理器和通信转换接口纳入BAS系统。

(5)中央监控站为建筑环境设备自适应动态节能运行管理平台预留RS485通信接口,通过多串口服务器上传及显示通风、空调等相关信息。

(6)网络通信。通信介质采用双绞线以太网结构。中央监控站及各监控子站的通信采用工业以太网交换机网络,通信介质为单模阻燃光缆。监控子站的交换机至现场控制器采用阻燃双绞线连接。

2. 能源管理系统

能源管理是对能源的生产、分配、转换和消耗的全过程进行科学的计划、组织、检查、控制和监督工作的总称。随着国内高速铁路建设的快速发展,为了适应环保型经济发展需要,铁路站房的能源集约型管理势在必行。

林芝和山南站房能源管理技术应用主要体现在以下方面:

(1)中央空调、通风系统控制

系统通过现场智能控制器、现场传感器、执行机构,实现站内通风空调系统设备、冷热源监控和管理,确保设备处于高效、可靠、节能的运行状态创造一个舒适环境。同时火灾等灾害事故状态下接受火灾自动报警系统的火灾模式指令,对防排烟系统及正常模式下通风系统合用的设备进行合理控制,充分发挥各种设备应有的作用,保证人员安全和设备的正常运行。

(2)照明系统控制

系统的照明管理子系统通过现场照明控制模块、照度传感器和面板实现站房照明控制。完成照明就地手动控制和远程遥控时间表控制,即:按照时间表及候车大厅客流量变化规律进行分时段控制,有单独的节假日、春运控制时间表;光照度辅助控制即根据环境照度自动控制照明系统开关。照明管理子系统在一定程度上起到能源管理的作用。

(3)低压配电监控

可实现站房变电所各供电回路的电压、电流、电能采集、开关和变压器状态监测。系统能够按照需要提供日、周、月、年报表,方便站房的用电管理和统计。

(4)电梯、扶梯监控

可实时监控电梯扶梯运行工况,为管理人员提供直观的管理界面。

(5)用水用气监控

系统可对市政供水、自采水井、市政供暖进行监控并提供日、周、月、年报表,方便站房的用水、用气管理和统计。

系统通过安装在现场的分类和分项能耗计量装置,实时采集能耗数据,对采集分类分项能耗数据进行分析处理汇总。该系统由能耗管理控制主机、区域组网的数据采集器箱及现场各配电回路的电能计量装置组成(设于低压柜或现场配电箱)。数据采集器与电能计量装置采用屏蔽双绞线组网,数据采集器与监控主机采用光纤组网。

6.4 高土壤电阻率地区降低接地电阻关键技术

6.4.1 高土壤电阻率重难点

拉林铁路沿线土壤电阻率一般在500～3 000 Ω·m;其中,拉萨、林芝土壤电阻率在3 000～4 000 Ω·m,加查、朗县等土壤电阻率在500～1 000 Ω·m,山南土壤电阻率在200～500 Ω·m。高土壤电阻率使拉林铁路接地工程成了该线的重点、难点。

拉林铁路房屋建筑接地电阻设计要求分为≤1 Ω,≤4 Ω,≤10 Ω三种。其中,信号楼、配电所、探测站机房、公安派出所、货物仓库、货运办公楼、通信站、维修工区集中办公楼、线路工区、消防泵间、站房等房屋建筑接地电阻要求≤1 Ω;基站、直放站、轨道衡控制室、汽车衡控制室、桶装油存放间等接地电阻要求≤4 Ω;其余房屋接地电阻要求≤10 Ω。

要达到接地电阻要求难度大,需采取特殊的接地方案和工程措施,例如:加大接地网面积,接地网外引,采用与土壤接触电阻小、抗腐蚀、免维护的接地材料等。根据前期所收集的沿线地勘资料,特别是区间场坪资料,对于高土壤电阻率地区应做特殊设计,结合地形条件选择合理的接地体材质和型号。

6.4.2 房屋接地设计

建筑房屋主要呈现房屋面积小、场坪条件困难、要求接地电阻小的特点。针对建筑房屋的布置特点,对各房屋接地设计进行细化,主要方案如下:

(1)经现场测量,沿线各站房地网接地电阻均能达到不大于1 Ω的要求,故站房附近房屋可与站房地网采用水平接地体就近连接。

(2)远离站房的房屋优先采用水平接地体与就近房屋地网连接,若仍不满足要求时,采用石墨基柔性接地材料作为水平接地体对其地网进行补强。

6.5 高原环境下的电气设备选型

6.5.1 高海拔对10 kV配电所高压柜、环网柜等高压设备的影响

高海拔对10 kV配电所高压柜、环网柜等高压设备的影响,主要包括对设备电晕、空气绝缘强度和放电电压、介质冷却效应和温升、温度变化增大、开关电器灭弧等方面

存在影响，主要影响如下：

1. 对电晕的影响

随着海拔增高，低气压使高压电器设备在空气中裸露部分的电晕起始电场强度降低，造成无线电干扰和损耗加大。

2. 空气绝缘强度和放电电压的影响

随着海拔增高，空气密度相对减小，空气绝缘强度降低，高压电器设备外绝缘的放电电压下降。

3. 对介质冷却效应和温升的影响

随着海拔增高，气压或空气密度的降低引起空气介质冷却效应的降低。对于以自然对流、强迫通风或空气散热器为主要散热方式的产品，由于散热能力降低而增加温升。环境平均温度和最高温度均随海拔的升高而降低。高海拔环境气温的降低可以部分或全部补偿因气压降低而引起产品运行中的温升增加。因此，对于开关和铜排等导体一般进行产品设计时可不考虑高海拔对温升的影响。

4. 温度变化增大的影响

随着海拔增高，高原环境温度昼夜温差大，使设备外壳容易变形或龟裂，密封结构易于破坏。

5. 对开关电器灭弧的影响

随着海拔增高，空气压力和空气密度降低，以空气为灭弧介质的开关电器的灭弧性能下降，电弧燃弧时间增长，电弧飞弧距离增长，导致开关电器的关合、开断能力降低，电气寿命缩短。

6.5.2 高海拔对低压设备的影响

高海拔对低压设备的影响，主要包括对开关电器灭弧能力、温升、脱扣性能、绝缘介质强度等方面存在影响，主要影响如下：

1. 对开关电器灭弧能力的影响

随着海拔增高，空气密度降低，使以自由空气为灭弧介质的开关电器灭弧困难，通断能力下降和寿命缩短。

2. 对温升的影响

随着海拔增高，空气密度降低，以空气介质为散热方式的产品散热困难，一般海拔每升高 100 m，产品温升增加约 0.4 ℃。随着海拔增高，环境温度降低，一般情况海拔每升高 100 m，环境温度降低 0.5 ℃。高海拔地区动、静触头和导电体以及线圈等部分的温度随海拔高度的增加而递增。气温降低足够补偿由海拔升高对电器温升的影响。因此，低压电器的额定电流值可以保持不变，对于连续工作的大发热量电器，可适当降低电源等级使用。

3. 对脱扣性能的影响

具有热脱扣元件的低压电器产品，在高原环境条件下，其脱扣动作时间一般会缩短。

4. 对绝缘介质强度的影响

随着海拔增高，空气密度降低，造成绝缘介质强度降低。一般海拔每升高 100 m，绝缘介质强度约降低 1%。

6.5.3　高海拔环境下的电气设备修正方案

对于 10 kV 配电系统海拔在 1 000 m 以上以及 0.4 kV 低压配电系统海拔在 2 000 m 以上电气设备均需按规定进行修正。

1. 10 kV 配电系统

空气的介质绝缘强度是随着气压的降低而降低，随着空气密度的降低而降低；高海拔地区气压及空气密度随着海拔的升高而降低。相关数据表明，海拔每升高 1 000 m，平均气压则降低 7.7～10.5 kPa，电气外绝缘强度降低 8%～13%。

因此，设计时需对产品使用地点高于 1 000 m 高压电器电气爬距、雷电冲击、工频及操作冲击干试验电压进行修正，修正系数见表 6.2。

表 6.2　10 kV 配电系统空气电气间隙的海拔修正系数

设备使用地点海拔/m		1 000	2 000	3 000	4 000
高压电气设备（以 1 000 m 为基准）	操作冲击	1	1.125	1.28	1.44
	雷电冲击	1	1.125	1.28	1.44
	工频	1	1.125	1.28	1.44
	电气爬距	1	1.125	1.28	1.44

2. 低压配电系统

(1)空气介质绝缘强度的影响

空气介质绝缘强度与气压、空气密度和海拔的关系，设计时需对产品使用地点海拔高于 2 000 m 低压电器电气爬距、雷电冲击、工频及操作冲击干试验电压进行修正。修正系数见表 6.3 和表 6.4。

表 6.3　低压配电系统空气电气间隙及电缆爬距的海拔修正系数

海拔 H/m	正常气压/kPa	电气间隙修正系数
$H\leqslant 2\,000$	80	1
$2\,000<H\leqslant 3\,000$	70	1.11
$3\,000<H\leqslant 4\,000$	62	1.29
$4\,000<H\leqslant 5\,000$	54	1.48

表 6.4 低压配电系统工频耐压和冲击耐压的海拔修正系数

设备使用地点海拔/m		2 000	3 000	4 000
低压电气设备(产品试验地点海拔)	0	1.25	1.43	1.67
	1 000 m	1.11	1.25	1.43
	2 000 m	1	1.11	1.25
	3 000 m	0.91	1	1.11

(2)温升的影响

对于海拔的升高,环境温度降低,一般海拔每升高 100 m,环境温度降低 0.5 ℃。

高海拔地区户外箱式变压器、户外配电箱等低压电器,由于环境温度的降低值补偿海拔升高而导致的温升增加值明显,此时需要对温升限值进行海拔修正。修正系数见表 6.5。

高海拔地区 10/0.4 kV 变电所、户内配电箱等低压电器,环境温度的降低值不能补偿由于海拔升高而导致的温升增加值,此时不允许对温升限值进行海拔修正。

表 6.5 低压配电系统温升极限值的海拔修正系数

海拔 H/m	温升极限值 $\Delta\tau$/℃	海拔 H/m	温升极限值 $\Delta\tau$/℃
H=2 000	0	3 000<H≤3 500	6
2 000<H≤2 500	2	3 500<H≤4 000	8
2 500<H≤3 000	4	4 000<H≤4 500	10

6.5.4 高海拔环境下的电气设备选型

1. 高压设备的选择

(1)拉林铁路高压设备要求厂家提供国家权威检验检测机构出具的高海拔型式试验报告及低温试验报告。

(2)拉林铁路变电所 10 kV 开关柜选用高原型开关柜,高压柜尺寸 1 000 mm(宽)×1 800 mm(深)× 2500 mm(高)(含柜顶小母线室高度)。拉林铁路最高海拔 3 700 m,变电所 10 kV 开关柜柜内空气绝缘净距离按不小于 180 mm 修正。

2. 低压设备的选型

(1)拉林铁路低压设备要求厂家提供国家权威检验检测机构出具的高海拔型式试验报告及低温试验报告。

(2)断路器脱扣选用电子脱扣。

(3)断路器整定电流选择需考虑 0.8 的降容系数。

(4)设计时考虑绝对湿度对外绝缘强度的影响,变电所设置空调,改善室内湿度。

第7章 环保选线及动植物保护措施与技术

7.1 环保选线

拉林铁路选线及工程设计贯彻“预防为主、保护优先、开发与保护并重”的基本原则，达到“沿线珍稀濒危野生动植物不受影响，景观资源不受破坏，江河水源不受污染，生态环境得以恢复”的环境保护总体目标，建成“生态型”环保铁路。拉林铁路环保选线过程中遵循以下原则：

(1)项目环保选线贯彻以绕避生态敏感区为主的原则，在无法绕避的情况下，优化工程形式和施工方案，降低对敏感区保护对象的影响，且敏感区生态环境在施工后能够得以恢复。穿越雅砻国家级风景名胜区的线路尽量绕避其主要景点，尽量与既有拉萨至山南公路(101省道)布置在一个交通走廊内，并且拉林线布置在公路南侧，减少对雅鲁藏布江产生视觉影响。工布自然保护区内线路尽量绕避核心区及缓冲区，如果无法完全绕避上述区域，则应尽量以隧道形式通过，以避免对野生动物生境的影响；其次应考虑以桥梁形式通过，以避免对野生动物通道的阻隔。

(2)减少线路工程对生态景观的切割和生态破碎化的影响，加强区域典型植被保护。

(3)尽量绕避沿线水源保护区，减少工程施工和运营对水质的污染，避免事故发生带来的水体污染风险。

(4)加强城市规划区选线研究，尽量符合城市规划要求，尽量减少拆迁和噪声影响。

(5)鉴于沿线不良地质广泛分布且地质灾害引发的环境影响严重，因此工程应尽量绕避不良地质分布区域，如无法绕避则应采取措施防止诱发地质灾害。

7.2 野生动植物现状

7.2.1 植物资源现状与评价

1. 主要植物及区系分析

工程地处藏东南高山峡谷区，东部受来自印度洋暖湿气流影响明显，野生植物以亚热带植物为主，西段受季风气候影响较小，带有明显高原性特征，区内植被垂直分异明显，植物种类繁多。据统计，评价范围共有维管束植物约82科354属958余种，分别占全国总植物类型的27.67%、11.61%、3.03%，占西藏总植物类型的39.91%、

31.40%、16.63%。

评价范围内常见乔木植物有云杉、高山松、高山栎、柏树、冷杉、白桦、杨、柳、榆树、桑树、桃、梨、苹果、核桃、变叶海棠、花椒等。

灌木植物有狼牙刺、高山柏、凝毛杜鹃、短柱杜鹃、赞赏杜鹃、茶藨子、忍冬、绣线菊、少齿花椒、红果树、白果小檗、细梗小檗、灰栒子、金露梅、一枝蒿、黄牡丹、麻黄、翅果蓼、毛叶绣球、山花梅等。

草甸区域主要有小蒿草、委陵菜、高禾草、苔草及杂草类；其中，有多种苔草、羊茅、早熟禾、条叶银莲花、紫菀、川藏蒲公英、高山唐松草、华丽龙胆、凤毛菊、藏鹅冠草、寡穗茅、线形草沙蚕、苔草、狼毒、禾叶点地梅、蚤缀、虫草、贝母、当归、雪莲、党参黄连、柴胡、荨麻、酸模、珠芽蓼、细茎蓼、小叶蓼、猪毛菜、杂配藜、繁缕、虎耳草等。

栽培植物主要有春小麦、油菜、豌豆、青稞、玉米、马铃薯、辣椒等。

2. 国家及地方保护植物

通过野外实地调查并结合走访当地林业部门，根据《国家重点保护野生植物名录(第一批)》(1999年)，初步确定工程评价范围内分布有国家重点保护野生植物7种。其中，国家二级保护野生植物3种，分别是巨柏、金铁锁、星叶草；自治区级保护植物4种，分别是黄牡丹、桃儿七、天麻、参三七，具体见表7.1。调查没有发现线路工程占地范围内有国家重点保护野生植物分布。

表7.1　评价范围内重点保护野生植物名录

序号	种名	保护级别	主要分布里程
1	巨柏	国家二级	CK277～CK350；CK400～CK450
2	金铁锁	国家二级	CK365～CK435
3	星叶草	国家二级	CK250～CK450
4	黄牡丹	自治区级	CK400～CK450
5	桃儿七	自治区级	CK350～CK450
6	天麻	自治区级	CK360～CK450
7	参三七	自治区级	CK380～CK450

评价范围内重点保护野生植物如图7.1所示，简述如下：

(1)巨柏

国家二级保护野生植物，生于海拔3 000～3 400 m江边的阳坡、谷地开阔的半阳坡及有石灰石露头的阶地阳坡之中下部，组成疏林，或在江边成行生长。

(2)金铁锁

国家二级保护野生植物，稀有，生于山坡高山栎林缘砂砾地和草地，海拔3 040～3 100 m。

(3)星叶草

国家二级保护野生植物，稀有，喜阴湿，要求散射光和潮湿的生境，凡阳光直接照射处，不见其分布，这种特殊生境一旦被破坏，极难生长。生于山坡石上、林缘或云杉林或高山栎中，海拔 3 400～4 000 m。

(4)黄牡丹

自治区重点保护野生植物，生于海拔 2 900～3 200 m 的雅鲁藏布江河谷及山坡林缘，喜光，喜温暖，不耐瘠薄，畏炎热，目前野外存活仅 6 000 株左右。

(5)桃儿七

自治区重点保护野生植物，生于海拔 2 700～4 300 m 的平坦山谷及透光度好的林下、林缘或者草灌丛中。

(6)天麻

自治区重点保护野生植物，生于海拔 2 100～2 700 m 的山坡阔叶林、松林、灌丛或竹林下。

(7)参三七(假人参)

自治区重点保护野生植物，生于海拔 2 300～3 300 m 的阔叶林下或针阔混交林下。

(a) 巨柏

(b) 金铁锁

(c) 星叶草

(d) 黄牡丹

(e) 桃儿七

(f) 天麻

(g) 参三七

图 7.1　重点保护野生植物照片

3. 古　　树

拉林铁路沿雅鲁藏布江河谷阶地行走，河谷阶地地势平坦，为藏族同胞聚集地，历史悠久；在贡嘎至桑日段，有树龄较大的柳树分布。在加查至朗县段的村庄附近，分布有许多树龄较大的核桃树，这些核桃树作物往往能给当地的居民带来较多的经济收入，如图 7.2 所示。工程评价范围内的古树共计 25 株，包括 4 株柳树和 21 株核桃树，具体分布情况见表 7.2。

(a) 核桃树

(b) 柳树

图 7.2　古树照片

表 7.2　评价范围内古树分布表

序　号	树　种	株　数	树　龄	胸径/cm	树高/m	与线路关系
1	柳树	1	大于 100 年	160	17	CK73+500 左侧 60 m
2	柳树	3	大于 100 年	120	18	CK73+900 左侧 80 m
3	柳树	1	大于 100 年	120	18	CK88+500 左侧 70 m
4	核桃	1	大于 100 年	120	18	CK126+450 左侧 150 m
5	核桃	1	大于 100 年	110	19	CK161+960 右侧 120 m
6	核桃	1	大于 100 年	110	19	CK219+050 右侧 100 m

续上表

序　号	树　种	株　数	树　龄	胸径/cm	树高/m	与线路关系
7	核桃	1	大于100年	110	19	CK222+080右侧80 m
8	核桃	1	大于100年	110	19	CK222+300右侧100 m
9	核桃	1	大于100年	110	19	CK222+400右侧90 m
10	核桃	1	大于100年	110	19	CK222+600右侧110 m
11	核桃	1	大于100年	110	19	CK222+700右侧150 m
12	核桃	1	大于100年	110	19	CK222+900右侧120 m
13	核桃	1	大于100年	110	19	CK223+400右侧80 m
14	核桃	3	大于100年	110	19	CK247+400左侧130 m
15	核桃	6	大于100年	110	19	CK249+800左侧100 m
16	核桃	1	大于100年	110	19	CK250+400左侧90 m
合计		25				

4. 植　　被

(1)植被类型

该区域在全国植被区划中分别属于“Ⅳ亚热带常绿阔叶林区域-ⅣB西部半湿润阔叶林亚区域-ⅣBiii亚热带山地寒温性针叶林带-ⅣBiii-3b雅鲁藏布江中下游常绿阔叶林区”;“Ⅷ青藏高原高寒植被区域-ⅧB青藏高原中部高寒草原亚区域-ⅧBii温性草原地带-ⅧBii-2a藏南山地湖盆高寒草原、灌丛区”。

2013年6月～7月,现场进行生态环境现状调查,主要围绕上述植被类型,沿线进行样方调查。

项目评价范围内植被表现出一定的地带性分布规律,类型较少,主要植被类型有常绿阔叶林、落叶阔叶林、针阔混交林、针叶林等森林植被及灌丛、草原、草甸及稀疏植被。在样方调查基础上,参考现有资料和文献,根据各植物群落特征,通过比较它们之间的异同点,将评价范围的自然植被划分为6个植被型组、13个植被型、31个群系及亚群系;人工植被划分为3个植被型组、6个植被型、6个群系。工程评价范围主要植被类型见表7.3。

表7.3　工程评价范围主要植被类型

植被系列	植被型组	植被型	群系及亚群系	分布区域(区段)
自然植被	Ⅰ阔叶林	(1)硬叶常绿阔叶林	(1)川滇高山栎群系	CK360～CK450
		(2)落叶阔叶林	(2)山杨林群系	CK230～CK250+200
			(3)白桦林群系	CK230+100～CK280+500
	Ⅱ针叶林	(3)亚热带山地常绿针叶林	(4)高山松群系	CK280～CK450
		(4)寒温性针叶林	(5)林芝云杉群系	CK270～CK430

续上表

植被系列	植被型组	植被型	群系及亚群系	分布区域(区段)
自然植被	Ⅱ针叶林	(4)寒温性针叶林	(6)急尖长苞冷杉群系	CK270～CK430
	Ⅲ灌丛	(5)亚热带、热带常绿阔叶、落叶阔叶灌丛	(7)西藏狼牙刺群系	CK0～CK160
			(8)柳群系	雅鲁藏布江沿岸河滩
			(9)沙生槐群系	工程影响区域内广泛分布
			(10)云南沙棘灌丛群系	CK400～CK435+495
			(11)小苞水柏枝灌丛群系	CK378～CK443
			(12)宽苞水柏枝群系	雅鲁藏布江两岸河滩地
			(13)匍匐栒子群系	CK280～CK390
			(14)小叶栒子灌丛群系	CK380～CK405
			(15)钝叶栒子灌丛群系	CK330～CK435
			(16)楔叶绣线菊灌丛群系	CK340～CK443
			(17)绢毛蔷薇灌丛群系	CK280～CK390
			(18)峨眉蔷薇灌丛群系	CK340～CK443
			(19)金露梅灌丛群系	CK380～CK425
			(20)西南野丁香灌丛群系	CK340～CK443
		(6)常绿针叶灌丛	(21)高山柏灌丛群系	CK230～CK340
		(7)常绿革叶灌丛	(22)雪层杜鹃灌丛群系	CK223～CK248
			(23)刚毛杜鹃灌丛群系	CK223～CK248
	Ⅳ草原	(8)温带丛生禾草典型草原	(24)长芒草群系	CK0～CK220
		(9)高寒禾草草原	(25)藏籽蒿群系	CK50～CK200
		(10)根茎禾草草原	(26)白草群系	干旱谷坡下和旱山坡、河谷洪积扇和山麓地带
			(27)固沙草群系	雅鲁藏布江河谷的平缓阶地、台地、山坡下部和山麓洪积扇
	Ⅴ草甸	(11)杂草类草甸	(28)灰果蒲公英群系	山坡草地、宽河谷地
			(29)西伯利亚蓼群系	河畔砂质或砾石质土壤上
		(12)蒿草高寒草甸	(30)高山蒿草草甸群系	高山地区均有分布
	Ⅵ水生植被	(13)水生植被	(31)狐尾藻群系	池塘、河漫滩等地的浅水地带
人工植被	Ⅶ人工林	(14)藏川杨林	(32)藏川杨	雅鲁藏布江河谷沿岸及 101 省道两侧广泛种植
		(15)旱柳林	(33)旱柳	雅鲁藏布江河谷沿岸广泛种植
		(16)银白杨林	(34)银白杨	评价区部分城镇及村落附近种植
	Ⅷ经济果木林	(17)果木林	(35)苹果	CK310～CK450
		(18)经济林	(36)枸杞	CK310～CK450
	Ⅸ农田植被	(19)旱地作物	(37)春小麦、油菜、豌豆、青稞、马铃薯等为主的作物组合	CK0～CK450

评价范围内以灌丛植被为主，面积为 8 774.87 hm^2，占总面积的 36.86%，主要分布在 CK0～CK300；其次为草地面积是 4 738.93 hm^2，占总面积的 19.91%，评价范围内均有分布；林地面积（针叶林和阔叶林）4 432.07 hm^2，占总面积的 18.62%，主要分布在 CK300～CK430；农业植物 3 791.35 hm^2，占 15.93%。工程评价范围内的林草覆盖率为 75.38%。铁路沿线两侧 300 m 范围内植被类型面积统计见表 7.4。

表 7.4　铁路沿线两侧 300 m 范围内植被类型分区段面积统计

植被类型	针叶林	阔叶林	灌丛	农业植被	草地	其他	合计
面积/hm^2	3 598.72	833.35	8 774.87	3 791.35	4 738.93	2 069.23	23 806.45
比例	15.12%	3.5%	36.86%	15.93%	19.91%	8.69%	100%

(2)植被生产力和生物量调查

根据现场调查和 3S 技术(遥感 RS、全球定位系统 GPS 和地理信息系统 CIS 简称为 3S)完成的植被现状图，参考参照前人对该地区植被生物量研究结果，估测评价范围内主要植被类型的生产力和生物量见表 7.5。

表 7.5　评价区植被生物量统计

类　型	生产力/[t/(hm^2·a)]	生物量/(t/hm^2)	面积/hm^2	总生物量/万 t	生物量比例
阔叶林	11.02	80.75	3 598.72	29.06	28.93%
针叶林	11.02	236.5	833.35	19.71	19.62%
灌丛	5.09	45.3	8 774.87	39.75	39.57%
草地	7.23	1.2	4 738.93	0.57	0.57%
栽培植被	28.13	30	3 791.36	11.37	11.32%
合计(平均)	9.06	38.84	21 737.32	100.46	100%

评价范围内不同植被类型生产力相差较大，其中耕地的生产能力最大，是 28.13 t/(hm^2·a)；其次是林地，生产力为 11.02 t/(hm^2·a)。生产能力相对较小的是草地和灌丛，分布为 7.23 t/(hm^2·a)和 5.09 t/(hm^2·a)，平均生产力为 9.06 t/(hm^2·a)。

评价范围内总生物量为 100.46 万 t，其中灌丛的生物比例最大，为 39.75 万 t，占总生物量的 39.57%。各植被类型中阔叶林单位面积的生物量最高，为 236.5 t/hm^2，最低的是草地，为 1.2 t/hm^2，评价范围内评价生物量为 38.84 t/hm^2。

(3)植被垂直分布规律

评价范围位于藏东南高山峡谷区域，海拔高度差异极大，由于土壤和气候条件的垂直变化，评价区域植被垂直分布明显，根据沿线生态环境特征，由于上游部分与下游部分自然环境及植被类型差异明显，将评价区划分为 2 段，不同海拔高度植被组成情况如下：

①拉萨—桑日段(CK0～CK152)

雅鲁藏布江及拉萨河下游河谷及河岸台地地区，受人类活动影响大，开发强度大，多为人工植被。

在雅鲁藏布江中游地区海拔 3 500～4 100 m 的河谷—河岸台地—山麓洪积扇，自然植被类型以西藏狼牙刺灌丛为主。该类型分布在西藏自治区雅鲁藏布江中游泽当到拉孜段的宽谷和两侧低山以及拉萨河、年楚河、南木林曲等主要支流宽谷。在宽谷强砾质的平坦地段，西藏狼牙刺几乎成群分布。

海拔 4 300～4 800 m 的低山为长芒草＋藏籽蒿＋藏南蒿、固沙草草原带。在研究区范围内广泛见于藏南湖盆区、雅鲁藏布江中游谷地，草群比较低矮，无明显的层次分化。藏籽蒿草原(砾质地)常与固沙草草原(沙土地)、紫花针茅草原或沙生针茅草原(沙壤质地)呈复合分布。

海拔 4 200～5 300 m 为小嵩草高寒草甸植被带。以小嵩草为建群种的草甸，广泛发育在森林带以上的高寒灌丛草甸带和高原面上，在林芝一带，小嵩草草甸主要分布在海拔 4 200～4 800 m 的山坡阳地。

海拔 5 300～5 800 m 为三指雪莲、西藏扁芒菊稀疏植被带。在研究区域范围内主要分布于高山、亚高山区域。三指雪莲花和西藏扁芒菊形成一堆堆密丛生植被，枝、叶茂密，常生于岩石下或岩屑间较为潮湿的地段。

高于 5 800 m 为由苔状蚤缀与垫状点地梅垫状植被组成的高山垫状植被带。主要分布于喜马拉雅山北侧气候比较干旱的雨影区，在研究区范围内分布面积较小，分布多呈片段状。

②桑日—林芝段(CK152～CK443)

雅鲁藏布江宽谷、湖盆及尼洋河下游河谷、河岸台地地区，受人类活动影响大，开发强度大，多为人工植被。

海拔 2 500～3 200 m 的河流阶地和山坡上，代表性植被是由川滇高山栎群落组成的硬叶常绿阔叶林。

海拔 3 200～3 600 m 的山坡上，代表性植被是亚高山云杉林，由林芝云杉群落组成，发育良好。林芝云杉林林下伴生植物种类较少，苔藓层片不发育。

海拔 3 600～4 200 m 的山坡上，分布急尖长苞冷杉林带，在个别山地分布高度可达海拔 4 400 m；冷与潮湿的环境，使这一类型得以良好发育，林下土壤为漂灰土，腐殖质层厚，地表有厚密的苔藓层覆盖。

海拔 4 200～4 400 m 之间，代表性植被为高山灌丛，其主要由常绿革叶灌丛中较耐干旱的雪层杜鹃群落组成。本带因气候进一步寒旱化，由方枝柏等针叶灌丛和金露梅等落叶灌丛组成的群落逐渐占有较重要的地位。另外，灌丛间的斑状草甸植被也转变为以莎草科植物组成的草甸为主，群落外貌趋于单调。

海拔 4 400～4 800 m 处，随着热水状况的进一步变劣，高山灌丛的优势地位已为更耐寒旱的高山青草草甸所取代。高山草甸的主要组成群落为高山离草群落。

海拔 5 200 m 以上为无植被区。

7.2.2 动物资源现状与评价

1. 动物地理区系

拉林铁路所经区域处于古北界青藏高原藏南亚区的藏东山地小区和藏南山地小区，工程全段在该区域沿拉萨河、雅鲁藏布江、尼洋河贯穿于藏南山地小区的东部和藏东山地小区的西部。其最为显著的标志是以加查为中心的结合部以迥然不同的地貌沿雅鲁藏布江向东西方向延展：藏东山地小区以高山峡谷和高原峡谷地貌为主，自然植被以常绿针叶林、针阔叶混交林及梗叶常绿阔叶林为主，由于自然环境的复杂多样，动物区系南、北方物种的交错分布明显；藏南山地小区有雅鲁藏布江横贯境内，中游谷地宽敞，阶地发育较好。

2. 动物种类

区域内野生动物分布情况，通过查阅相关文献资料与实地调查后的结果分析，拉林铁路沿雅鲁藏布江流域有陆生脊椎动物 24 目 55 科 210 种。其中，两栖类 1 目 2 科 4 种，爬行类 1 目 4 科 7 种，鸟类 15 目 32 科 135 种，哺乳类 7 目 17 科 64 种。鸟类种类占有绝对的比重，兽类次之，两栖、爬行类种类很少，这与本地区的物种分布的大背景是一致的。

有国家和西藏自治区重点保护野生动物 26 种。其中，国家和自治区一级保护野生动物 4 种，即：黑颈鹤、白唇鹿、马麝、豹，另有西藏自治区一级保护野生动物 2 种，艾虎和黄鼬；其余 20 种为二保护野生动物。

重点保护野生动物活动区域与铁路线路位置关系见表 7.6（以穿越、临近、远离表示位置关系远近）及图 7.3～图 7.5。

表 7.6　工程 2 km 范围内保护野生动物分布情况

序号	动物名称	保护级别		分布范围	生态习性	线路与活动区域的位置关系
		国家	西藏			
1	凤头䴙䴘		二级	全段（CK34～CK443）	冬候鸟，见于江河、湖泊、池塘等水域	远离
2	黑颈鹤	一级	一级	贡嘎—乃东（CK34～CK152）	冬候鸟，见于高原的河谷、滩涂、湖滨农田，季节迁徙	临近
3	斑头雁		二级	全段（CK34～CK443）	夏候鸟，见于高原湖泊和河网形成的沼泽、湿地	远离
4	雀鹰	二级	二级	朗县—林芝（CK264～CK443）	主要为留鸟，少数迁徙，栖息于针叶林、混交林、阔叶林等山地森林和林缘地带，喜在高山幼树上筑巢	远离

续上表

序号	动物名称	保护级别		分布范围	生态习性	线路与活动区域的位置关系
		国家	西藏			
5	松雀鹰	二级	二级	米林—林芝（CK393～CK443）	留鸟，常见于山地针叶林，阔叶林混交林	远离
6	普通鵟	二级	二级	全段（CK34～CK443）	冬候鸟，见于山地森林和林缘地带至低山丘陵林带	远离
7	燕隼	二级	二级	全段（CK34～CK443）	冬候鸟，见于开阔的农田、草原、村镇附近	远离
8	猎隼	二级	二级	全段（CK34～CK443）	见于草原、平川、河谷农田地带，飞行很快	远离
9	红隼	二级	二级	全段（CK34～CK443）	留鸟，见于山地林区旷野，可悬停空中或直俯冲下	远离
10	灰林鸮	二级	二级	朗县—林芝 CK（264～CK443）	留鸟，喜居于近水旁的落叶疏林，冬季迁至较低山林	远离
11	纵纹腹小鸮	二级	二级	全段（CK34～CK443）	常见于山地林缘灌丛	远离
12	西藏毛腿沙鸡			曲水—乃东（CK34～CK152）	干旱荒漠草原、高山草甸、砾石沙地	远离
13	猕猴	二级	二级	桑日—朗县（CK152～CK264）	高山阔叶林，针阔混交林出没	远离
14	豺	二级	二级	加查—林芝（CK214～CK443）	栖息于山地草原、亚高山草甸及山地疏林中	远离
15	藏狐	二级	二级	全段（CK34～CK443）	高原草原、灌丛草原、高寒草甸，日间活动	远离
16	猞猁	二级	二级	曲水—加查（CK34～CK214）	多在林地灌丛、林地边缘活动	远离
17	豹	一级	一级	全段（CK34～CK443）	喜居于高山林地，以石洞树丛为巢，昼伏夜出	远离
18	棕熊	二级	二级	桑日—加查（CK152～CK214）	高山谷地，高山溪流旁，冬季常进入牧区	临近
19	青鼬		二级	米林—林芝（CK393～CK443）	栖居常绿阔叶林和针阔叶混交林区，晨昏活动	远离
20	艾虎		一级	全段（CK34～CK443）	低山林缘、草地、灌丛及村庄附近	穿越
21	黄鼬		二级	全段（CK34～CK443）	林缘、河谷、灌丛、草丘、农田中	穿越
22	水獭		二级	全段（CK34～CK443）	鱼类较多的缓流、林木繁茂的小溪、沼泽、湖泊	远离
23	马麝	一级	一级	曲水—加查（CK34～CK214）	活动于林线上缘的高山灌丛带，晨昏觅食饮水	临近
24	白唇鹿	一级	一级	桑日—朗县（CK152～CK264）	高寒山地，开阔的沟谷和山岭间，晨昏采食	临近
25	西藏马鹿	二级	二级	桑日—朗县（CK152～CK264）	高寒山地，活动于高山疏林灌丛，冬季下移	临近
26	岩羊	二级	二级	桑日—朗县（CK152～CK264）	活动于高山裸岩山谷草地，晨昏活动，冬季下移	临近

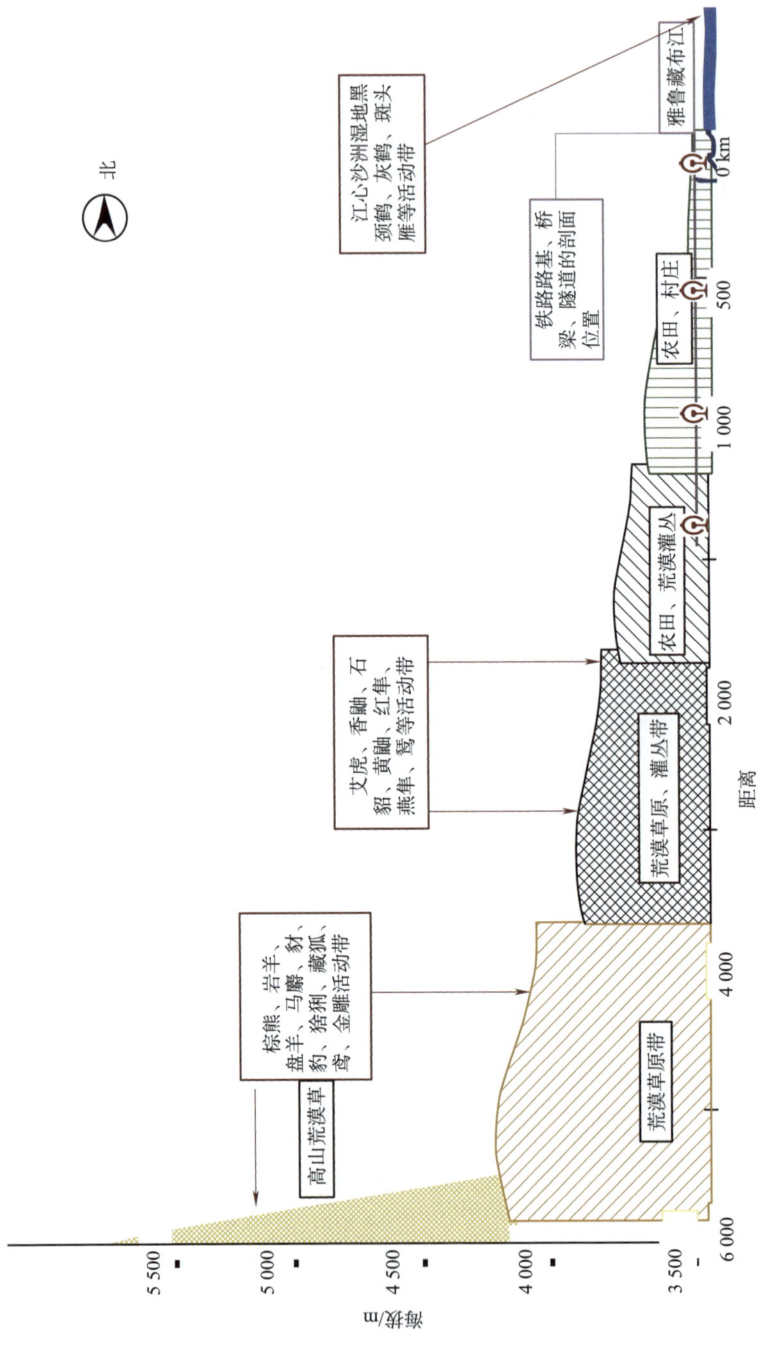

图 7.3 曲水—泽当宽谷区重点保护动物活动带与铁路关系剖面

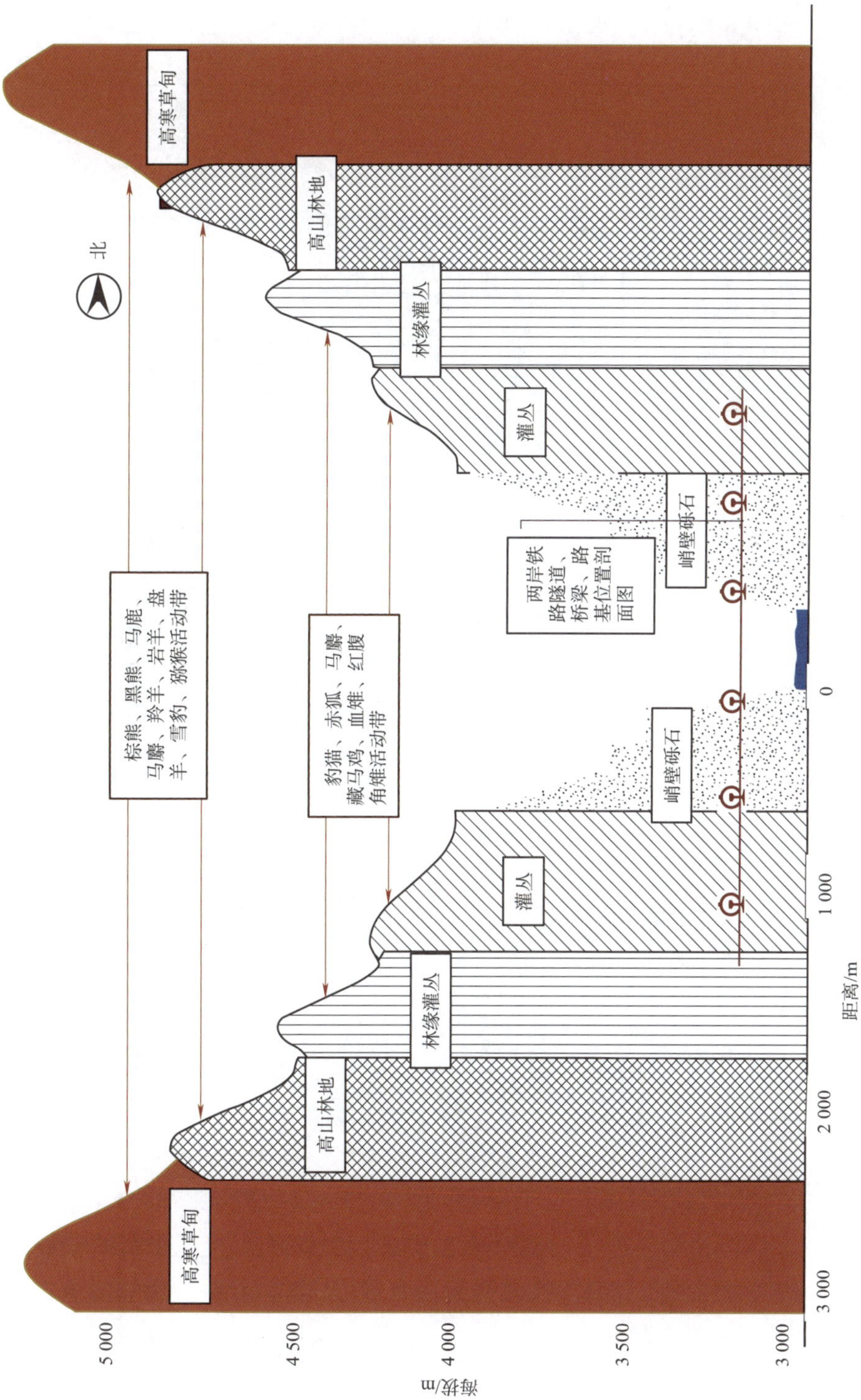

图 7.4　桑日一朗县高山峡谷区重点保护动物活动带与铁路关系剖面

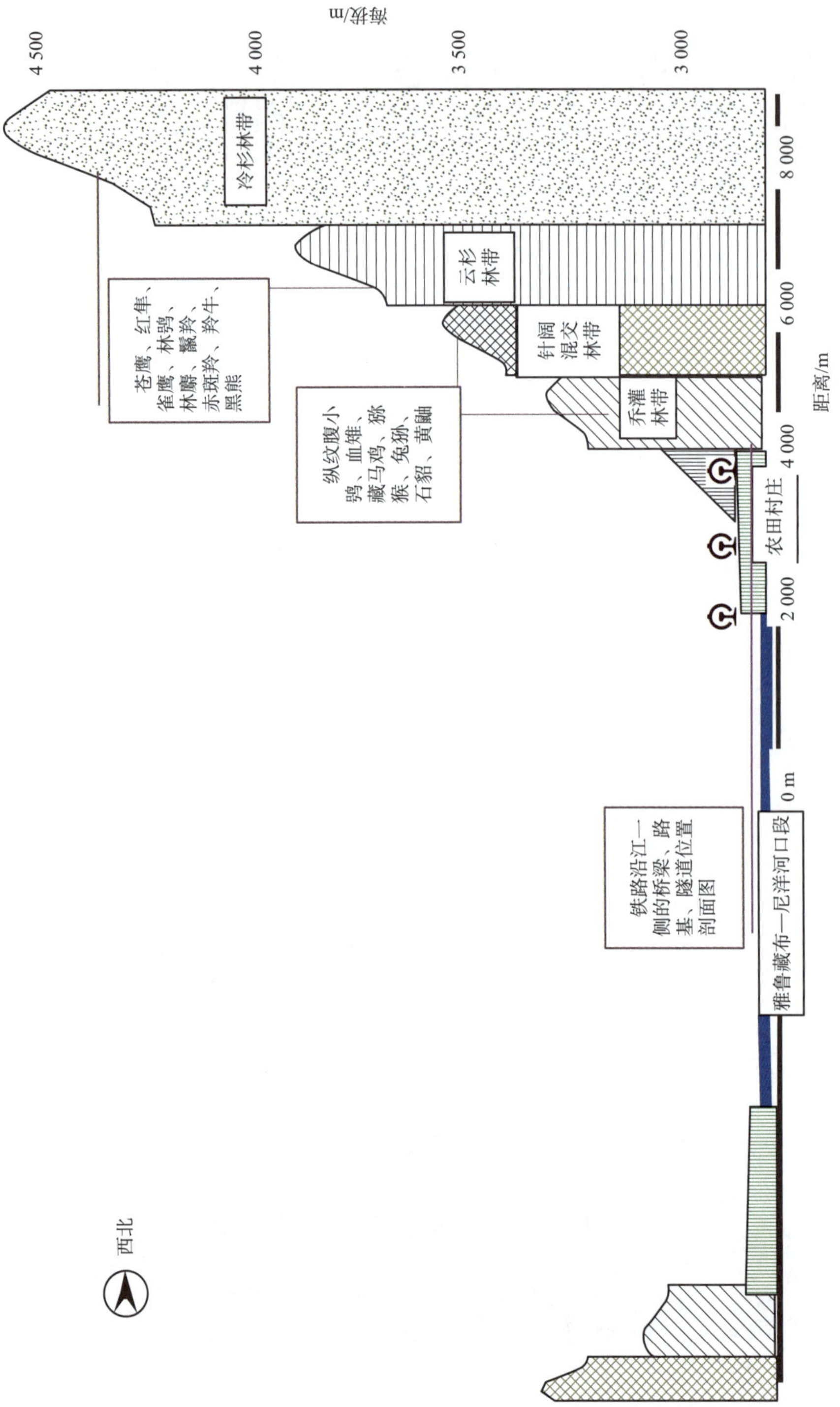

图 7.5　米林—林芝亚高山河谷区重点保护动物活动带与铁路关系剖面

根据动物栖息环境的特点及铁路沿江的地形地貌，拉林铁路全段分为 5 个不同区段，重点保护动物在各段分布如下：

(1)协荣至桑日雅鲁藏布江中游宽谷段(CK34～CK152)

这一区段的重点保护野生动物共 15 种。其中，鸟类 7 种，有凤头鹮鹂、黑颈鹤、斑头雁、纵纹腹小鸮、普通鵟、燕隼、红隼；兽类 8 种，有豺、藏狐、豹、艾虎、黄鼬、水獭、猞猁、马麝。

(2)桑日至加查桑加峡谷段(CK152～CK214)

这一区段的重点保护野生动物共 18 种。其中，鸟类 6 种，有凤头鹮鹂、斑头雁、普通鵟、燕隼、红隼、纵纹腹小鸮；兽类 12 种，有猕猴、棕熊、豺、艾虎、豹、黄鼬、水獭、猞猁、马麝、白唇鹿、西藏马鹿、岩羊。

(3)加查至朗县雅鲁藏布江中游河谷段(CK214～CK264)

这一区段的重点保护野生动物共 15 种。其中，鸟类 6 种，有凤头鹮鹂、斑头雁、普通鵟、纵纹腹小鸮、燕隼、红隼；兽类 9 种，有猕猴、豺、豹、藏狐、艾虎、黄鼬、水獭、白唇鹿、岩羊。

(4)朗县至米林段(CK264～CK393)

这一区段的重点保护野生动物共 15 种。其中，鸟类 8 种，有凤头鹮鹂、斑头雁、雀鹰、普通鵟、纵纹腹小鸮、燕隼、红隼、灰林鸮；兽类 7 种，有豺、豹、藏狐、艾虎、黄鼬、水獭、马麝。

(5)米林至林芝段(CK393～CK443)

这一区段的重点保护野生动物共 16 种。其中，鸟类 8 种，有凤头鹮鹂、斑头雁、雀鹰、松雀鹰、普通鵟、隼、红隼、纵纹腹小鸮；兽类 8 种，有豺、豹、藏狐、青鼬、艾虎、黄鼬、水獭、马麝。

绝大部分重点保护野生动物的分布区域与拉林铁路所经的高度是不重合的，如高山林地或河谷农田林地的鹰、隼类(雀鹰、普通鵟、纵纹腹小鸮、燕隼、红隼、灰林鸮)等，它们的活动区域与铁路并不紧密，一些高山林区活动的兽类如豺、豹、藏狐、马麝、鬣羚等也将出现在较远的山地林区和草灌地带。经现场调查，毗邻铁路，并有可能产生联系的重点保护野生动物为黑颈鹤(一级)、白唇鹿(一级)、马麝(一级)、棕熊(二级)、西藏马鹿(二级)、岩羊(二级)和西藏自治区一级保护动物艾虎和黄鼬。

(1)在曲水—泽当段，拉林铁路基本沿着河谷沿岸的农田、村舍附近铺设，除了鼬科的几种小型动物时有出现外，大部分重点保护野生动物的活动区域都远在 2 000 m 之外。

(2)在桑日—朗县段，尽管是高山峡谷区，但铁路多在沿江的山脚、河滩或村落处，或山体中下部位的隧道中铺设，而重点保护野生动物特别是像马鹿、白唇鹿、棕熊等几乎全在 3 700 m 以上的高山处。

(3)在米林—林芝段的亚高山河谷区，景观十分开阔，人口相对稠密，铁路大部分地段铺设在隧道里，地面部分几乎都在农区穿过，远离重点保护野生动物的栖息环境，影响十分有限。

7.3 野生动植物影响

7.3.1 植物资源的影响分析

1. 施工期对野生植物的影响

(1)影响的植物种类

工程施工会占地并砍伐一定数量树木,破坏地表的灌木及草本植物,工程影响的植物种类均为常见树种,工程建设对植被影响有限,不会造成物种消失,具体见表7.7。

表7.7 工程影响的主要野生植物物种

序号	起止里程	受影响植物
1	CK00～CK259+030	狼牙刺、长芒草、丝颖针茅、固沙草、白草、藏籽蒿等
2	CK259+030～CK267+984	枸子、狼牙刺、柠条、藏籽蒿、固沙草、白草、披碱草等
3	CK267+984～CK375+732	柏树、枸子、狼牙刺、披碱草、线叶百里香、藏籽蒿等
4	CK375+732～CK443+100	高山栎、枸子、胡枝子、柠条、棘豆、蔷薇、蓼、早熟禾、绣线菊等

(2)对重点保护野生植物的影响

根据实地调研,工程沿线分布的主要重点保护野生植物有巨柏、星叶草、桃儿七、天麻、金铁锁、黄牡丹、假人参等。工程多以隧道通过这些地段,在工程占地范围内调查中未发现有上述重点保护野生植物存在,同时隧道、桥梁施工区域主要在林区公路、居民点、河道和耕地附近,植被属次生林或农田,因而工程施工不会对上述重点保护野生植物造成影响。

(3)对古树的影响

工程评价范围内的古树共计25株,包括4株柳树和21株核桃树,与工程的距离大于80 m,工程建设基本不会对其产生影响。

(4)对植被生产力与生物量影响分析

工程占地将导致评价范围内植被生产力和生物量减少,工程设计在对路基边坡、取弃土场和临时用地采用植被恢复措施后,评价范围内的植被可得到一定的恢复,评价范围内的植被生产力和生物量也有所提高。

施工完成后,评价范围的植被生产力和生物量分别由施工前的9.06 t/(hm^2 · a)和38.84 t/hm^{2}变为8.21 t/(hm^2 · a)和37.29 t/hm^2,分别减少了0.85 t/(hm^2 · a)和1.55 t/hm^2,采取植被恢复措施后,评价范围的植被生产力和生物量变为8.39 t/(hm^2 · a)和37.90 t/hm^2,较施工结束后增加了0.67 t/(hm^2 · a)和0.61 t/hm^2。

总体来说,工程建设将损失生物量3.96万t,占评价范围总生物量的3.94%,并导致评价范围单位面积的植被生产力减少0.67 t/(hm^2 · a),占施工前的7.40%,对评价范围内单位面积植被生产力和生物量的影响较小,见表7.8。

表7.8　工程施工前、施工完成、植被恢复后期评价范围生产力及生物量情况表

类　型	植被面积/hm^2				生产力/[$t/(hm^2 \cdot a)$]			生物量/(t/hm^2)			原总生物量/万t		
	施工前	工程占地	恢复面积	植被恢复后期	施工前	施工完成	植被恢复后期	施工前	施工完成	植被恢复后期	施工前	施工完成	植被恢复后期
阔叶林	3 598.72	85.42	12.36	3 525.66	11.02	11.02	11.02	80.75	80.75	80.75	29.06	28.37	28.47
针叶林	833.35	1.21	0	832.14	11.02	11.02	11.02	236.5	236.5	236.5	19.71	19.68	19.68
灌丛	8 774.87	355.40	314.53	8 734.00	5.09	5.09	5.09	45.3	45.3	45.3	39.75	38.14	39.57
草地	4 738.93	612.77	383.28	4 509.44	7.23	7.23	7.23	1.20	1.20	1.20	0.57	0.50	0.54
栽培植被	3 791.36	521.12	2.20	3 272.44	28.13	28.13	28.13	30.00	30.00	30.00	11.37	9.81	9.82
合计(平均)	21 737.32	1 575.92	712.37	20 873.77	9.06	8.21	8.39	38.84	37.29	37.9	100.46	96.5	98.07

2. 运营期对野生植物的影响

工程不会造成某种植被在评价范围大量减少。因此，建设工程对沿线植物区系、物种组成的影响甚微，也不会从根本上改变某种植物的遗传结构、空间分布格局和种群更新。在施工后期及运营期的植被恢复过程中，应以乡土植物为主，慎重引进外来绿化物种，避免因引进新物种而产生外来物种入侵现象。

3. 植物影响评价

工程永久或临时占地对评价范围的植被状况影响是有限的，由于野生植物的损失面积与沿线总体占地相比数量较少，加之铁路建设属于带状项目，在相应的生态补偿措施支持下，人工抚育和自然的生态恢复可将影响降低至可接受的水平，不会对沿线的野生植物造成明显的不良影响。

7.3.2　野生动物影响分析

工程施工期对野生动物的影响方式主要体现在两个方面：一是工程占地破坏地表植被导致动物生境受到破坏，部分爬行及两栖类动物可能在施工过程中受到伤害；二是铁路施工期间，大量人员和机械车辆的进入会形成环境的突然变化，如白天的机械车辆噪声、夜晚的工地灯光等，这些都形成了新的干扰因素，打乱或改变野生动物原有的活动规律，这些因素会随着工程竣工后干扰活动的减少和地面生境的恢复逐渐消失。

运营期则是铁路噪声和夜间灯光对动物行为的影响。

大型兽类和多数鸟类有较强的躲避能力和适应能力，对它们影响程度有限。两栖、爬行类对原有栖息地依赖较强，躲避和迁移能力差，一旦栖息地破坏将生存堪忧。小型哺乳类动物活动领域小，迁移能力有限，活动路线有规律，一旦产生隔离将影响其交流、繁殖、觅食，继而影响生存。

拉林线桥梁、隧道占据总线路的70%以上，大部分地区保持了地貌原有的形态，特别是在人迹罕至、野生动物频繁活动的区域，工程均以长大隧道通过，从而大大降低了

对野生动物的影响点。

工程线路长，所经地区地形地貌差异较大，评价根据生态环境的特点，将评价范围分为拉萨—桑日段(CK0～CK152)、桑日—米林段(CK152～CK393)、米林—林芝段(CK393～CK443)，对动物的影响进行分析。

1. 对两栖动物的影响

(1)拉萨—桑日段(CK0～CK152)

本区域两栖类动物贫乏，工程主要影响的动物有西藏齿突蟾、高山蛙和高山倭蛙，前两种在施工区域数量较少，高山倭蛙比较常见。本区域的桥梁较多，影响形式为施工期的占地，如挖掘土方、桥墩浇筑等局部干扰，这些为施工期干扰，竣工后可逐渐恢复；路基建设线路较长，占据面积较大且永久，影响方式为生境占据型破坏。

(2)桑日—米林段(CK152～CK393)

工程主要影响的动物有西藏齿突蟾、林芝齿突蟾、高山倭蛙。本区域以隧道、桥梁为多，施工影响形式主要为施工期临时用地、出土料渣、施工占道和施工便道等，竣工后可逐渐恢复；路基建设占据的永久用地，影响方式为生境占据型破坏。

(3)米林—林芝段(CK393～CK443)

工程主要影响的动物有藏齿突蟾、林芝齿突蟾、高山倭蛙。本区域以桥梁、隧道为主，施工影响形式主要为施工期临时用地、出土料渣、施工占道和施工便道等，竣工后可逐渐恢复；路基建设占据的永久用地，影响方式为生境占据型破坏。

2. 对爬行动物的影响

爬行类动物适应性较强，受惊扰后会很快躲离，故施工期对多数爬行动物影响相对较小。夏日，在桑日—加查一线会有许多拉萨岩蜥在岩石面活动，易受惊扰；泽当岩蜥目前仅知在泽当—朗县一带分布；墨脱裸趾虎、菜花原矛头蝮，仅分布于米林与林芝偏南区域，施工一线恐极少分布，上述物种分布海拔与施工位置高程重合，尽管工程本身对这些物种影响不大，但应提醒施工人员闲暇时不要捕捉猎奇。

3. 对鸟类的影响

(1)拉萨—桑日段(CK0～CK152)

工程区域主要包括河谷农业区、浅滩沙丘区和高山宽谷区，该区域分布的鸟类为河谷平原栖息类群。

工程在雅鲁藏布江南岸铺设，除隧道外绝大部分路基、桥梁处于101省道南侧上方的二级台地，基本在公路上方与其平行向泽当延展。

铁路经过的范围主要是公路、村镇、农田、河畔，常见鸟类多为山斑鸠、大嘴乌鸦、喜鹊、戴胜、树麻雀等，在裸露的岩滩和草原栖息有毛腿沙鸡，这些鸟类在沿线各地段几乎都有分布，它们能够适应多种环境，施工期对区域的鸟类影响不大。

本区域的沿江地带因河床宽阔、水流平缓，形成了一些湿地浅滩及湖泊，成了水鸟和涉禽迁徙场所。每年入冬的11月至次年的5月间会有零星水鸟或涉禽活动，如赤膀鸭、鱼鸥、棕头鸥、白鹡鸰、黄鹡鸰等。由于这一区域为宽谷地带，水流平缓，江面河网密布，河床极为宽阔，有足够的水域空间，一旦受到惊扰鸟类会移游至相对僻静无人的区域。

贡嘎和泽当各有一处水鸟栖息地，每年入秋时节，大批水鸟来此越冬至次年5月前后相继离去。主要的鸟类有鹤形目的黑颈鹤、蓑羽鹤、灰鹤，鸥形目的棕头鸥、燕鸥、鱼鸥、白翅浮鸥等，雁形目的斑头雁、赤麻鸭、绿头鸭、普通赤麻鸭等；对湿地鸟类影响最大的施工点是贡嘎雅鲁藏布江特大桥（中心里程C1K48，长4.8 km），其跨越地段正处雅鲁藏布江宽谷形成的河心地带，施工期间可能会对这一区域的鸟类产生较大惊扰，迫使其向远处移动。

(2)桑日—米林段(CK152～CK393)

本区域谷地狭窄，水流湍急，低山带有稀疏灌丛，高山多为针叶林或针阔叶混交林带，越往东部林带越茂密；鸟类以林地栖息类群为主。

工程以桥梁隧道为主体，沿途仅在桑日、加查、朗县县城附近以及少数几处村镇设有站点。

这一地段村庄稀疏，农田耕地呈片段状，在大部分连续林带区，铁路基本穿行于长隧道，如桑珠岭隧道16.55 km，达嘎拉隧道17.19 km，贡多顶隧道13.44 km，其他隧道也大多在2～8 km之间，对地面林区几乎没有破坏。在路基和桥梁经过的农区通常分布在两岸山叉间有溪流的沟壑底部或半山腰处的林区边缘，这里除了平原常见到的大嘴乌鸦、喜鹊、树麻雀外，还可以见到寒鸦、岩鸽、原鸽、柳莺、大草鹛等，往东的区域分布有大山雀、棕腹啄木鸟、长耳鸮、短耳鸮等；峡谷中水流湍急，鸟类极少，在较为平缓的水域，偶能见到白鹡鸰、黄鹡鸰、红尾水鸲等。

由于这一地区高山森林广阔，林型多样，内中嵌合着灌丛、草甸等不同植被带，有多种替代生境，故隧道开掘、桥梁施工等对鸟类干扰有限。

(3)米林—林芝段(CK393～CK443)

本区段从卧龙地段起河谷逐渐宽阔，两岸山体高大连绵，绿林覆盖较密，岔沟及山脚间散落分布着村庄和农田。北上至尼洋河后河床宽阔，河网密布，水流平缓，江畔西侧形成平原，大量林地和农田包裹其中，海拔3 700～4 300 m分布着冷杉林，3 700 m以下为云杉林带，分布着林芝云杉林、高山松林和川滇高山栎林，也有次生的杨桦林分布；再下部为栒子、小檗、蔷薇灌丛，呈现为森林景观。

本段隧道占全段里程的53.39%，一半以上的线路铺设在地下；其特征是从里龙至米林车站，近50 km的地段几乎都在连续的隧道中铺设，隧道间由桥梁连接，米林以后呈现的江畔平原比较开阔，线路以路基、桥梁为主。

在各隧道的出入地带，常见的鸟类仍以树麻雀、戴胜、喜鹊、红嘴山鸦、黄嘴蓝鹊为主；在高山的森林地带，分布着酒红朱雀、高山岭雀、大山雀、大杜鹃、赤胸啄木鸟等；山涧小溪或河畔常见有鱼鸥、白翅浮鸥、白鹡鸰、灰鹡鸰、灰头鸫、红尾水鸲等；冬季来临时，高山处的藏马鸡、蓝马鸡、白马鸡、血雉等会出现在村庄附近的农田觅食。

区域植被良好，生境多样性和鸟类多样性丰富，影响来自施工期的大型机械轰鸣和爆破，而施工的位置多在农庄、村舍农田地段，对区域内鸟类栖息地影响有限，本段水鸟栖息地因距铁路较远受施工影响有限。

4. 对兽类的影响

(1)拉萨—桑日段(CK0～CK152)

本区铁路规划基本与101省道并行，始终沿南岸向泽当延展，局部地区以隧道通过。经了解，由于公路交通繁忙、沿线村镇人口较多、农田成片等原因，这一线很少有大型动物出现。扎囊至乃东一线有狗獾分布；但小型动物如食肉目中的艾虎、香鼬、黄鼬等，兔形目中的藏鼠兔、黑唇鼠兔、大耳鼠兔等，啮齿目中的社鼠、长尾仓鼠等会有出现，故本区施工时应该注意对这类物种的保护。

施工期桥梁、隧道的建设会惊扰这些动物，但影响是临时的。产生长期影响的工程来自路基对它们产生隔离。小型哺乳类特别是兔形目中的藏鼠兔、黑唇鼠兔、大耳鼠兔和啮齿目中的社鼠、长尾仓鼠等活动范围小，区域性强，行走有自己的轨迹，正常情况下的活动范围从几十米到200～300 m不等，在交配期或仔兽长大分窝期，它们的活动会超出原有领地，此时的路基对这类动物形成阻隔，造成它们交流或扩散的障碍。需要重点关注的路基段是：扎其隧道出口(CK96)至地下垂隧道入口(CK104)间的路基，乃东101省道特大桥的林芝端(CK122)至泽当特大桥的拉萨端(CK128)之间的路基，建设时每隔一段距离应在路基的底部布设小型动物通道。

(2)桑日—米林段(CK152～CK393)

本段隧道的里程占了68%，对动物的主要影响地段发生在桥梁工地和隧道进出口位置，这些位置一般在山腰中部纵脊之间的沟壑，这种类型的沟壑都有或大或小的山涧溪流，故也是农田和人口相对集中的村庄。

本区段越向东纵深，哺乳类动物的垂直分布特征越明显。在高山的空旷地带，分布有棕熊、白唇鹿、西藏马鹿、盘羊、岩羊、马麝等，桑日县雅鲁藏布江北岸区域是西藏马鹿的重点分布区；该类动物中白唇鹿、马麝为国家一级保护野生动物，棕熊、盘羊、岩羊为二级保护野生动物，这类动物在冬季来临时往往会从高寒地带移动到低山处活动。

在高山林地动物的种类相对要多，有猕猴、黑熊、猪猁、金猫、林麝等，朗县加查一带分布有一级保护野生动物扭角羚，二级保护野生动物有赤狐、豹猫、果子狸、大灵猫、小灵猫。

由于施工位置远离山地动物类群，故不会对这类动物产生太大的影响；林地类型的动物在此间栖息地广大，机器的轰鸣和爆破的干扰会暂时迫使它们向山林深处移动；大型动物的适应力较强，在环境变化的时候，它们会适当变化自己的活动领地，因此施工对大型动物的影响是有限的。

在高山草甸、高山荒漠区以及农田区，小型哺乳类与拉林铁路全线分布类型相同，仍以食肉目中的艾虎、香鼬、黄鼬等，兔形目中的藏鼠兔、黑唇鼠兔、大耳鼠兔动等，啮齿目中的社鼠、长尾仓鼠等为主，不同的是在这一地段的区域分布有狼、豺、旱獭。

工程隧道间的连接处都使用高架的桥梁，这种形式为大型野生动物的移动提供了通道，其他各段的桥梁也有如此功能，这在很大程度上解决了大型动物的通道问题。

(3)米林—林芝段(CK393～CK443)

该区段铁路沿线的植被良好，覆盖率高，从低山到高山，植被垂直分布明显；该段铁路的特点是从卧龙车站(CK340)出发向东行，直至朗杰布拉隧道出口处(CK392)，近 50 km 的路段几乎全部在隧道内穿行，这一地段也是该区域动物最为活跃的区域；经米林后，铁路沿河畔北侧山体下部向东延展，路段穿插着大大小小的桥梁和隧道；直至穿越了喇嘛岭隧道(CK434)后，地形开阔，河流水网发育，此后一路桥梁路基及一个小隧道均在河谷平原的农区穿越，最终抵达林芝车站，整段线路的 53.39%在隧道通过。

本段哺乳类动物的种类与分布即铁路两边的垂直分布带明显，分布种类大致相似，高山山地动物类群有棕熊、岩羊、盘羊等；高山林地动物除了有猕猴、黑熊、猞猁、金猫、林麝、扭角羚、赤狐、豹猫、果子狸、大灵猫、小灵猫外，还多了一些横断山系的动物如小熊猫、云豹、斑羚、鬣羚、青鼬、大林姬鼠、中华姬鼠等；在高山草甸、高山荒漠和农田区，食肉目中分布有狼、豺、艾虎、香鼬、黄鼬等，兔形目中有高原兔、大鼯鼠、灰鼯鼠、藏鼠兔、灰鼠兔等，啮齿目中有社鼠、松田鼠、大足鼠、黄胸鼠等；这一地段食虫目动物开始出现，如：锡金长尾鼩、灰麝鼩、帕米尔鼩鼱、四川水麝鼩(斯氏水麝鼩)，这类动物常在林地、灌丛和农田出没，数量稀少。四川水麝鼩有半栖水特点，喜在林间或农田边的溪流中活动。

由于施工位置远离山地动物类群，故不会对这类动物产生太大的影响；林地类型的动物在此间栖息地更为茂密，施工的位置又多在村舍、农田等人口集中的区域，故施工对大型动物的影响是有限的。

最直接的影响还是小型哺乳类，在山脊间的草甸灌丛、荒漠、农田，在尼洋河畔的平原区，小型啮齿类的分布较为广泛；工程建设可能会对其产生一定的影响。

5. 对保护野生动物的影响

在 26 种保护野生动物中，活动区域临近铁路或被铁路穿越栖息地的动物有 8 种。两种为小型鼬科动物(艾虎和黄鼬)，铁路工程对它们的主要影响形式为路基的铺设减少了部分栖息地，同时形成了部分隔离；5 种为大型动物(即棕熊、西藏马鹿、白唇鹿、马麝、岩羊)，这类动物在冬季会移动到低山处活动，马麝、岩羊还有晨昏时下山饮水的习性，这种行为会造成它们临近铁路甚至穿越铁路的可能，铁路的影响可能在于对它们部分活动路径或通道景观的改变。工程对保护野生动物的影响分析具体见表 7.9。

表 7.9　拉林铁路影响的重点保护野生动物、影响位置、影响形式

序号	动物名称	保护级别		分布范围	线路与其活动区域的位置关系	线路穿越或者临近其活动区域的工程形式	工程影响形式					
		国家	西藏				占地减少生境	阻隔活动	噪声	人为干扰	灯光	其他
1	棕熊	二级	二级	桑日—加查(CK152～CK214)	卡达隧道、桑珠岭隧道顶部和沃卡大桥北部	隧道、桥梁			√			√
2	艾虎		二段	全段(CK34～CK443)	铁路沿线所构筑的较长路基穿越了农田、草灌丛等活动区域	路基	√	√				
3	黄鼬		二段	全段(CK34～CK443)	铁路沿线所构筑的较长路基穿越村舍、农田、草丛等活动区域	路基	√	√				
4	马麝	一段	一段	曲水—加查(CK34～CK214)	嘎拉山隧道出口至昌国大桥路基	路基						√
5	西藏马鹿	二段	二段	桑日—加查(CK152～CK214)	卡达隧道顶部、沃卡大桥北部	隧道、桥梁						√
6	白唇鹿	一段	一段	桑日—朗县(CK152～CK264)	藏日拉 1 号、2 号隧道顶部和热当大桥北部	隧道、桥梁						√
7	岩羊	二段	二段	桑日—朗县(CK152～CK264)	藏日拉 1 号、2 号隧道顶部 3 000～3 800 m 处和热当大桥北部	隧道、桥梁						√
8	黑颈鹤	一段	一段	贡嘎—乃东(CK34～CK152)	杰德秀镇北面农田主要觅食点 500 m 处 藏冲村北面农田主要觅食点 400 m 处	路基、桥梁			√			√

(1)棕熊

国家二级保护野生动物，适应力比较强，棕熊能爬树善游泳，听觉、视觉较迟钝，动作笨拙，行走缓慢，但嗅觉十分灵敏，从荒漠边缘至高山森林，甚至冰冻地带都能顽强生活。主要栖息于高山谷地、高山溪流旁，沼泽地、河谷地等多种生境类型。随季节变化棕熊有垂直迁移的现象，夏季在高山森林中活动，冬季常进入较低的树林或林缘地带生活。藏东南林区棕熊冬眠略晚，且垂直向下迁移；选择枯树或在向阳背风的山坡上挖洞，筑巢冬眠。冬眠时间为 11 月至次年 3 月，约 5 个月。

①工程占地对棕熊冬季下移的影响分析

棕熊分布在桑日—加查(CK152～CK214) 的高山地带，大部分活动区域高度与铁路不重合，但进入冬季，棕熊可能会下移至铁路高度附近。由于这一地段的铁路大都在超长的隧道内铺设，在 62 km 地段共有隧道 6 处，总长度 44.13 km，大小桥梁 10 处，

累计长度8 003.13 m，两项工程长度为52.13 km占本段里程的84.08%，其中隧道长度占71.16%，本段桥梁、隧道分布情况见表7.10。隧道外部基本的地形地貌都没有改变，仍保持着原有的环境，沿线的桥梁多为长距离大跨度的结构形式，除跨江、涉水以及作为车站的桥梁外，大部分桥梁仍能够起到通道作用，故对棕熊的垂直移动不会造成阻隔。

表7.10　桑日—加查棕熊活动带的桥梁、隧道情况

桥梁名称	中心里程	长度/m	隧道名称	中心里程	长度/m
集秀特大桥	CK154+150	1 719.3	集秀隧道	CK158+268.0	1 306
桑日雅鲁藏布江特大桥	CK157+406	1 815.62	增噶明洞	CK164+035.0	910
扎巴村1号中桥	CK161+037	75.4	藏噶隧道	CK169+734.0	5 962
扎巴村2号特大桥	CK162+723	1 287.06	桑珠岭隧道	CK181+047.5	16 225
增嘎车站三线大桥	CK165+085	218.45	干登隧道	CK195+990.0	12 990
增嘎雅鲁藏布江特大桥	CK166+536	676.22	各姆顶隧道	CK206+347.5	6 735
沃卡双线大桥	CK172+842	172.5			
干登雅鲁藏布江三线大桥	CK189+328	331.9			
藏木雅鲁藏布江双线特大桥	CK202+741	519.3			
加查1号雅鲁藏布江特大桥	CK210+085	1 187.38			
桥梁总长度:8 003 m			隧道总长度:44 128 m		

②噪声对棕熊的影响分析

施工期的噪声主要为机械振动、车辆轰鸣、爆破等，棕熊听觉迟钝，一般的施工机械噪声对其影响有限，但爆破的声音可能使其产生紧张，会使棕熊远离施工点，选择其他区域活动。较大的影响可能来自冬眠期前(10～11月间)的爆破，爆破产生的声波传播较远，对欲进入冬眠期的棕熊可能产生惊扰，在这一时期应控制爆破作业、减少爆破施工，使其顺利进入冬眠；棕熊欲进入冬眠时，往往寻找远离干扰的偏僻区域挖掘洞或构筑巢穴，入内后将洞封闭进入冬眠，与外隔绝，因此就一般施工噪声来看对棕熊影响有限。

营运期的噪声主要来自列车运行，铁轨撞击的声音会给野生动物造成惊恐，由于大部分路段在地下铺设，噪声也被封闭在隧道内，但在地面运行特别是在超长的桥梁运行时噪声会十分剧烈。地面运行时噪声并不在一处长时间停留，而是随列车的移动随之而去，这种声音的频率变化是有规律的，也是短暂的，棕熊会在长期影响中逐渐适应这种噪声。

③列车灯光对棕熊的影响分析

棕熊有夜间活动习惯，但视觉很迟钝，对灯光的反应并不敏感，列车运行时灯光集中照射在路基范围内，直射并移动消失，长此下来棕熊会逐渐适应，夜间列车灯光对棕熊活动几乎没有太大影响。

(2)艾虎

西藏自治区二级保护野生动物,栖息于山地阔叶林、草地、灌丛及村庄附近。艾虎通常单独活动,夜行性,有时也在白天或晨昏活动;性情凶猛,行动敏捷,善于游泳和攀缘,视觉和听觉都很发达;主要以鼠类等啮齿动物为食,也吃鸟类、鸟卵、小鱼、蛙类、甲壳动物以及一些植物浆果、坚果等,铁路沿线均有分布,其活动范围较广。

①工程占地对艾虎的影响分析

铁路路基会占据其原有的栖息地,并在局部地带形成暂时隔离,由于沿线地域广阔,有足够的替代生境,故施工期艾虎可能会远离施工地段,在工程结束后逐渐适应新的环境,因此对艾虎的影响是有限的。

②噪声对艾虎的影响分析

施工期间的噪声对其影响有限,人员活动会对其造成惊扰,使其远离施工地带,但不会对其造成根本的伤害,待环境恢复常态后会逐渐重返。

③列车灯光对艾虎的影响分析

动物观察者在夜间突然对野生动物打开强光灯时,大部分动物反应都很茫然。艾虎身材小,反应快,随时都在应对突来的意外,从其活动行为来看总是出没于林缘、草地、灌丛及村庄附近,列车的灯光很难直射到它,因此对其惊扰不大。

(3)黄鼬

西藏自治区二级保护野生动物,栖息于林缘、河谷、灌丛、草丘、农田中,铁路沿线均有分布,其活动范围广,施工期间适当控制噪声及爆破,可降低对其影响。黄鼬和艾虎一样,施工期间的噪声和人员活动会对其造成惊扰,铁路路基也会占据其原有的栖息地,并在局部地带形成暂时隔离,由于沿线地域广阔,有足够的替代生境,故在施工期可能会远离施工地段,在工程结束后逐渐适应新的环境,因此对黄鼬的影响是有限的。

①工程占地对黄鼬的影响分析

铁路路基会占据其原有的栖息地,并在局部地带形成暂时隔离,由于沿线地域广阔,有足够的替代生境,故在施工期艾虎可能会远离施工地段,在工程结束后逐渐适应新的环境,因此对黄鼬的影响是有限的。

②噪声对黄鼬的影响分析

和艾虎一样,施工期间的噪声对其影响有限,主要是人员活动会对其造成惊扰,使其远离施工地带,但不会对其造成根本的伤害,待环境恢复常态后会逐渐重返。

③列车灯光对黄鼬的影响分析

黄鼬习惯于林缘、河谷、灌丛、草丘、农田中,活动的地方总是能遮遮掩掩,稍有惊动迅速躲避,因此,列车灯光对黄鼬不会造成影响。

(4)马麝

国家一级保护野生动物,栖息在高山草甸、裸岩山地、靠山脊灌丛或草丛等地,善于奔越悬崖峭壁。马麝非常敏感，其活动、排便及栖息地都有固定的路线与场所并有标记。在曲水—加查(CK34～CK214)间有马麝分布，由于协荣—乃东沿线人口稠密，马麝几乎很少在靠近施工路线一带活动，故这一地段马麝的活动范围有限；在桑日—加查段，隧道和桥梁成为主要路段，隧道的里程占据这一地段的70%以上(在全段仅占35%)，隧道顶部保持原有地貌，从而一定程度上保持了马麝原有的活动路径；施工开挖点多在山谷的沟壑，桥梁多在江边，都不是马麝栖息地，但是施工时的噪声和人类惊扰可能使马麝远离施工点选择其他活动区域，改变或放弃原有的固定活动路线或活动领域，待工程竣工后逐渐适应新的环境。

①工程占地对马麝的影响分析

铁路路基会占据其原有的栖息地，并在局部地带切断其日常的活动小径，占地也会破坏其活动范围内的标记"油桩"，从而造成其放弃卧息地，游移别处，由于沿线地域广阔，有足够的替代生境，故在施工期马麝可能会远离施工地段，建立新的活动区；待工程结束后环境逐渐恢复重新返回，但从路基、桥梁的施工位置来看都不符合马麝栖息环境的特点，因此施工点对马麝栖息地并无影响。

②噪声对马麝的影响分析

施工期间的噪声和人员活动会对马麝造成惊扰，使其远离噪声地带，寻求新的领地，待施工结束后需要较长时间恢复常态。

③列车灯光对马麝的影响分析

马麝生性胆小，灯光会有一定的影响，但铁路沿线的地面部分都不是马麝的卧息地，因此列车灯光对马麝的影响有限。在马麝晨昏饮水穿越铁路通道时如遇列车灯光会对其造成惊扰，待逐渐适应后惊扰降低。

(5)白唇鹿

国家一级保护野生动物，生活于高寒山地，分布海拔较高，活动于3 500～5 000 m的森林灌丛、灌丛草甸及高山草甸草原地带，尤以林线一带为其最适活动的生境，有垂直迁移行为。一般情况下，白唇鹿比较固定地徘徊于一座水草灌木丰盛的大山周围。但因食物和水源关系或在被追猎情况下，亦可作长达100～200 km的水平迁移；评价区桑日—朗县(CK152～CK264)地段有分布，但重点分布区域都3 500 m以上，高于铁路。这一地段的铁路有52%以上都在隧道内穿行，有22%路段在桥梁上，隧道顶部保持原有广阔的地貌，不影响其垂直移动。

①工程占地对白唇鹿的影响分析

铁路路基会占据其原有的移动通道，并在局部地带形成暂时隔离，由于沿线地域广阔，有足够的替代生境，故在施工期白唇鹿可能会避开施工地段，在隧道顶端的广阔地域活动，在工程结束后逐渐适应并利用新的环境，因此对白唇鹿的影响是暂时的。

②噪声对白唇鹿的影响分析

施工期的噪声主要为机械振动、车辆轰鸣、爆破等，白唇鹿是大型动物，一般的施工机械噪声对其影响有限，但爆破的声音可能使其产生紧张，会使它远离施工点，选择其他区域活动。桑日—朗县一线白唇鹿的活动范围广阔，施工区域相对稀疏，剧烈的噪声可能会对白唇鹿的活动造成影响，但这类大型动物会逐渐适应。

营运期的噪声主要来自列车运行，铁轨撞击的声音初期会给野生动物造成惊恐，由于大部分路段在地下铺设，噪声也被封闭在隧道内，但在地面运行特别是在超长的桥梁运行时噪声会十分剧烈，而地面运行时噪声并不在一处长时间停留，而是随列车的移动而去，这种声音的频率变化是有规律的，也是短暂的，在多次经历这种声音后白唇鹿会逐渐适应

③列车灯光对白唇鹿的影响分析

即便在冬季白唇鹿下移到低山地带，夜间也是卧息在林缘灌丛或灌草地带，拉林铁路在桑日—朗县段的地面线路并不穿越这类区域，列车夜间运行时其路线与白唇鹿卧息地相距甚远，所以灯光对白唇鹿没有影响；在晨昏饮水时，白唇鹿有遇到列车的可能，但列车灯光是直射前方的，对白唇鹿影响不大。

(6)西藏马鹿

国家二级保护野生动物，西藏马鹿群居，有迁徙习性，冬、春季节时它们主要活动于海拔 4 000～5 000 m 的高山灌丛和高寒草甸之中，以高山柳、小叶杜鹃、金蜡梅等灌丛的嫩枝、嫩叶以及高寒草甸草为食，评价区桑日—加查(CK152～CK214)有分布，其集中活动区域在桑日马鹿自然保护区，工程距马鹿保护区南界的最近距离为 2 km；马鹿保护区正好位于江北岸达卡隧道(CK169)与桑珠岭隧道(CK181)顶部的高山部分，这一区域很广阔，70%以上的铁路铺设在地下，周边没有遮挡，对其垂直移动不构成障碍，有利于马鹿活动，施工时的爆破或机械噪声可能会使游移到此的马鹿向北移动，但这种自山下而来的影响十分轻微。

①工程占地对西藏马鹿的影响分析

铁路路基会占据其原有的移动通道，并在局部地带形成暂时隔离，由于沿线地域广阔，有足够的替代生境，故在施工期西藏马鹿可能会避开施工地段，在隧道顶端的广阔地域活动，在工程结束后逐渐适应并利用新的环境，因此对西藏马鹿来说，工程占地的影响是暂时的。

②噪声对西藏马鹿的影响分析

施工期的噪声主要为机械振动、车辆轰鸣、爆破等，西藏马鹿是大型动物，一般的施工机械噪声对其影响有限，但爆破的声音可能使其产生紧张，会使它远离施工点，选择其他区域活动。桑日—加查一线马鹿活动范围广阔，施工区域相对稀疏，剧烈的噪声可能会对西藏马鹿的活动造成影响，但这类大型动物会逐渐适应。

营运期的噪声主要来自列车运行，铁轨撞击的声音初期会给野生动物造成惊恐，由于大部分路段在地下铺设，噪声也被封闭在隧道内，但在地面运行特别是在超长的桥梁运行时噪声会十分剧烈，地面运行时噪声并不在一处长时停留，而是随列车的移

动而去，这种声音的频率变化是有规律的，也是短暂的，在多次经历这种声音后西藏马鹿会逐渐适应。

③列车灯光对西藏马鹿的影响分析

和白唇鹿一样，西藏马鹿下移到低山地带，夜间也是卧息在林缘灌丛或灌草地带，拉林铁路在桑日—朗县段的地面线路不穿越这类区域，列车夜间运行时其路线可能与马鹿卧息地相距甚远，林地本身具有遮蔽灯光的作用，所以灯光对马鹿没有影响；在晨昏饮水时，西藏马鹿有遇到列车的可能，但列车灯光是直射前方的，对其影响不大。

(7)岩羊

国家二级保护野生动物，栖息于海拔 3 000～3 800 m 的高山草甸、裸岩。评价区域内桑日—朗县(CK152～CK264)一线两岸的高山处有分布，栖息地与施工场地距离较远，基本无影响；但在冬季，桑日—朗县一带的岩羊有可能下移，尽管其适合的栖息地大都在隧道上方，但隧道进出口的施工应采取控制爆破等措施，以对岩羊减少影响。

①工程占地对岩羊的影响分析

铁路路基施工高度远低于岩羊的活动高度，但可能占据其上下移动的通道，并在局部地带形成暂时隔离，由于沿线地域广阔，有足够的生境回旋，故在施工期岩羊可能会远离施工地段，在其他地带寻找栖息位置，一旦工程结束恢复环境后，岩羊会逐渐适应新的环境，因此工程占地对岩羊的影响轻微。

②噪声对岩羊的影响分析

施工期的噪声主要为机械振动、车辆轰鸣、爆破等，一般的施工机械噪声对岩羊影响有限，爆破的声音可能使其产生紧张，会使它远离施工点，选择其他区域活动。岩羊的活动范围广阔，施工区域相对稀疏，剧烈的噪声可能会对岩羊的活动造成影响，但这类大型动物会逐渐适应。

营运期的噪声主要来自列车运行，铁轨撞击的声音初期会给野生动物造成惊恐，由于大部分路段在地下铺设，噪声也被封闭在隧道内，但在地面运行特别是在超长的桥梁运行时噪声会十分剧烈，而地面运行时噪声并不在一处长时停留，而是随列车的移动而去，这种声音的频率变化是有规律的，也是短暂的，在多次经历这种声音后岩羊会逐渐适应。

③列车灯光对岩羊的影响分析

岩羊夜间是卧息在林缘灌丛或灌草地带，拉林铁路在桑日—朗县段的地面线路不穿越这类区域，列车夜间运行时其路线可能与岩羊卧息地相距甚远，所以灯光对岩羊没有影响；在晨昏饮水时，岩羊有遇到列车的可能，但列车灯光是直射前方的，对岩羊影响不大。

7.4 野生动植物保护技术

7.4.1 植物保护措施

1. 保护沿线植物

鉴于高原生态环境脆弱以及区域植被自然恢复过程缓慢，按照“以预防为主、保护优先”原则，尽量减少工程占地范围。取弃土场的设置应采取集中取土的原则，以保护沿线的自然景观；施工便道、施工场地和施工营地等临时用地严格按照设计范围设置，划定施工范围和人员、车辆行走路线，将施工活动范围局限在铁道线路两侧一定范围内，防止对施工范围以外区域的植被造成碾压和破坏。尽量使用既有场地或永久用地作为临时工程用地，减少植被破坏。

加强沿线生物多样性及生态环境保护的宣传教育，特别是针对沿线施工人员的宣传教育和科学管理，保护高原植物和植被类型。具体包括制作环保公益广告牌，编制植物多样性及生态保护宣传手册等。

对不良地质地段，施工时不仅做好冲刷防护，而且还及时清理挖基弃土，疏通、平整河道，以减轻泥石流对附近河谷灌丛植被的破坏。

在施工过程中，对占地范围内的乔木和灌木，尽量进行移栽和培育管护；在工程施工前，应对施工占地范围内的植被进行调查，如有发现保护野生植物，及时报告当地林业部门，采取移栽等保护措施。

过度垦荒、过度放牧等人类活动是导致沿线部分地区生态环境恶化的重要原因之一。为切实保护沿线植物多样性及生态环境，必须把铁路沿线的植被恢复建设、植物多样性保护与农牧活动结合起来。严格控制牲畜数量，必要时可在一定时期建立禁牧区，以促进草地植被恢复，保护沿线植被及其多样性。

根据国家、西藏自治区天然林保护管理的规定，勘查、开采矿藏和从事各项工程建设，确需征用、占用天然林林地的，应经相应林业主管部门审核同意，并依照有关法律法规的规定缴纳林地补偿、安置补助等费用，办理用地手续。征用、占用天然林林地勘查、开采矿藏或从事各项工程建设确需采伐林木的，应办理采伐许可证，依法对林木所有者或者经营者的林木损失进行补偿，并在林业主管部门指定的地块植树造林，恢复植被，或者按照国务院规定缴纳森林植被恢复费。

2. 开展工程绿化

工程路基边坡、隧道洞口仰坡、桥梁边坡等利用灌木、草籽等进行绿化，植物配置方式尽量参考当地原生植被的群落结构特征；按照《铁路工程绿色通道建设指南》(铁总建设〔2013〕94 号)的要求开展工程的绿色通道设计。铁路绿色通道设计应与路基防护、隧道洞口仰坡加固设计相结合，兼顾美观与景观效果。毗邻自然保护区、风景名胜区或城镇规划区内的铁路，绿色通道设计还应与当地的自然及人文环境相协调。

3. 开展植被恢复研究

工程位于青藏高原复合侵蚀生态脆弱区，这里的植被由于受到高寒、干旱等多种自然因素的制约，植物平均生长期只有 60～90 d，生长缓慢，生态系统极为脆弱，一旦遭到破坏，恢复难度极大，甚至出现沙化的危险。地区可供借鉴的植物种类、配置模式、造林技术等成功经验还较为欠缺。沿线铁路绿色通道建设，大面积路基创面、隧道仰面、取弃土场、堆场、渣场等的植被恢复与建设，可能需要一定的超前性才能保证建植成功。

因此，需要针对拉林铁路雅鲁藏布江干旱河谷地区、亚高山针叶林、亚高山灌丛生态脆弱区，筛选适合当地自然条件的植被恢复物种，建设植被恢复试验示范样地，提出植被恢复技术及其相应的恢复模式，形成拉林铁路不同路段边坡及取弃土场，植被恢复技术体系，以指导工程的植被恢复。

4. 进行植被恢复

加强对永久用地和临时用地熟化土层的保存，工程结束后用于弃渣场覆土绿化，弃渣场、取土场、施工便道、施工场地、施工营地等临时工程使用前，剥离表土进行保存，临时工程使用完毕之后，利用表土进行植被恢复。工程竣工后将便道、生活营地、生产场地的硬化地面拆除，并洒水固结，恢复原地貌，为植被的恢复创造条件。对取土场取完土后，顺坡平整并用粗颗粒覆盖平整，防止表土松弛及在风力作用下造成土地沙化，有利植被的恢复。预计在 4～6 年内，铁路沿线临时占地范围内的植被将得到一定程度的恢复。

植被恢复过程中“宜林则林，宜草则草”，尽量采用乡土树种，避免盲目引进外来物种，防止生物入侵危害。

5. 加强管理

铁路运营以后，应采取一定的措施，促进沿线植被的自然恢复。应成立环保部门，在各段、站设专(兼)职环保人员。运营期环境管理主要由工务部门负责，沿线各工区具体负责其管理范围生态保护设施的维护及植被恢复情况的观测，配合铁路及地方环境监督部门进行日常环境监督。运营管理单位应对沿线环保工程进行业务指导和监督，掌握全线环保工作动态，特别是植被自然恢复情况，指导植被的人工恢复。

7.4.2 动物资源保护措施

1. 宣传野生动物保护法规，禁止捕杀野生动物的行为

施工人员入场前应做好环境保护的教育及宣传工作，遵守《中华人民共和国野生动物保护法》，严禁在施工区及其周围捕猎野生动物，特别是国家保护动物；设置醒目提示牌，标明物种名称、保护级别、物种图片、保护重点及注意事项等内容。

2. 保护动物栖息地环境

工程应尽可能少破坏植被，减少对地形地貌的扰动，减少对野生动物栖息环境的影响。

3. 合理安排施工时段和方式，减少对动物的影响

野生鸟类和兽类大多是晨、昏（早晨、黄昏）或夜间外出觅食，正午是鸟类休息时间。为了减少工程施工爆破噪声对野生动物的惊扰，应做好爆破方式、数量、时间的计划，并力求避免在晨昏和正午开山放炮等。

应尽可能避开野生动物越冬栖息时段施工，减少对野生动物越冬栖息的影响，在穿越鸟类越冬栖息地段（CK42～CK137），工程施工高噪声工程机械施工周期尽量避开黑颈鹤、斑头雁、赤麻鸭越冬栖息时间（10 月至次年 2 月），以降低工程施工对保护性鸟类的影响。

4. 提高动物通行

拉林铁路较长的路基有两段（CK96～CK104，CK122～CK128），路基对小型动物产生一定的隔离，例如鼬科动物中的黄鼬、艾虎等，啮齿类藏鼠兔、灰鼠兔等。解决这一问题的措施是布设涵洞，路基原本设计的涵洞即可作为动物通道加以利用，在路基距离过长原有涵洞不能满足的情况下可以布设直径 30～40 cm 的预制管道作为小型动物的通道。

大型动物可以利用现的有的桥梁结构作为通道。从调查看，有 5 种大型兽类的迁移活动需要穿越拉林铁路的部分地段。

(1)棕熊

棕熊分布在桑日—加查段（CK152～CK214）；该地段有桥梁 10 座，总长度为 8 km；另外有 6 处隧道，总长度为 44.13 km；10 座桥梁中 5 座为跨江桥，1 座作为车站桥均与动物通道无关，其余 4 座桥况见表 7.11。

表 7.11 棕熊可利用的桥梁通道

桥梁名称	中心里程	长度/m	桥梁高度/m	跨孔式样
集秀特大桥	CK154+150	1 719.30	13.5	52×32 m
扎巴村 1 号中桥	CK161+037	75.40	10.5	2×32 m
扎巴村 2 号特大桥	CK162+723	1 287.06	32.5	39×32 m
沃卡双线大桥	CK172+842	172.50	15.5	1×32 m+(3×32 m)连续梁+1×32 m

上述桥梁最长 1 719.30 m，最小长度 75.4 m，桥面路轨至沟底高度最低 10.5 m（扎巴村 1 号桥），最高 32.5 m（扎巴村 2 号桥），每个桥孔跨度为 32 m，桥梁周边基本无干扰因素，可以满足棕熊的通道要求。

(2)马麝

马麝分布在曲水—加查段(CK34～CK214)；该地段总长度180 km，有桥梁 73 座，总长度 48.41 km。上述桥梁最长跨度为明泽大桥(CK139＋378)4 130.60 km，其次为藏久林卡特大桥(CK108＋585)长 1 317 m，最短的大桥为奴日 2 号中桥(CK121＋856)，长 74.40 m。桥面路轨至沟底高度最低 10.5 m，仍然是扎巴村1 号桥；最高 32.5 m 扎巴村 2 号桥；每个桥孔跨度为 32 m，完全满足马麝的通道功能。

另外尚有21 处隧道，总长度 63.46 km 其顶部保持原有地貌，仍保持动物通道功能。杰德秀车站向协荣方向的大桥区段因多在农户及公路边缘穿越，这一地带马麝基本不活动，但桥梁仍具有动物通道功能。从杰德秀往东除 101 省道大桥从城镇上空跨越外，其余桥梁依次沿岸畔Ⅰ、Ⅱ级阶地排布，此地大桥连着路基、路基连着大桥，形成连续的通道地带。进入桑日地段后，与棕熊、西藏马鹿的活动区域重叠至加查，通道部分共享，不同的是这一区段的西藏马鹿在雅鲁藏布江北岸分布，马麝在雅鲁藏布江南北两岸都有分布，此处铁路已跨至北岸，南岸阻隔较少，向东至加查与棕熊活动区段相同。

(3)西藏马鹿

西藏马鹿分布在桑日—加查段(CK152～CK214)；该地段有桥梁 10 座，总长度为 8 km 可作为通道；另外有 6 处隧道，总长度为 44.13 km。由于西藏马鹿在本地段与棕熊的分布有所重叠，在桥梁通道的利用上会有所重复，工程结束后随着环境的稳定，西藏马鹿与棕熊会因不同季节和时段对桥梁通道做出自己的选择；由于马鹿喜欢多只或成群活动，故在通道利用上更喜欢隧道上方广大的旷野，即便如此，桥梁通道高大的桥孔和大跨度的孔洞仍能给马路提供足够的移动通道，可利用桥段及隧道顶部通道与马麝在桑日—加查段相同。

(4)白唇鹿

白唇鹿分布在桑日—朗县段(CK152～CK264)；该地段有桥梁34 座，总长度 24.6 km，其中有 17 座跨江桥、车站桥与动物无关，其余 17 座桥总长度 12.53 km，约占这一分布地段长度的 11.19%，其余 52.14%为隧道，25%为路基。白唇鹿的主要分布区域靠加查、朗县一侧，而靠西部分与西藏马鹿活动区域有所重叠。从桥梁结构看高度最高的桥 41.5 m 为林达 3 号特大桥(CK225＋132)，高度最低的桥为堆巴3 号中桥(CK263＋298)，高度为 9.5 m，最长大桥为老虎口大桥(C1K240＋200)桥长2 364.08 km，最短大桥为堆巴 3 号中桥(CK263＋298)和扎巴村 1 号中桥(CK161＋037)，桥长 75.4 m，桥孔跨度均为 32 m。这一地段的桥梁周边基本无干扰因素，可以作为动物通道加以利用。

(5)岩羊

岩羊分布在桑日—朗县段(CK152～CK264)；该地段与白唇鹿完全重叠，桥梁的布局也一致。该区域桥梁的跨度大、桥面高，完全可以作为岩羊通道加以利用。可利用桥段同白唇鹿，另外尚有多段的隧道上方通道可利用。

上述 5 种大型动物的通道分析见表 7.12。

表 7.12 工程动物通道分析

主要分布的保护野生动物		穿越活动范围的工程形式及桥隧比			动物通道分析(是否满足通道要求,如否,提出设置要求,设置通道的形式及长度、高度)
动物名称	工程穿越其活动范围的里程	路基	桥梁	隧道	
棕熊	桑日—加查(CK152~CK214)(62 km)	15%	12.9%	71.18%	可以满足动物通道要求
马麝	曲水—加查(CK34~CK214)(180 km)	37.85%	26.9%	35.26%	可以满足动物通道要求
西藏马鹿	桑日—加查(CK152~CK214)(62 km)	15%	12.9%	71.18%	可以满足动物通道要求
白唇鹿	桑日—朗县(CK152~CK264)(112 km)	25%	22.86%	52.14%	可以满足动物通道要求
岩羊	桑日—朗县(CK152~CK264)(112 km)	25%	22.86%	52.14%	可以满足动物通道要求

在林区边缘和隧道口采用加密绿化带,防止灯光和噪声对动物的不利影响,加强隧道口和桥下植被的自然景观恢复,有利于动物适应新的生境。

5. 制定应急制度

建立沿线野生动物出现突发事件汇报机制,施工建设单位分标段应设置野生动物巡查岗位,以应对野生鸟类动物临时降落。

6. 噪声防治措施

在动物集中分布地段,施工采用低噪声施工机械设备,并加强日常维修保养,使其保持良好状态,避免超过正常噪声运转。对高噪声设备,应在其附近加设可移动简单围障,以降低噪声辐射。冬季运营期在黑颈鹤等鸟类越冬分布区应控制鸣笛,尤其是夜间。

7. 开展动物监测研究

开展工程对动物影响监测的研究,根据影响程度采取相应的缓解和保护措施。

第8章 生态恢复技术

8.1 主体工程创面生态恢复

工程路基边坡、隧道洞口仰坡、桥梁边坡等利用灌木、草籽等进行绿化，植物配置方式尽量参考当地原生植被的群落结构特征；按照《铁路工程绿色通道建设指南》(铁总建设〔2013〕94 号)的要求开展工程的绿色通道设计。铁路绿色通道设计与路基防护、隧道洞口仰坡加固设计相结合，兼顾美观与景观效果。毗邻自然保护区、风景名胜区或城镇规划区内的铁路，绿色通道设计还应与当地的自然及人文环境相协调。采用自主研发专利技术灌溉系统及节水灌溉技术开展边坡及线路绿化林绿化，苗木采用提前储备的多年实生苗进行乔木栽植，保证苗木成活率及建植效果，如图 8.1 和图 8.2 所示。桥下绿化采用无防护多年生草坪建植，利用群落自梳及本土动物啃食的方式进行刈割，动物粪便则可作为有机肥源促进植物生长。

图 8.1　区间路基及线路绿化林

图 8.2　桥下绿化

8.2　临时工程生态创面恢复与养护技术

工程需取土 1.142 78×10^6 m^3，拟设取土场 17 处，产生弃方 1.997 56×10^7 m^3（含剥离表土 2.298 7×10^6 m^3，运往弃渣场 1.767 69×10^7 m^3），拟设弃渣场 57 处；项目共占用土地 1 562.10 hm^2，其中永久用地 907.37 hm^2，临时用地 654.73 hm^2；再者，拉林铁路沿线河流属雅鲁藏布江流域，水土流失以水力侵蚀为主，工程穿越西藏自治区林芝、米林、朗县、加查、桑日、乃东、扎囊、贡嘎属于国家级水土流失重点预防区（雅鲁藏布江中下游国家级水土流失重点预防区），根据《西藏自治区人民政府关于划分水土流失重点防治区的公告》，项目所在区的堆龙德庆、曲水，山南地区贡嘎、扎囊、乃东、桑日、加查，林芝地区朗县、米林和林芝属于西藏自治区水土流失重点治理区。因此，拉林铁路总面积大、分散的临时用地若不采取一定措施人工干预，引进创新技术，将面临重大生态危险，水土流失危险，与建造绿色铁路背道而驰。拉林铁路临时工程生态恢复创新技术主要为因地制宜开展植物群落构建和机制改良、基底参种、节水灌溉等。

8.3　植物群落构建和机制改良

拉林铁路临时工程生态恢复筛选出适生性较高的乔、灌草作为受损生态创面立体生态恢复的主要物种。引入土壤活化纤维、抗侵蚀纤维等新型生态材料与传统生态材料进行基底重建和改良，结合高生态位植物构建受损创面生态恢复初期植物群落。类似山南地区自然生境的生态创面采用侧柏、旱柳、藏川杨为乔木层，沙棘、细梗小檗为灌木层，固沙草、垂穗披碱草、老芒麦为草本层恢复创面植物群落较优；类似林芝区域自然生境的生态创面则以藏柏、高山柳为乔木层，沙棘、白果小檗为灌木层，垂穗披碱草、老芒麦、高羊茅为草本层，恢复创面植物群落较优。类似拉萨地区示范点类似立地条件的生态创面不适宜采用乔、灌、草立体层次绿化，山南地区和林芝地区则可以采用乔灌草结合的方式进行立体绿化，构建稳定植物群落。

基底参种具有较高的群落整体覆盖度和越冬保存率，若单从植被覆盖度的角度来讲，基底参种植物配置模式相对较优，可在混播的种子中适当增加灌木种子的种类，提高恢复后群落的物种多样性。若从生态恢复群落层次和顶级群落构建方面考虑的话，在基底参种的基础上，采用节水灌溉方式种植乔木或灌木，节约养护灌溉的同时，还可以进一步提高植被覆盖度和人工构建群落的稳定性。

拉林铁路在 2014 年完成 74 处取弃土场的生态恢复设计，在设计理念上打破了传统的撒草籽的恢复模式。设计过程中根据实际情况分为两个大类，第一类为占用原用地为林地（包括草甸、森林、灌木丛等），第二类为占用荒地、戈壁取弃土场，充分遵循了宜林则林、宜草则草、宜荒则荒的原则。经后期调查，大部分渣场生态恢复情况较好，养护、封育、监控等措施到位，乔灌草所形成的群落覆盖度达到95%以上；如图8.3～图8.5所示，从不同工点的生态恢复效果看，渣场生态恢复在消除植物生长限制因子后可以形成与原生植被相协调的植被生态系统。

图8.3　拉萨地区扎囊弃渣场生态恢复一年后效果

图8.4　山南地区加查弃渣场生态恢复一年后效果

图 8.5 林芝弃渣场生态恢复建植一年后表观效果

8.4 节水灌溉技术

采用实生苗构建的生态恢复植物群落，引入了两种节水灌溉种植模式。胸/地径大于 3 cm 的采用集水托盘进行节水灌溉种植，如图 8.6(a)所示。胸/地径小于 3 的采用节水灌溉种植盒，如图 8.6(b)所示。

(a) 集水托盘

(b) 节水种植盒

图 8.6　节水灌溉种植模式

在同种基质改良条件下，包括节水灌溉种植盒和集水托盘在内，建群植物生长整体指标均优于传统灌溉模式，这是因为节水灌溉种植有效地避免了渣体保水能力差、日间蒸发量大的缺点。节水灌溉种植技术如图 8.7 所示。

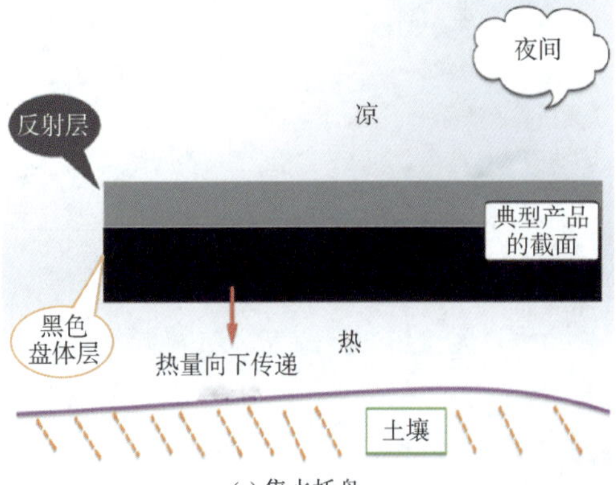

(a) 集水托盘

(b) 节水种植盒剖面

图 8.7　节水灌溉技术示意

从节水灌溉原理图可以看出，集水托盘有效收集夜间雨水，精准供给，促进植物根系生长。而传统的灌溉养护模式，在每次灌溉后的短时间内，植物得到生长所需水分，但由于渣体无序度高，水分下渗速度快，无法持续供应植物生长所需水分。同一基质改良条件下，节水灌溉植物株高、胸/地径、叶绿素含量等显著提高。根据节水灌溉养护原理可以知道，集水托盘通过有效收集夜间雨水精准供给，促进植物根系生长；而节水种植盒则是通过储水和毛细释放，为根系提供生长所需水分。渣场传统养护方式中，由于渣体熵值较高，灌溉水分极易流失。结合既有的市政、新型灌溉系统发现，在渣场设置自动灌溉系统，由于受灌溉水源、水量的限制，植物所需水分也不能完全满足，特别是植物受到水分胁迫的时候，无法为植物根系提供生长所需的必要水分。

第9章 水环境处理技术

9.1 车站水环境及处理技术

根据拉林铁路经过地带的地面水体使用功能、类别划分，沿线各站根据生活污水水量及受纳水体确定了相应的污水排放标准，进行了相应的处理。对位于雅砻风景名胜区和工布自然保护区的车站，周围为Ⅱ类水域，不能有任何污水流进该区域，故位于该区域的车站生活污水及生产废水均要严格执行禁排标准。各站污水处理工艺均征求了地方县市环保部门的意见。处理后水质达《污水综合排放标准》(GB 8978—1996)一级污水排放标准后，就近排入水体或低洼处。

沿线设置了林芝和加查 2 个给水站，贡嘎、扎囊、扎其、泽当、桑日、拜珍、沃卡、巴玉、热当、朗县、洞嘎、热米、下觉、卧龙、康莎、米林、岗嘎 17 个新建生活供水站。其中，贡嘎、扎囊、扎其、泽当和桑日 5 个车站位于工布自然保护区内，贡嘎和泽当 2 个站新增生活污水接入当地城市排水系统；另外扎囊、扎其和桑日 3 个站新增生活污水采用一体式强化污水处理设备处理后污水设置储存池收集回用。其余拜珍、沃卡、巴玉、加查、热当、热米、下觉、卧龙、康莎、米林和岗嘎 11 个车站新建生活给水站及供水站新增生活污水采用一体式强化污水处理设备处理后就近排放；林芝给水站采用 SBR 间隙式活性污泥法工艺处理后就近排放；洞嘎站无新增生活污水。

9.2 隧道施工期生产废水工点及处理措施

拉林铁路部分隧道进出口位于雅鲁藏布江沿岸及工布自然保护区范围以内，地表水体执行Ⅱ类、Ⅲ类水域功能。隧道每个施工断面施工时产生的高浊度施工废水主要污染物为悬浮物。隧道施工时，隧道出水中主要污染物为 SS，不同的隧道 SS 监测值差异较大。同时施工机械的跑、冒、滴、漏等导致施工废水中含油类；隧道洞口开挖及弃渣将产生水土流失，进入水体将使水体悬浮物增加。隧道施工排水未经处理或处理不当，进入水体将对水体水质产生影响，主要表现为增加水体悬浮物含量及景观，特别是排入一些小型支流，将严重影响其水质及景观。

沿线设置了 43 处隧道施工期废水处理点，根据《饮用水水源保护区污染防治效果管理规定》的要求，针对距离Ⅱ类、Ⅲ类水域较近的隧道，避免施工期间产生的石屑、渣土、泥浆和隧道钻孔过程中产生的悬浮物、乳化物、爆炸残留物及少量油污类污染物流入敏感水体，保证附近水域不受污染而进行施工期污水治理是十分必要的。结合隧道与敏感水体位置和工布自然保护区的相互关系及水环境影响评价分析，对隧道施工期废水需要经过处理达标后才能排放。

根据对各工点隧道施工期生产废水主要污染物的分析，结合地质情况及各隧道与敏感水体和保护区位置的相互关系及水体功能区划，对隧道施工期生产废水针对性地提出了如下处理工艺及措施：

(1)对经一定距离进入受纳水体为Ⅲ类水域的隧道进、出口及其他施工断面，其施工期生产废水采用反应(投混凝剂)＋调节沉淀＋过滤相组合的处理工艺，拉林线有21处这类隧道施工期废水处理点。

此方案采用斜板沉淀池，具有沉淀效率高，池子容积小，占地面积少的优点，能有效去除水中悬浮颗粒，降低排放浊度，实现泥水分离；再经过过滤深度处理工艺，对水中颗粒状态的杂质去除较彻底，使出水水质得到进一步提高，达《污水综合排放标准》(GB 8978—1996)中的一级标准后排放。

(2)对临近Ⅲ类水域的隧道进、出口及其他施工断面，其施工期生产废水采用反应(投混凝剂)＋调节沉淀＋气浮＋过滤相组合的处理工艺，拉林线有17处这类隧道施工期废水处理点。

此方案较之前一方案对比，工艺上增设了气浮处理，可进一步有效去除、降解水中不易沉降分离的细小悬浮颗粒及少量油污，使出水水质及感观得到更大的改善，以满足临近Ⅲ类水域对排放水质的较高要求。

(3)对位于工布自然保护区范围内的隧道进、出口及其他施工断面，其施工期生产废水采用反应(投混凝剂)＋调节沉淀＋气浮＋过滤＋消毒回用相组合的处理工艺，拉林线有5处这类隧道施工期废水处理点。

此方案针对工布自然保护区内不准设置废水处理排出口的要求，隧道施工期废水除了处理达一级标准后，还进行了消毒处理，处理后水可回用于浇洒场坪、冲洗厕所等生活杂用水。

隧道施工期生产废水治理点见表9.1。

表 9.1　隧道施工期废水治理点与敏感水体关系及处理方案一览表

编号	名称	进口里程	横洞斜井里程	出口里程	隧道全长/m	与水体关系	水体类别	隧道施工期生产废水治理工艺	处理后达到标准
1	嘎拉山隧道	DK35+215		DK39+568	4 353	进口端无明显地表水体，距离雅鲁藏布江 1.9 km		无	无
						出口端经地表溪沟 0.85 km 汇入雅鲁藏布江	Ⅲ类	反应+调节沉淀+过滤	达 GB 8978—1996 一级标准排放
2	拉隆隧道	DK160+465		CK164+510	4 045	进口端经溪沟 0.26 km 汇入雅鲁藏布江	Ⅲ类	反应+调节沉淀+过滤	达 GB 8978—1996 一级标准排放
						出口端经溪沟 0.59 km 汇入雅鲁藏布江	Ⅲ类	反应+调节沉淀+过滤	达 GB 8978—1996 一级标准排放
3	藏噶隧道	CK164+872	DK169+200	DK173+640	8 768	进口端经溪沟 0.26 km 汇入雅鲁藏布江	Ⅲ类	反应+调节沉淀+过滤	达 GB 8978—1996 一级标准排放
						横洞经溪沟 0.49 km 汇入雅鲁藏布江	Ⅲ类	反应+调节沉淀+过滤	达 GB 8978—1996 一级标准排放
						出口端经沃卡曲 1.3 km 汇入雅鲁藏布江	Ⅲ类	反应+调节沉淀+过滤	达 GB 8978—1996 一级标准排放
4	桑珠岭隧道	DK173+857	DK176+600	DK190+106	16 249	进口端经沃卡曲 1.3 km 汇入雅鲁藏布江	Ⅲ类	反应+调节沉淀+过滤	达 GB 8978—1996 一级标准排放
						1 号横洞位于雅鲁藏布江岸	Ⅲ类	反应+调节沉淀+气浮+过滤	达 GB 8978—1996 一级标准排放
			DK185+500			2 号横洞位于雅鲁藏布江岸	Ⅲ类	反应+调节沉淀+气浮+过滤	达 GB 8978—1996 一级标准排放
						隧道出口端临近雅鲁藏布江	Ⅲ类	反应+调节沉淀+气浮+过滤	达 GB 8978—1996 一级标准排放
5	干登隧道	DK190+402		DK203+465	13 063	进口端临近雅鲁藏布江	Ⅲ类	反应+调节沉淀+气浮+过滤	达 GB 8978—1996 一级标准排放
						出口端临近雅鲁藏布江	Ⅲ类	反应+调节沉淀+气浮+过滤	达 GB 8978—1996 一级标准排放

续上表

编号	名称	进口里程	横洞斜井里程	出口里程	隧道全长/m	与水体关系	水体类别	隧道施工期生产废水治理工艺	处理后达到标准
6	安拉隧道	DK203＋968		DK210＋750	6 782	进口端临近雅鲁藏布江	Ⅲ类	反应＋调节沉淀＋气浮＋过滤	达 GB 8978—1996 一级标准排放
						出口端临近雅鲁藏布江	Ⅲ类	反应＋调节沉淀＋气浮＋过滤	达 GB 8978—1996 一级标准排放
7	藏日拉隧道	DK230＋997		DK235＋250	4 253	进口端位于雅鲁藏布江岸	Ⅲ类	反应＋调节沉淀＋气浮＋过滤	达 GB 8978—1996 一级标准排放
						出口端无明显水体，距离雅鲁藏布江 0.5 km	Ⅲ类	反应＋调节沉淀＋过滤	达 GB 8978—1996 一级标准排放
8	冻噶山一号隧道	DK251＋540		DK255＋300	3 760	进口端位于雅鲁藏布江岸	Ⅲ类	反应＋调节沉淀＋气浮＋过滤	达 GB 8978—1996 一级标准排放
						出口端经溪沟 0.58 km 汇入雅鲁藏布江	Ⅲ类	反应＋调节沉淀＋过滤	达 GB 8978—1996 一级标准排放
9	冻噶山二号隧道	DK255＋446		DK258＋680	3 234	进口端经溪沟 0.58 km 汇入雅鲁藏布江	Ⅲ类	反应＋调节沉淀＋过滤	达 GB 8978—1996 一级标准排放
						出口端无明显水体，距雅鲁藏布江 0.62 km	Ⅲ类	反应＋调节沉淀＋过滤	达 GB 8978—1996 一级标准排放
10	江木拉隧道	DK268＋628		DK277＋345	8 717	进口端位于雅鲁藏布江岸	Ⅲ类	反应＋调节沉淀＋气浮＋过滤	达 GB 8978—1996 一级标准排放
						出口端临近雅鲁藏布江	Ⅲ类	反应＋调节沉淀＋气浮＋过滤	达 GB 8978—1996 一级标准排放
11	达嘎拉隧道	DK277＋753		DK295＋055	17 302	进口端位于雅鲁藏布江岸	Ⅲ类	反应＋调节沉淀＋气浮＋过滤	达 GB 8978—1996 一级标准排放
						出口端经溪沟 0.7 km 汇入雅鲁藏布江	Ⅲ类	反应＋调节沉淀＋过滤	达 GB 8978—1996 一级标准排放
12	祝拉岗隧道	DK295＋418	DK303＋300	DK303＋095	7 677	进口端经溪沟 0.9 km 汇入雅鲁藏布江	Ⅲ类	反应＋调节沉淀＋过滤	达 GB 8978—1996 一级标准排放

续上表

编号	名称	进口里程	横洞斜井里程	出口里程	隧道全长/m	与水体关系	水体类别	隧道施工期生产废水治理工艺	处理后达到标准
12	祝拉岗隧道	DK295+418	DK303+300	DK303+095	7 677	横洞临近雅鲁藏布江岸	Ⅲ类	反应+调节沉淀+气浮+过滤	达 GB 8978—1996 一级标准排放
						出口端经溪沟 0.6 km 汇入雅鲁藏布江	Ⅲ类	反应+调节沉淀+过滤	达 GB 8978—1996 一级标准排放
13	拉嘎隧道	DK303+535		DK312+070	8 535	进口端经溪沟 0.6 km 汇入雅鲁藏布江	Ⅲ类	反应+调节沉淀+过滤	达 GB 8978—1996 一级标准排放
						出口端无明显水体，距雅鲁藏布江 0.9 km	Ⅲ类	无	
14	贡多顶隧道	DK312+669	DK321+300	DK326+259	13 590	进口端经溪沟 0.9 km 汇入雅鲁藏布江	Ⅲ类	反应+调节沉淀+过滤	达 GB 8978—1996 一级标准排放
						1 号横洞位于雅鲁藏布江岸	Ⅲ类	反应+调节沉淀+气浮+过滤	达 GB 8978—1996 一级标准排放
						出口端临近区布比，流经 4 km 汇入雅鲁藏布江，出口位于工布自然保护区范围内	Ⅱ类	反应+调节沉淀+过滤+气浮+消毒回用	回用
15	奔中山 1 号隧道	DK326+555		DK336+515	9 960	进口端临近区布比，流经 4 km 汇入雅鲁藏布江，位于工布自然保护区范围内	Ⅱ类	反应+调节沉淀+过滤+气浮+消毒回用	回用
						出口端 1.1 km 汇入雅鲁藏布江	Ⅲ类	反应+调节沉淀+过滤	达 GB 8978—1996 一级标准排放
16	奔中山 2 号隧道	DK336+980		DK345+801	8 821	进口端经溪沟 1.1 km 汇入雅鲁藏布江	Ⅲ类	反应+调节沉淀+过滤	达 GB 8978—1996 一级标准排放
						出口端近才巴浦，经溪流 1.1 km 汇入雅鲁藏布江，位于工布自然保护区	Ⅱ类	反应+调节沉淀+过滤+气浮+消毒回用	回用

续上表

编号	名称	进口里程	横洞斜井里程	出口里程	隧道全长/m	与水体关系	水体类别	隧道施工期生产废水治理工艺	处理后达到标准
17	岗木拉山隧道	DK346+255		DK357+985	11 730	进口端近才巴浦经溪沟流 1.9 km 汇入雅鲁藏布江，位于工布自然保护区范围	Ⅱ类	反应+调节沉淀+过滤+气浮+消毒回用	回用
						出口端经溪沟 2.4 km 汇入雅鲁藏布江	Ⅲ类	反应+调节沉淀+过滤	达 GB 8978—1996 一级标准排放
18	布喀木隧道	DK362+160		DK371+410	9 250	进口端经溪沟 2.2 km 汇入雅鲁藏布江	Ⅲ类	反应+调节沉淀+过滤	达 GB 8978—1996 一级标准排放
						出口端临近扎饶曲	Ⅲ类	反应+调节沉淀+气浮+过滤	达 GB 8978—1996 一级标准排放
19	朗拉杰布隧道	DK378+322		DK389+973	11 651	进口端距雅鲁藏布江 2.2 km，位于工布自然保护区	Ⅱ类	反应+调节沉淀+过滤+气浮+消毒回用	回用
						出口端临近雅鲁藏布江	Ⅲ类	反应+调节沉淀+气浮+过滤	达 GB 8978—1996 一级标准排放
20	喇嘛岭隧道	DK421+741		DK428+580	6 839	进口端经溪沟 0.4 km 汇入雅鲁藏布江	Ⅲ类	反应+调节沉淀+过滤	达 GB 8978—1996 一级标准排放
						出口端临近尼洋河	Ⅲ类	反应+调节沉淀+气浮+过滤	达 GB 8978—1996 一级标准排放

参考文献

[1] 国家铁路局. 铁路工程环境保护设计规范:TB 10501—2016[S]. 北京:中国铁道出版社,2016.

[2] 国家环境保护局. 铁路边界噪声限值及其测量方法:GB 12525—90[S].

[3] 环境保护部,国家质量监督检验检疫总局. 声环境质量标准:GB 3096—2008[S]. 北京:中国环境出版社,2008.

[4] 中华人民共和国住房和城乡建设部,中华人民共和国国家质量监督检验检疫总局. 公共建筑节能设计标准:GB 50189—2015[S]. 北京:中国建筑工业出版社,2015.

[5] 中华人民共和国住房和城乡建设部. 严寒和寒冷地区居住建筑节能设计标准:JGJ 26—2018[S]. 北京:中国建筑工业出版社,2018.

[6] 中华人民共和国国家质量监督检验检疫总局,中国国家标准化管理委员会. 建筑外门窗气密、水密、抗风压性能分级及检测方法:GB/T 7106—2008[S]. 北京:中国标准出版社,2008.

[7] 中华人民共和国住房和城乡建设部,中华人民共和国国家质量监督检验检疫总局. 建筑抗震设计规范(2016 年版):GB 50011—2010[S]. 北京:中国建筑工业出版社,2016.

[8] 中华人民共和国国家质量监督检验检疫总局,中国国家标准化管理委员会. 中国地震动参数区划图:GB 18306—2015[S]. 北京:中国计划出版社,2016.

[9] 胡先霞. 保温方式对建筑围护结构净得热量的影响[D]. 上海:东华大学,2018.

[10] 张涛. 铁路站房抗震设防策略探讨[J]. 工程抗震与加固改造,2012,34(3):125-129.

[11] 潘毅,刘扬良,黄晨,等. 大型铁路站房结构健康监测研究现状评述[J]. 土木与环境工程学报(中英文),2020,42(1):70-80.

[12] 中华人民共和国住房和城乡建设部. 缓粘结预应力混凝土结构技术规程:JGJ 387—2017[S]. 北京:中国建筑工业出版社,2017.

[13] 中华人民共和国住房和城乡建设部. 高层建筑混凝土结构技术规程:JGJ 3—2010[S]. 北京:中国建筑工业出版社,2011.

[14] 潘毅,胡思远,赵崇锦,等. 基于试验的大跨异形钢连廊连体结构地震易损性分析[J]. 土木工程学报,2020,53(2):12-22,61.

[15] 杨伟,欧进萍. 抗震结构填充墙性能的有限元模拟与分析[J]. 华南理工大学学报(自然科学版),2010,38(7):140-144.

[16] MACKIE K R. Fragility-based seismic decision making for highway overpass bridges[D]. Berkeley, CA:University of California,Berkeley,2004.

[17] HWANG H,LIU J B,CHIU Y H. Seismic fragility analysis of highway bridges[C]. Mid-American Earthquake Center Technical Report,MAEC-RR-4Project,2010.

[18] 唐虎.高烈度区复杂大型铁路站房减隔震方案研究[D].天津:天津大学,2018.

[19] 中华人民共和国住房和城乡建设部,中华人民共和国国家质量监督检验检疫总局.民用建筑供暖通风与空气调节设计规范:GB 50736—2012[S].北京:中国建筑工业出版社,2012.

[20] 中国国家铁路集团有限公司.铁路高原站区供氧技术要求:Q/CR 754—2020[S].北京:中国铁道出版社有限公司,2020.

[21] 西藏自治区住房和城乡建设厅.西藏自治区民用供氧工程设计标准:DBJ 540004—2018[S].

[22] 中华人民共和国住房和城乡建设部,中华人民共和国国家质量监督检验检疫总局.建筑照明设计标准:GB 50034—2013[S].北京:中国建筑工业出版社,2013.

[23] 国家铁路局.铁路照明设计规范:TB 10089—2015[S].北京:中国铁道出版社,2016.

[24] 中华人民共和国住房和城乡建设部,中华人民共和国国家质量监督检验检疫总局.建筑防火设计规范(2018年版):GB 50016—2014[S].北京:中国计划出版社,2018.